中国通信学会普通高等教育『十二五』规划教材立项项目

21世纪高等院校信息与通信工程规划教材

21st Century University Planned Textbooks of Information and Communication Engineering

电工技术基础

（第2版）

温海洋 主编

刘显忠 赵建新 金巨波 副主编

Fundamentals of Electrotechnics (2nd Edition)

人 民 邮 电 出 版 社

北 京

图书在版编目（CIP）数据

电工技术基础 / 温海洋主编. -- 2版. -- 北京 :
人民邮电出版社, 2013.9 (2015.7重印)
21世纪高等院校信息与通信工程规划教材. 中国通信
学会普通高等教育“十二五”规划教材立项项目
ISBN 978-7-115-32549-5

Ⅰ. ①电… Ⅱ. ①温… Ⅲ. ①电工技术－高等学校－
教材 Ⅳ. ①TM

中国版本图书馆CIP数据核字(2013)第175595号

内 容 提 要

本书全面系统地介绍了电工技术的基础知识和基本技术，将基础理论与应用紧密结合，注重体现知识的实用性和前沿性。

全书共分8章，包括电路基本理论与基本分析方法、电机与电器、安全用电和电工测量4个部分。主要内容有电路的基本概念和基本定律、电路的分析方法、正弦交流电路、三相正弦交流电路、电路的暂态分析、变压器、三相交流异步电动机、直流电动机、常用低压电器、可编程控制器、工业企业配电与安全用电和电工测量等。每章设有大量习题，并配有习题答案，同时本书还有配套电子教案。

本书选材合理，结构紧凑，图文并茂，具有重基础和重应用的特色，即可以作为应用型本科院校、高等职业院校电气信息类专业“电工技术（少学时）”课程的教学用书，也可以作为非电类专业“电工技术基础（电工学）”课程的教学用书，还可以作为高职高专、成人高校电类相关专业的教学用书，并可供工程技术人员或电子技术爱好者参考。

◆ 主　　编　温海洋
副 主 编　刘显忠　赵建新　金巨波
责任编辑　滑　玉
责任印制　彭志环　杨林杰

◆ 人民邮电出版社出版发行　　北京市丰台区成寿寺路11号
邮编　100164　　电子邮件　315@ptpress.com.cn
网址　http://www.ptpress.com.cn
北京中新伟业印刷有限公司印刷

◆ 开本：787×1092　1/16
印张：11.5　　2013年9月第2版
字数：278千字　　2015年7月北京第2次印刷

定价：29.00元

读者服务热线：(010)81055256　印装质量热线：(010)81055316
反盗版热线：(010)81055315

第2版前言

电工技术是高校电气信息类和电子信息类各专业的一门重要的技术基础课程，也是其他理工科专业必修的课程之一。

本书主要是针对应用型本科院校和高等职业院校电气信息类各专业（少学时）和非电类专业而编写的，由于电工技术涉及的内容较多，本书力求将基本概念、基本规律和基本分析方法讲解透彻，内容精简。本书自2009年出版以来多次印刷，受到使用院校师生的好评。本次再版，在内容编排上注重结合应用型的特点，做到基础理论适当，对公式、定理的推导及证明从简；着重介绍电路的基本概念、基本定律、电路的基本分析方法和常用电工设备的工作原理及应用，并突出理论应用于实践的特色，提高实践应用能力，为今后的就业和创业打下良好基础。该书既可以和姜桥主编、人民邮电出版社出版的《电子技术基础（第2版）》教材作为上、下册配套使用，也可以单独使用。

本书由温海洋任主编，刘显忠、赵建新、金巨波任副主编。

全书共分8章，第2章、第3章、第7章由温海洋编写；第1章、第6章由赵建新编写；第5章由刘显忠、计京鸿编写；第4章由金巨波编写；第8章由吴振雷编写。全书由温海洋统稿。

在本书编写过程中得到了各参编院校领导和相关系领导、教师的大力指导和帮助，在此表示衷心感谢。王朋对本书进行了整理和校对，在此一并表示感谢。

由于编者的水平有限，书中难免存在错误和不妥之处，恳请读者批评指正。

编者联系方式：wenhaiyang@126.com。

编者

2013年6月

目　录

第 1 章 电路的基本概念和基本定律

本章主要介绍电路模型、电路中的基本物理量及其参考方向、电源和电阻的特性、电源的工作状态和基尔霍夫定律。本章内容是分析和计算电路的基础。

1.1 电路和电路模型

1.1.1 电路

人们在日常生活中或在生产和科研中广泛地使用着各种电路，如照明电路，收音机、电视机中的放大电路，从不同信号中选取所需信号的调谐电路，各种控制电路，以及生产科研上所需的各种专业用途的电路等。

电路是各种电气器件按一定方式用导线连接组成的总体，它提供了电流通过的闭合路径。这些电气器件包括电源、开关、负载等。电源是把其他形式的能量转换为电能的装置，例如，发电机将机械能转换为电能。负载是取用电能的装置，它把电能转换为其他形式的能量，例如，电动机将电能转换为机械能，电热炉将电能转换为热能，电灯将电能转换为光能。导线和开关用来连接电源和负载，为电流提供通路，把电源的能量供给负载，并根据负载需要接通和断开电路。

电路的功能和作用有两类：第一类功能是进行能量的转换、传输和分配；第二类功能是进行信号的传递与处理。例如，扩音机的输入是由声音转换而来的电信号，通过晶体管组成的放大电路，输出的是放大了的电信号，从而实现了放大功能；电视机可将接收到的信号，经过处理，转换成图像和声音。

1.1.2 电路模型

实际电路都是由一些起不同作用的实际电路元件或器件组成的，如电池、灯泡、发电机、电动机、变压器、扬声器等，这些实际元器件的电磁性能较为复杂。以白炽灯为例，它除了具有消耗电能的性质（电阻性）外，当电流通过时也会产生磁场，即它具有电感性，但由于它的电感很微小，可以忽略不计，所以可将白炽灯看作是一个电阻性的元件。

为了便于对实际电路进行分析和计算，在一定条件下，把实际元件加以近似化、理想化，忽略其次要性质，用足以表征其主要特征的“模型”来表示，将这种元件称为理想元件。常见的理想电路元件有：电阻元件、电感元件、电容元件、理想电压源和理想电流源，其电路符号如图 1.1 所示。

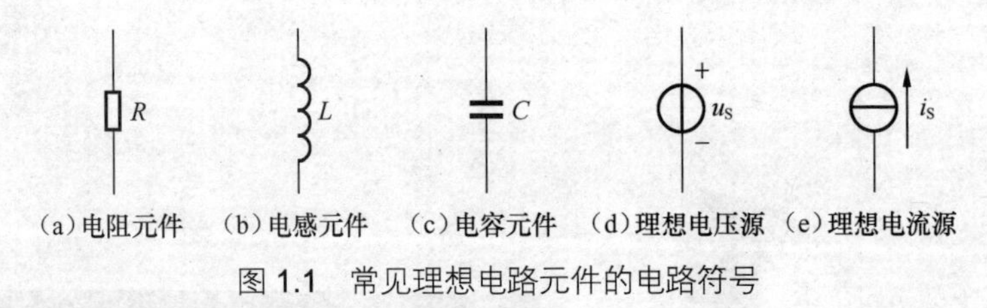

图 1.1　常见理想电路元件的电路符号

由理想电路元件构成的电路称为实际电路的"电路模型"，如图 1.2 所示，图 1.2（a）为手电筒的实际电路，若把小灯泡看成是电阻元件，用 R 表示，考虑到干电池内部自身消耗的电能，把干电池看成是电阻元件 R_S 和电压源 U_S 串联，连接导线看成为理想导线（其电阻为零）。这样，手电筒的实际电路就可以用电路模型来表示，如图 1.2（b）所示。

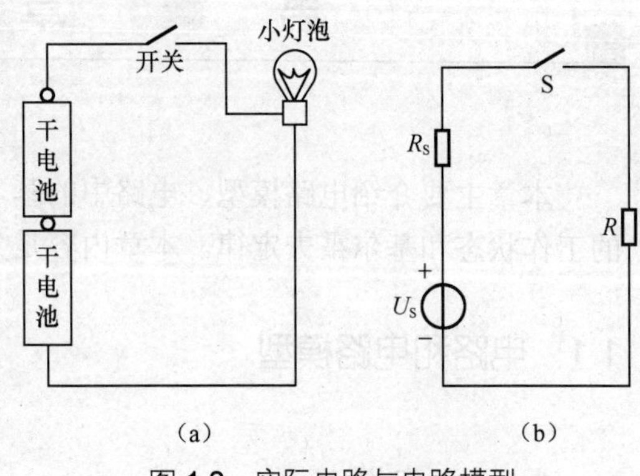

图 1.2　实际电路与电路模型

本书后续内容中分析的都是电路模型，简称电路。在电路图中，各种电路元件用规定的图形符号表示。

1.2　电路的基本物理量及其参考方向

电路的工作特性是以电路中的电压、电流、功率和磁通等物理量来表示，在进行电路分析时不仅要求出电压、电流等物理量的数值还要确定它们的实际方向。电压、电流等物理量的实际方向依靠设定参考方向的方法确定。

1.2.1　电流及其参考方向

电荷的定向移动形成电流。单位时间内通过导体横截面的电荷量为电流强度。电流强度是描述电流大小的物理量，简称为电流，用 i 表示，即

$$i = \frac{\mathrm{d}q}{\mathrm{d}t} \tag{1.1}$$

式中，q 表示电荷量，电荷量的单位为库[仑]（C），简称库；t 表示时间，时间的单位为秒（s）；电流强度的单位为安[培]（A），简称安。计算微小电流时，电流的单位为 mA（毫安）、μA（微安），其换算关系如下

$$1\text{kA}=1\,000\text{A}=10^3\text{A}$$
$$1\text{mA}=10^{-3}\text{A}$$
$$1\mu\text{A}=10^{-6}\text{A}$$

当电流的大小和方向不随时间变化时，$\mathrm{d}q/\mathrm{d}t$ 为定值，这种电流称为直流电流，简称直流（DC）。直流电流用大写字母 I 表示，即

$$I=\frac{Q}{t} \quad (1.2)$$

习惯上，规定正电荷的移动方向表示电流的实际方向。在外电路，电流由正极流向负极；在内电路，电流由负极流向正极。

在简单电路中，电流的实际方向可由电源的极性确定，在复杂电路中，电流的方向有时事先难以确定。为了满足分析电路的需要，引入了电流参考方向的概念。

参考方向是假定的方向，电流的参考方向可以任意选定。在一段电路或一个电路元件中事先选定一个电流方向作为电流的参考方向。本书中用虚线箭头表示电流的实际方向，用箭头直接标在电路上表示电流的参考方向，也可以用双下标表示，如 I_{ab} 表示其参考方向由 a 指向 b。参考方向是任意选定的，而电流的实际方向是客观存在的。因此，所选定的电流参考方向并不一定就是电流的实际方向。当选定电流的参考方向与实际方向一致时，$I>0$；当选定电流的参考方向与实际方向相反时，$I<0$。电流的参考方向与实际方向如图 1.3 所示。

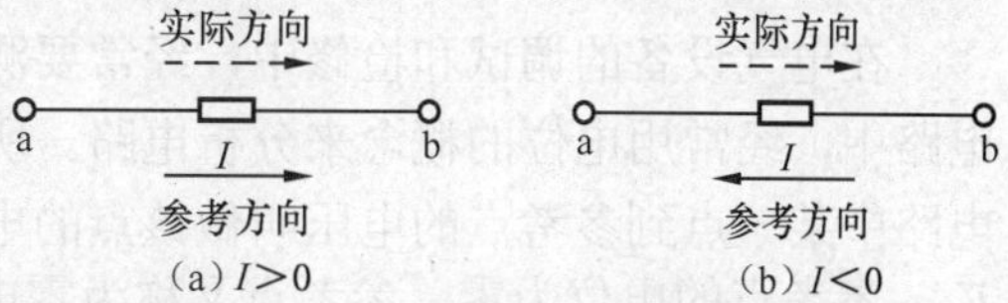

(a) $I>0$　　(b) $I<0$

图 1.3　电流的参考方向与实际方向

电流的实际方向是实际存在的，它不因其参考方向选择的不同而改变，即存在 $I_{ab}=-I_{ba}$。本书中不加特殊说明时，电路中的公式和定律都是建立在参考方向的基础上的。

1.2.2　电压及其参考方向

电流是电荷受电场力的作用运动而形成的。将电荷由电场中的 a 点移至 b 点时电场对电荷做功，为衡量电场力做功的大小引入电压这一物理量。电场力把单位正电荷从 a 点移到 b 点所做的功称为 a、b 两点间的电压，用 u_{ab} 表示，即

$$u_{ab}=\frac{\mathrm{d}W_{ab}}{\mathrm{d}q} \quad (1.3)$$

式中，W_{ab} 表示电场力将电荷量为 q 的正电荷从 a 点移到 b 点所做的功。

电压的单位为伏[特]（V），简称伏，计算较大的电压时用 kV（千伏），计算较小的电压时用 mV（毫伏）。其换算关系为

$$1\text{kV}=10^{3}\text{V}，1\text{mV}=10^{-3}\text{V}$$

在直流电路中，式（1.3）可写成

$$U_{ab}=\frac{W}{Q} \quad (1.4)$$

电压的实际方向规定为从高电位点指向低电位点，即由“+”极指向“−”极，因此，在电压的实际方向上电位是逐渐降低的。和电流类似，在比较复杂的电路中，两点间电压的实际方向往往很难预测，所以也要事先选择一个参考方向。若参考方向与实际方向相同，则电压为正；若参考方向与实际方向相反，则电压为负，如图 1.4 所示。

电压的参考方向可用箭头表示，也可以用“+”、“−”表示，“+”表示高电位，“−”表示低电位。符号可用 U_{ab} 表示。

一个元件的电压、电流的参考方向可以任意选定，若元件的电压、电流参考方向的选择如图 1.5（a）所示，即电流从电压的“+”端流入，从电压的“−”端流出，这样选取的参考

方向称为U、I的关联参考方向。相反，若U、I参考方向选取如图1.5（b）所示，则称非关联参考方向。

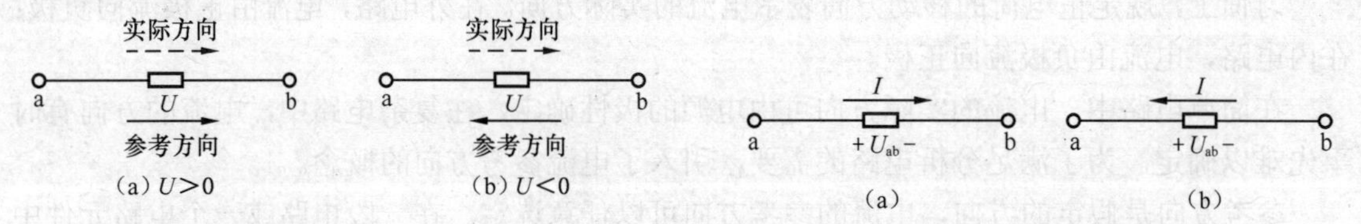

图1.4　电压的参考方向与实际方向　　　图1.5　关联参考方向与非关联参考方向

1.2.3　电位和电动势

在电气设备的调试和检修中，经常要测量各点的电位，看其是否符合设计要求。在复杂电路中，经常用电位的概念来分析电路。所谓电位是指在电路中任选一点作为参考点，则该电路中某一点到参考点的电压叫做该点的电位，电位用V表示，电路中a点的电位可表示为V_a。参考点的电位为零，参考点又称为零电位点。

电路中其他各点的电位可能是正值，也可能是负值，某点的电位比参考点高，该点的电位是正值，反之则为负值。

如果已知a、b两点的电位分别为V_a、V_b，那么a、b两点间的电压为

$$U_{ab}=V_a-V_b \tag{1.5}$$

两点间的电压等于两点的电位差，所以，电压又叫电位差。

为了简化电路，有时往往不画出理想电压源，而只标出各点的电位值。如图1.6（a）所示，若选d点为参考方向（即零电位点），则V_a=−15V，V_b=+20V，所以电路可简化为图1.6（b）所示。

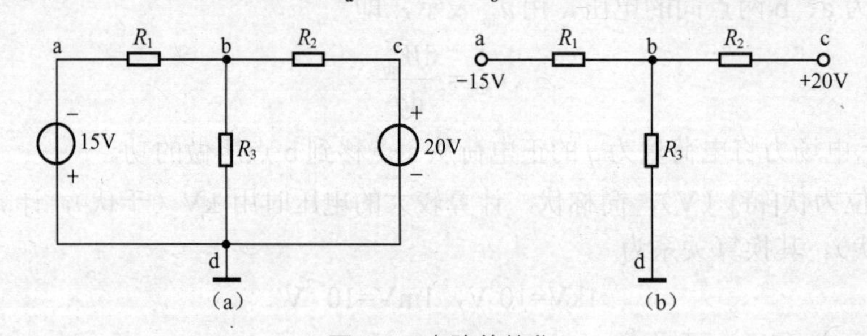

图1.6　电路的简化

【例1.1】如图1.7所示电路，求下列两种情况下各点的电位以及电压U_{ab}和U_{bc}：（1）以a点为参考点；（2）以b点为参考点。

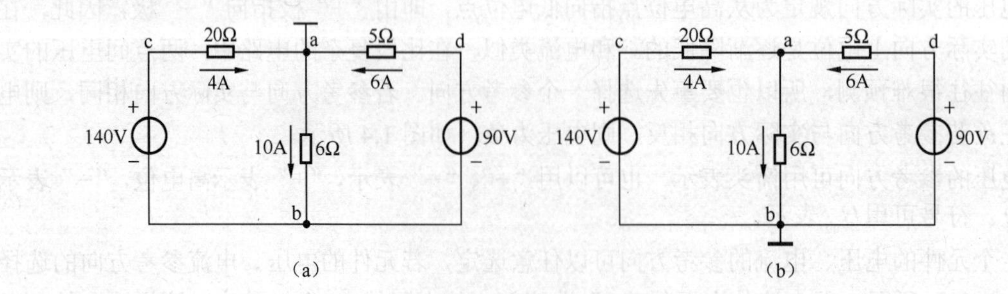

图1.7　例1.1图

解：（1）以 a 为参考点，即 $V_a = 0\,\text{V}$，$V_b = U_{ba} = -10\times 6 = -60\,\text{V}$，$V_c = U_{ca} = 4\times 20 = 80\,\text{V}$。

$$V_d = U_{da} = 6\times 5 = 30\,\text{V}$$

$$U_{ab} = V_a - V_b = 0-(-60) = 60\,\text{V}$$

$$U_{bc} = V_b - V_c = -60-80 = -140\,\text{V}$$

（2）以 b 为参考点，即 $V_b = 0\,\text{V}$，$V_a = U_{ab} = 10\times 6 = 60\,\text{V}$，$V_c = U_{cb} = 140\,\text{V}$，$V_d = U_{db} = 90\,\text{V}$。

$$U_{ab} = V_a - V_b = 60-0 = 60\,\text{V}$$

$$U_{bc} = V_b - V_c = 0-140 = -140\,\text{V}$$

从上述计算结果可以看到，电位与参考点的选取有关，参考点不同，各点电位不同；而电压与参考点的选取无关，参考点不同，两点之间的电压不变，但电压的参考方向不同，则符号不同。

电动势是描述电源力做功大小的一个物理量，电源力在电源内部把单位正电荷从电源的负极移到正极所做的功称为电源的电动势。电动势用 e 表示，即

$$e = \frac{\mathrm{d}W}{\mathrm{d}q} \tag{1.6}$$

式中，W 表示电源力所做的功，q 表示电荷量。电动势与电压的单位相同，也是伏[特]（V）。

电源力是一种非静电力，不同种类的电源有着不同的电源力，例如在发电机中，导体在磁场中运动，磁场能转换为电源力；在电池中，电源力由化学能转换而成。

电动势的方向是电源力克服电场力移动正电荷的方向，是从低电位到高电位的方向。对于一个电源设备，若其电动势 e 的方向和电压 u 的参考方向选择的相反，则

$$u = e \tag{1.7}$$

1.2.4　电功率和电能

在电路的分析和计算中，能量和功率的计算是十分重要的。这是因为：一方面，电路在工作时总伴随有其他形式能量的相互交换；另一方面，电气设备和电路部件本身都有功率的限制，在使用时要注意其电流值或电压值是否超过额定值，过载会使设备或部件损坏，或是不能正常工作。

单位时间内电路吸收或释放的电能定义为电功率，它是描述电能转化速率的物理量，用 p 表示，即

$$p = \frac{\mathrm{d}W}{\mathrm{d}t} \tag{1.8}$$

式中，W 表示电能，单位为焦[耳]（J），简称焦；t 表示时间，时间的单位为秒（s）。功率的单位为瓦[特]（W），简称瓦，常用的单位还有千瓦（kW）、毫瓦（mW）等。

在电路分析中，当某一支路的电压、电流实际方向一致时，电场力做功，该支路吸收功率。当支路电压、电流实际方向相反时，该支路发出功率。当某一支路或元件中的电压、电流已知时

$$p = \frac{\mathrm{d}W}{\mathrm{d}t} = \frac{\mathrm{d}W}{\mathrm{d}q}\times\frac{\mathrm{d}q}{\mathrm{d}t} = ui \tag{1.9}$$

即任一支路或元件的功率等于其电压和电流的乘积。直流时，式（1.9）改写为

$$P = UI \tag{1.10}$$

在计算功率时，若电压、电流为关联参考方向，计算所得功率为正值时，表示电路实际吸收功率；计算所得功率为负值时，表示电路实际发出功率。同理，若电压、电流为非关联参考方向，计算所得功率为正值时，表示电路实际发出功率；计算所得功率为负值时，表示电路实际吸收功率。

根据式（1.8），在 t_0 到 t_1 的一段时间内，电路消耗的电能为

$$W=\int_{t_0}^{t_1} p\mathrm{d}t \tag{1.11}$$

在直流时，则为

$$W=P(t_1-t_0) \tag{1.12}$$

电能的单位焦耳（J），表示功率为1W的用电设备在1s时间内所消耗的电能。在实际生活中还采用千瓦时（kW·h）作为电能的单位，它等于功率为1 kW的用电设备在1h内所消耗的电能量，简称为1度电，则

$$1\text{度电}=3.6\times10^6\ \text{J}$$

在电路中，一个电路的电源产生的功率与负载、导线及电源内阻上消耗的功率总是平衡的，遵循能量守恒和转换定律。

1.3 电阻元件和欧姆定律

电阻元件是从实际电阻器中抽象出来的，反映电路元件消耗电能的物理性能的一种理想的二端元件。电阻元件根据其电压、电流关系曲线的不同分为两类：若作用与电阻元件两端的电压与通过的电阻的电流成正比，即该电压、电流的比值为常数时，这样的电阻元件称为线性电阻；若电压、电流比值不为常数时则称为非线性电阻。

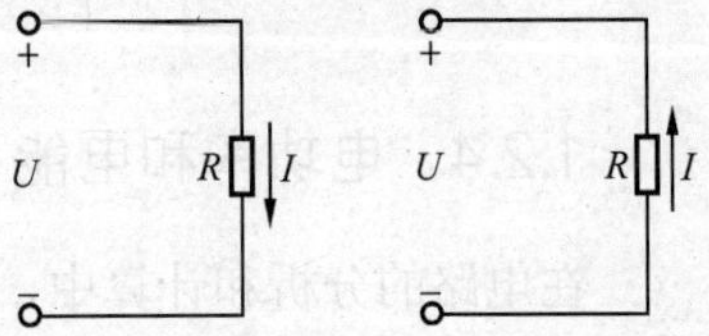

欧姆定律：导体中的电流 I 与加在导体两端的电压 U 成正比，与导体的电阻 R 成反比。

（a）　　（b）

图 1.8　欧姆定律

当电阻元件的电压 U、电流 I 的参考方向为关联参考方向时（如图1.8（a）所示），其电压 U、电流 I 的关系式为

$$U=RI \tag{1.13}$$

若电阻元件的电压 U、电流 I 的参考方向为非关联参考方向时（如图1.8（b）所示），其电压 U、电流 I 的关系式为

$$U=-RI \tag{1.14}$$

在国际单位制中，电阻的单位是欧姆（Ω），此外还有千欧（kΩ）、兆欧（MΩ）等单位，换算关系为

$$1\text{k}\Omega=10^3\Omega,\quad 1\text{M}\Omega=10^6\Omega$$

电阻的倒数称为电导，用 G 表示，即

$$G=\frac{1}{R} \tag{1.15}$$

电导的单位为西门子（S）。

电阻 R 反映电阻元件对电流的阻力，电导 G 反映电阻元件的导电能力。

反映元件的电压、电流关系的曲线叫做元件的伏安特性曲线。线性电阻元件的伏安特性曲线是一条通过原点的直线，如图 1.9 所示。实际应用中的电阻器、电炉、白炽灯等元器件，它们的伏安特性曲线在一定程度上都是非线性的，但在一定范围内其电阻值变化很小，可以近似地看作线性电阻元件。后续内容中讨论的电阻元件，如无特别说明，均为线性电阻。

电阻是消耗电能的元件，将所消耗的电能转变成热能。单位时间内电阻消耗的电能，即功率为

$$P = UI = RI^2 = \frac{U^2}{R} \tag{1.16}$$

一段时间内所消耗的电能为

$$W = Pt = UIt \tag{1.17}$$

【例 1.2】求图 1.10 所示电路中的电压U_{ab}。

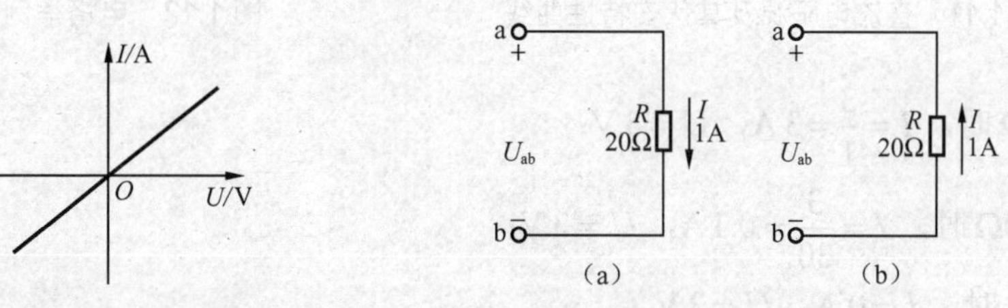

图 1.9　电阻元件的伏安特性曲线　　图 1.10　例 1.2 图

解：图 1.10（a）中U_{ab}、I是关联参考方向，则

$$U_{ab} = RI = 1 \times 20 = 20\ \text{V}$$

图 1.10（b）中U_{ab}、I是非关联参考方向，则

$$U_{ab} = -RI = -1 \times 20 = -20\ \text{V}$$

【例 1.3】一只 100W、220V 的白炽灯，在额定值条件下工作，求电流I和白炽灯在通入电流I值时的电阻R的值，若这只白炽灯每天使用 5h，一天用电多少度？

解：由$P = UI$可知白炽灯电流为

$$I = \frac{100}{220} \approx 0.45\ \text{A}$$

白炽灯的电阻为

$$R = \frac{U}{I} = \frac{220}{0.45} \approx 489\Omega$$

每天的用电量为

$$W = 5 \times 0.1 = 0.5\text{kW} \cdot \text{h} = 0.5\ 度$$

1.4　理想电压源和理想电流源

1.4.1　理想电压源

理想电压源其图形符号如图 1.1（d）所示，其中u_s为理想电压源的电压，“+”、“−”表

示参考极性。理想电压源具有以下两个基本性质：（1）电压 u_s 是一个恒定值或一定的时间函数，与通过的理想电压源的电流无关；（2）通过理想电压源的电流由与它连接的外电路决定。

如果理想电压源的电压是恒定值 U_S，称之为理想直流电压源，如图 1.11（a）所示，图 1.11（b）所示为理想直流电压源的伏安特性曲线，它是一条与电流轴平行的直线，其端电压恒等于 U_S，与电流的大小无关。

例如，如图 1.12 所示电路，3V 理想直流电压源连接一负载电阻 R_L。

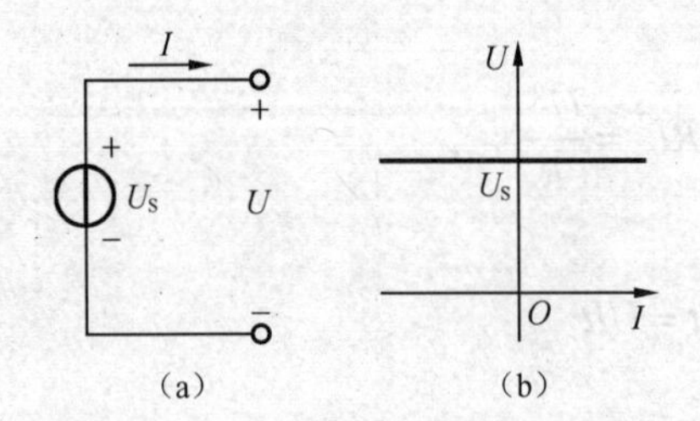

图 1.11　直流电压源及其伏安特性曲线

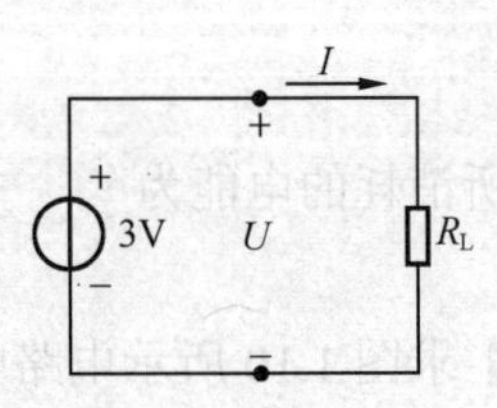

图 1.12　电路举例

当 $R_L = 1\Omega$ 时，$I = \frac{3}{1} = 3\,\text{A}$，$U = 3\,\text{V}$；

当 $R_L = 30\Omega$ 时，$I = \frac{3}{30} = 0.1\,\text{A}$，$U = 3\,\text{V}$；

当 $R_L = \infty$ 时，$I = 0\,\text{A}$，$U = 3\,\text{V}$。

由此可见，理想电压源提供的电流随负载电阻而变化，其端电压不变。

1.4.2　理想电流源

理想电流源其图形符号如图 1.1（e）所示，其中 i_S 为理想电流源的电流，箭头表示电流参考方向。理想电流源具有以下两个基本性质：（1）电流 i_S 是一个恒定值或一定的时间函数，与其端电压的大小和方向无关；（2）理想电流源的端电压由与它连接的外电路决定。

如果理想电流源的电流是恒定值 I_S，称之为理想直流电流源，如图 1.13（a）所示，图 1.13（b）所示为理想直流电流源的伏安特性曲线，它是一条与电压轴平行的直线，其输出电流恒等于 I_S，与端电压无关。若电压等于零，表示电流源短路，它发出的电流仍为 I_S。

例如，如图 1.14 所示电路，10A 理想直流电流源连接一负载电阻 R_L。

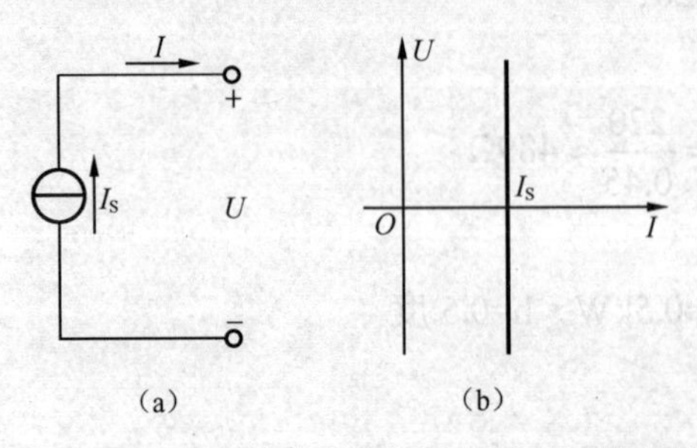

图 1.13　理想直流电流源及其伏安特性曲线

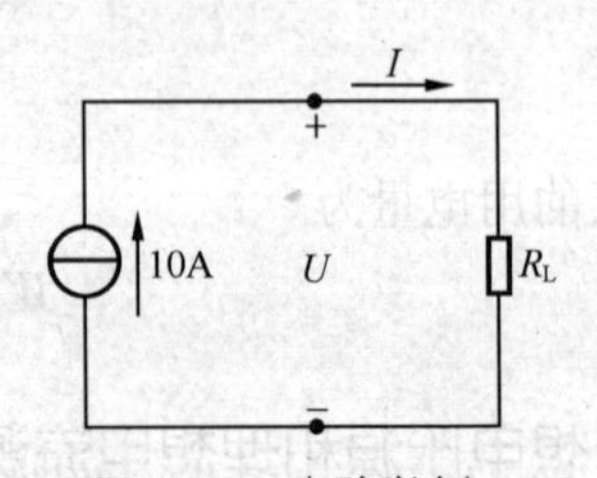

图 1.14　电路举例

当 $R_L = 1\Omega$ 时，$I = 10\,\text{A}$，$U = 10\,\text{V}$；

当 $R_L = 30\Omega$ 时，$I = 10\,\text{A}$，$U = 300\,\text{V}$；

当 $R_L=0$ 时，$I=10\,\text{A}$，$U=0\,\text{V}$。

由此可见，无论 R_L 如何变化（$R_L=\infty$ 除外），理想电流源供给 R_L 的电流 $I=10\,\text{A}$ 不变，但其端电压将随负载电阻 R_L 的变化而变化。

1.5 工程中的电阻、电源与电路的状态

1.5.1 电阻

工程中的电阻称为电阻器，是一种耗能元件，在电路中主要用于控制电压、电流的大小，或与其他元件一起构成具有特殊功能的电路。

电阻器的种类很多，按外形结构可分为固定式和可变式两类，固定式电阻器的电阻值不能变动，可变式电阻器的阻值在一定范围内可以改变。按制造材料可分为膜式（金属膜、碳膜）和线绕式两类，膜式电阻器的电阻值可从零点几欧姆到几十兆欧，但功率较小，一般在几瓦以内，绕线式电阻器的阻值范围相对较小，而功率较大。

电阻器的主要参数有标称电阻值、允许误差和额定功率。电阻器的标称电阻值是按国家规定的电阻值系列标注的，体积较大的电阻其阻值一般标注在电阻器的表面，而体积较小的电阻则用色环或数字表示其电阻值。选用电阻器时必须按标称电阻值范围进行选用。

电阻器的允许误差，是指实际电阻值与标称电阻值之间的差除以标称值所得的百分数。体积小的电阻器一般用色环表示。电阻器的色环通常有五环，其中相距较近的四环为电阻值，另一环距前四环较远，表示误差，如图 1.15 所示。电阻器色环颜色与所表示的数字对照如表 1.1 所示，电阻器色环颜色与允许误差对照如表 1.2 所示。

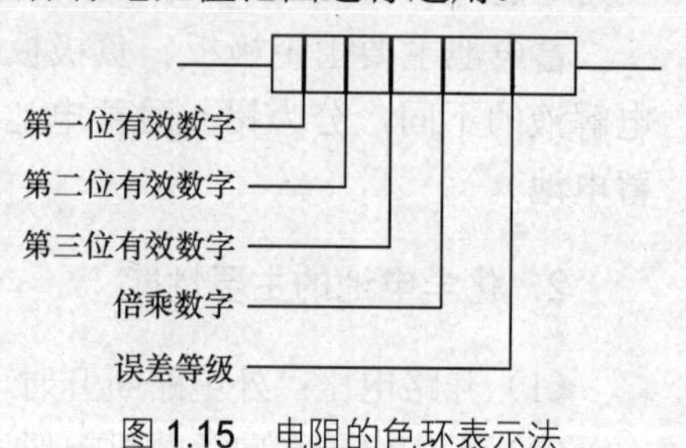

图 1.15 电阻的色环表示法

表 1.1 电阻器色环颜色与所表示的数字对照表

颜色	棕	红	橙	黄	绿	蓝	紫	灰	白	黑
数字	1	2	3	4	5	6	7	8	9	0

表 1.2 电阻器色环颜色与允许误差对照表

颜色	棕	紫	金	银	无色
允许误差	±1%	±0.1%	±5%	±10%	±20%

第一环、第二环和第三环各代表一位数字，第四环代表零的个数。例如，一个电阻上的第一环为棕色，第二环为红色，第三环为黑色，第四环为橙色，表示该电阻器的电阻值为 120kΩ。

电阻器的额定功率是指在规定的气压、温度条件下，电阻器长期工作所允许承受的最大功率。一般情况下，所选用的电阻器的额定功率应大于其实际消耗的最大功率，否则，电阻器可能因温度过高而烧毁。

1.5.2 电源

工程中的电源种类繁多，但一般可分为两大类。一类是发电机，它是利用电磁感应原理，把机械能转换为电能；另一类是电池，它是把化学能、光能等其他形式的能量通过一定的方式转换为电能的装置。下面主要介绍电池。

电池是将物质在化学反应或物理变化时放出的能量直接转换成电能的装置。将化学能转换成电能的电池称为化学电池。

1. 化学电池的分类

化学电池分为原电池（一次电池）和蓄电池（二次电池）两种。

（1）原电池：原电池由正极活性物质、负极活性物质、电解质、隔膜和容器等5部分组成。工作时，负极活性物质发生氧化反应、释放电子并由负极经外电路传递到正极。正极活性物质接受电子发生还原反应，在电池内借助电解质的离子导电作用使两电极间传输电子（从正极到负极），形成闭合回路，完成化学能与电能的转换。电池电极活性物质在反应过程中不断消耗，当它充分放电后将不再释放电子，且不能再充电只能丢弃，故称为一次电池。

（2）蓄电池：蓄电池可将电能转变为化学能储存于电池中（充电），使用时再将化学能转变为电能（放电）。这个转变是可逆的，且可重复循环多次，故称二次电池。

蓄电池主要由正极板、负极板、电解液和电槽（容器）等组成。根据极板所用材料和电解液的不同，分为铅—酸蓄电池（酸性蓄电池）和铁—镍蓄电池或镉—镍蓄电池（碱性蓄电池）。

2. 化学电池的主要性能

（1）开路电压：外电路断开时，两电极间的电压。

（2）工作电压：向负载供电时，两电极间的电压，该电压值与输出电流有关，且随工作时间增加而下降。

（3）容量：电池以一定的电流，在一定的温度下能释放的电荷量，用安时（A·h）表示。电池单位质量包含的电荷量称为质量比容量，用瓦时/千克（W·h/kg）表示，或单位体积包含的电荷量称体积比容量，用瓦时/升（W·h/L）表示。质量比容量和体积比容量通称比容量，是评价电池性能的重要指标。

1.5.3 电路状态

根据电源和负载连接的不同情况，电路可分为通路、开路和短路3种基本状态。下面以简单的直流电路为例讨论电路状态的电流、电压和功率。

1. 通路

将图1.16中的开关S合上，接通电源和负载，称为通路或有载状态。通路时，应用欧姆定律可求出电源向负载提供的电流为

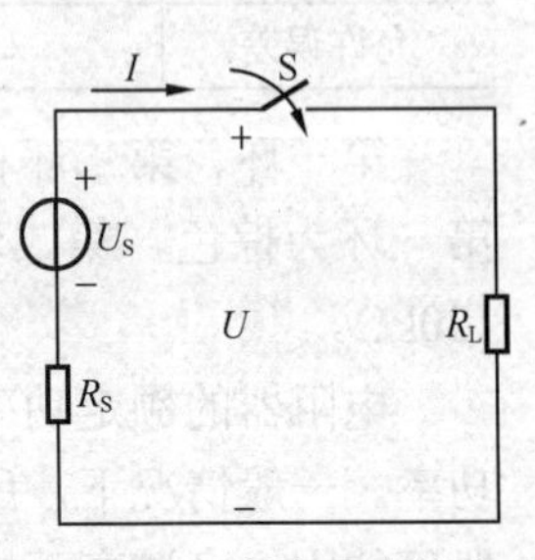

图1.16 电路通路状态

$$I = \frac{U_S}{R_S + R_L} \tag{1.18}$$

电源的端电压U和负载端电压相等，即

$$U = U_S - R_S I = R_L I \tag{1.19}$$

由于电源内阻的存在，电压U将随负载电流的增加而降低。

式（1.19）各项乘以电流I，可得电路的功率平衡方程为

$$\begin{aligned} UI &= U_S I - R_S I^2 \\ P &= P_S - \Delta P \end{aligned} \tag{1.20}$$

式中，$P_S = U_S I$，P_S是电源产生的功率；$\Delta P = R_S I^2$，ΔP是电源内阻上损耗的功率；$P = UI$，P是电源输出的功率。

2．开路

将图 1.16 中的开关 S 断开时，电源和负载没有构成通路，称为电路的开路状态，如图 1.17 所示。开路时断路两点间的电阻等于无穷大，因此电路开路时，电路中电流$I = 0$。此时，电源不输出功率（$P = 0$），电源的端电压称为开路电压（用U_{OC}表示），即$U_{OC} = U_S$。

3．短路

当电源两端由于工作不慎或负载的绝缘破损等原因而连在一起时，外电路的电阻可视为零，这种情况称为电路的短路状态，如图 1.18 所示。

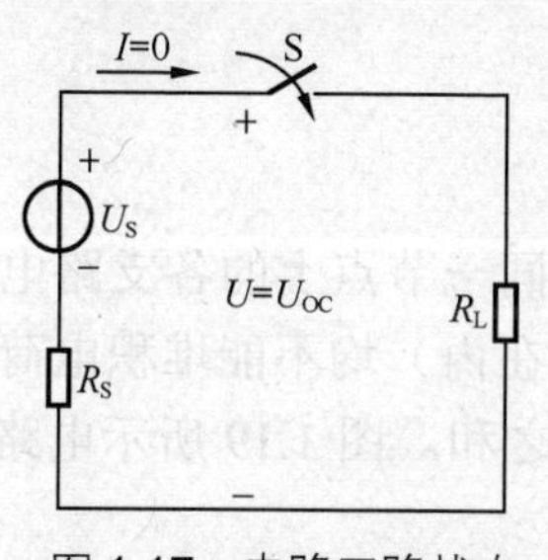

图 1.17　电路开路状态

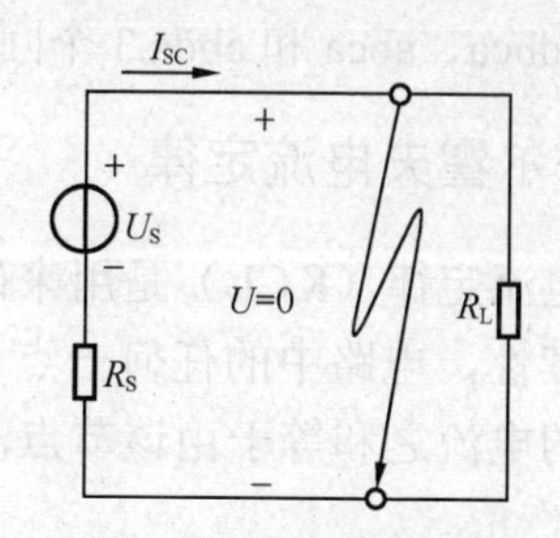

图 1.18　电路短路状态

电路短路时，由于外电路电阻接近于零，而电源的内阻R_S很小。此时，通过电源的电流最大，称为短路电流（用I_{SC}表示），即$I_{SC}=U_S/R_S$。

电源的端电压即负载的电压$U = 0$，负载的电流与功率为 0，而电源通过很大的电流，电源产生的功率很大，电源产生的功率全部被内阻消耗。这将使电源发热过甚，使电源设备烧毁，可导致火灾发生。为了避免短路事故引起的严重后果，通常在电路中接入熔断器或自动保护装置。但是，有时由于某种需要，可以将电路中的某一段短路，这种情况常称为“短接”。

4．电气设备的额定值

电气设备的额定值是综合考虑产品的可靠性、经济性和使用寿命等诸多因素，由制造厂商给定的。额定值往往标注在设备的铭牌上或写在设备的使用说明书中。

额定值是指电气设备在电路的正常运行状态下，能承受的电压、允许通过的电流，以及它们吸收和产生功率的限额。如额定电压U_N、额定电流I_N和额定功率P_N。如一个灯泡上标明220V、60W，这说明额定电压为220V，在此额定电压下消耗功率60W。

电气设备的额定值和实际值是不一定相等的。如上所述，220V、60W的灯泡接在220V的电源上时，由于电源电压的波动，其实际电压值稍高于或稍低于220V，这样灯泡的实际功率就不会正好等于其额定值60W了，额定电流也相应发生了改变。当电流等于额定电流时，称为满载工作状态；电流小于额定电流时，称为轻载工作状态；电流超过额定电流时，称为过载工作状态。

1.6 基尔霍夫定律

基尔霍夫定律是电路分析和计算电路的基本定律，它包括基尔霍夫电流定律和基尔霍夫电压定律。在介绍基尔霍夫定律之前，先介绍电路的几个名词。

支路：由一个或几个电路元件串接而成的无分支电路称为支路，一条支路流过的同一电流，称为支路电流。图1.19所示电路中有acb、adb和ab 3条支路，3个支路电流分别为I_1、I_2和I_3。

节点：3条或3条以上支路的连接点称为节点。图1.19所示电路中有a、b两个节点。

回路：电路中由支路构成的闭合路径称为回路。图1.19所示电路中有adbca、abca和abda 3个回路。

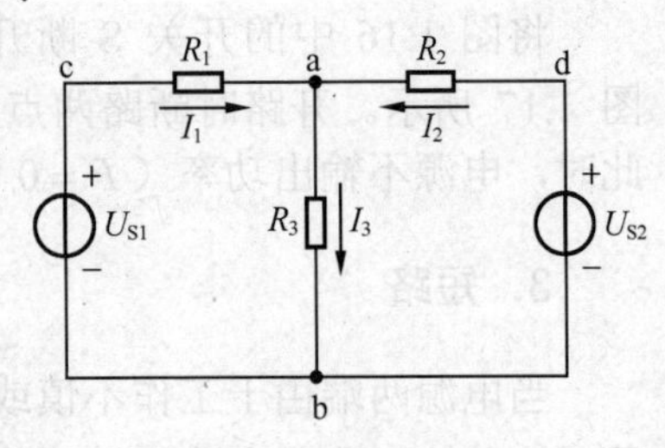

图1.19　电路举例

1.6.1 基尔霍夫电流定律

基尔霍夫电流定律（KCL）是用来确定连接在同一节点上的各支路电流之间的关系。因为电流的连续性，电路中的任何一点（包括节点在内）均不能堆积电荷。所以，在任一瞬时流入节点的电流之和等于由该节点流出的电流之和。图1.19所示电路中，对节点a可以写出

$$I_1 + I_2 = I_3 \tag{1.21}$$

或写成

$$I_1 + I_2 - I_3 = 0$$

即

$$\Sigma I = 0 \tag{1.22}$$

基尔霍夫电流定律还可以表述为：在任一瞬时，任一节点上电流的代数和恒等于零。若规定流入节点的电流项前为"+"号，流出节点的电流项前应为"−"，反之亦然。

根据计算的节点，有些支路的电流可能是负值，这是由于所选定的电流参考方向与电流的实际方向相反所致。

基尔霍夫电流定律通常用于节点，也可把它推广应用于电路中任意假设的闭合面。如图1.20所示电路，闭合面包围了a、b和c 3个节点，分别写出这3个节点的电流的关系为

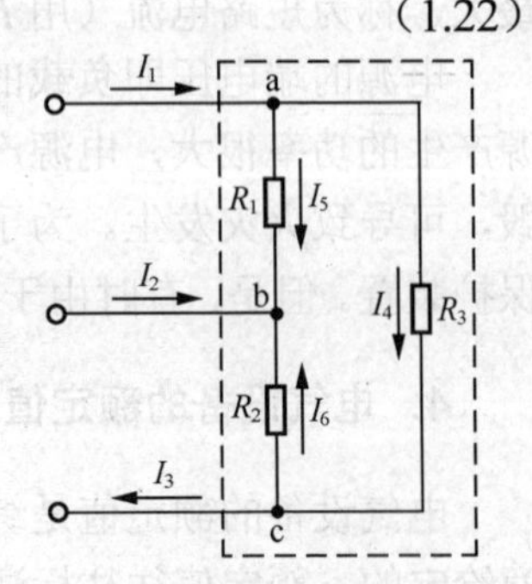

图1.20　基尔霍夫电流定律推广

节点 a：$I_1 - I_4 - I_5 = 0$

节点 b：$I_2 + I_5 + I_6 = 0$

节点 c：$-I_3 + I_4 - I_6 = 0$

以上三式相加可得

$$I_1 + I_2 - I_3 = 0$$

可见，在任一瞬时，电路中流入任一闭合面的电流的代数和恒等于零。

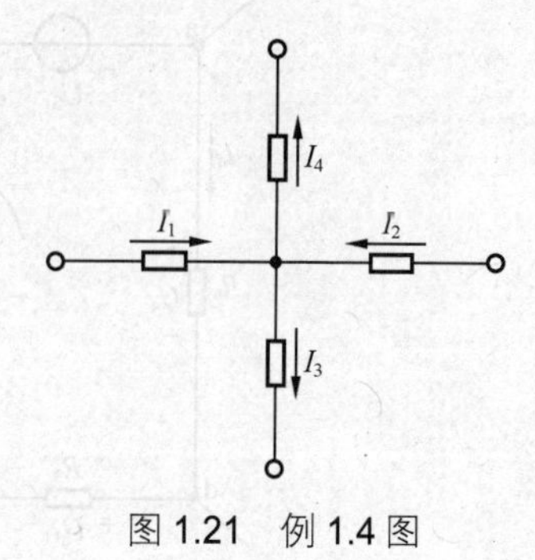

图 1.21　例 1.4 图

【例 1.4】如图 1.21 所示电路中，已知 $I_1 = 1\,\text{A}$，$I_2 = 2\,\text{A}$，$I_3 = -3\,\text{A}$，求 I_4。

解：由基尔霍夫定律可写出

$$I_1 + I_2 - I_3 - I_4 = 0$$

$$1 + 2 - (-3) - I_4 = 0$$

可得

$$I_4 = 6\,\text{A}$$

由本例可见，式中有两套正负号，I 前的正负号是由基尔霍夫电流定律根据电流的参考方向确定的，括号内数字前的正负号则是表示电流本身数值的正负。

1.6.2　基尔霍夫电压定律

基尔霍夫电压定律（KVL）是用来确定回路中各段电压之间的关系。其内容为：在任一瞬时，沿电路内任一回路绕行一周，回路中各段电压的代数和恒等于零。其数学表达式为

$$\sum U = 0 \tag{1.23}$$

应用式（1.22）时，首先应选定各段电压的参考方向，然后再选定回路的绕行方向，可以是顺时针，也可以是逆时针。电压的参考方向和回路的绕行方向一致时取正号，反之取负号。如图 1.22 所示，对回路 abcda 应用基尔霍夫电压定律，可得

$$-U_{\text{S1}} + U_1 + U_2 + U_{\text{S2}} - U_3 - U_4 = 0$$

由于 $U_1 = R_1 I_1$、$U_2 = R_2 I_2$、$U_3 = R_3 I_3$ 和 $U_4 = R_4 I_4$，将各式代入可得回路电压方程

$$-U_{S1} + R_1 I_1 + R_2 I_2 + U_{S2} - R_3 I_3 - R_4 I_4 = 0$$

上式可改写为

$$R_1 I_1 + R_2 I_2 - R_3 I_3 - R_4 I_4 = U_{S1} - U_{S2}$$

即

$$\sum RI = \sum U_S \tag{1.24}$$

此为基尔霍夫电压定律在电阻电路中的另一种数学表达式，即任意回路内各电阻电压的代数和等于该回路中各电源电压的代数和。在这里，电阻中电流的参考方向与回路绕行方向一致时，该项电阻电压取正号，反之则取负号；电源电压的参考方向（即从“−”端指向“+”端）与回路绕行方向一致时为正，反之为负。

基尔霍夫电压定律也可推广应用于回路的部分电路。如图 1.23 所示电路，应用基尔霍夫电压定律可写出

$$U + RI - U_S = 0$$

或写为

$$U_S = U + RI$$

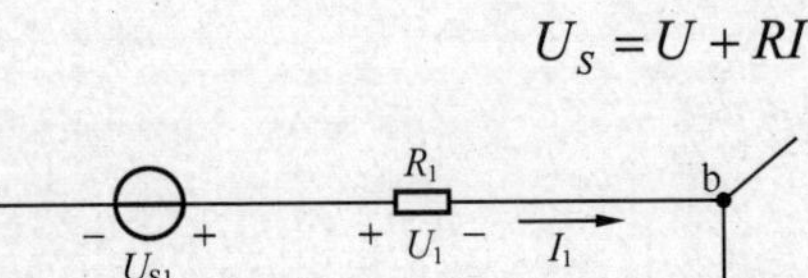

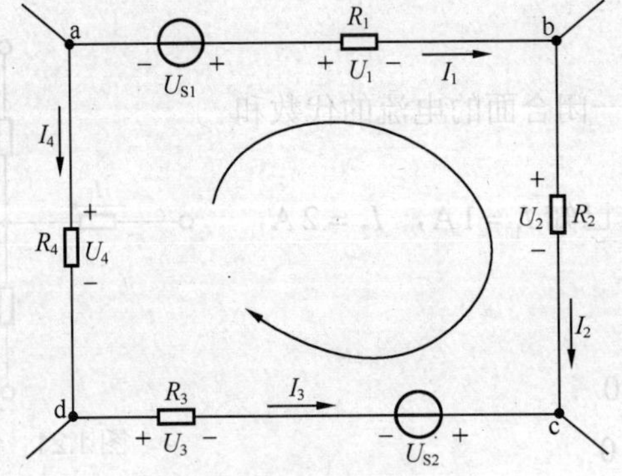

图 1.22　回路电压

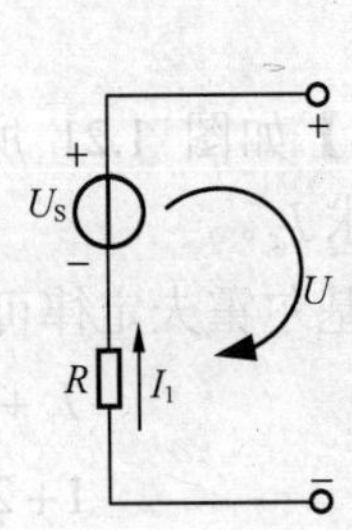

图 1.23　基尔霍夫电压定律的推广

使用基尔霍夫定律时应注意，基尔霍夫两个定律具有普遍性，它们适用于由各种不同元件构成的电路，也适用于任意瞬时变化的电压和电流。

【例 1.5】如图 1.24 所示电路为一闭合回路，各支路的元件是任意的，若已知：$U_{ab} = 10\text{ V}$，$U_{bc} = -8\text{ V}$，$U_{da} = -5\text{ V}$，求 U_{cd} 和 U_{ca}。

解：由基尔霍夫电压定律可列出

$$U_{ab} + U_{bc} + U_{cd} + U_{da} = 0$$

可得

$$U_{cd} = -U_{ab} - U_{bc} - U_{da} = -10 - (-8) - (-5) = 3\text{ V}$$

abca 不是闭合回路，也可应用基尔霍夫电压定律列出

$$U_{ab} + U_{bc} + U_{ca} = 0$$

可得

$$U_{ca} = -U_{ab} - U_{bc} = -10 - (-8) = -2\text{ V}$$

【例 1.6】如图 1.25 所示电路中，a、d 两点与外电路相连，部分支路电流及元件的参数已在图中标出，求电流 I_1、I_2 和电阻 R。

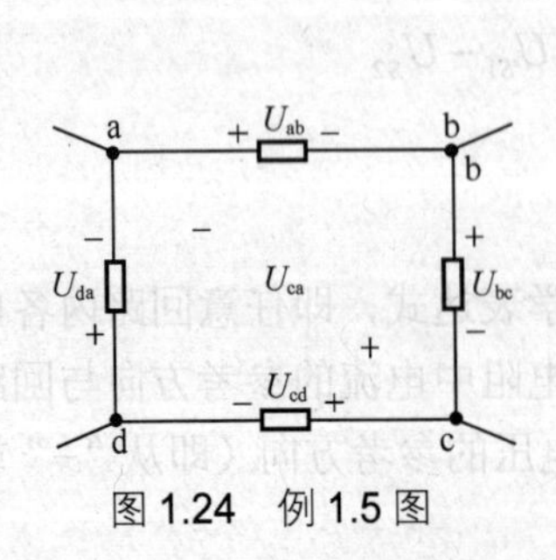

图 1.24　例 1.5 图

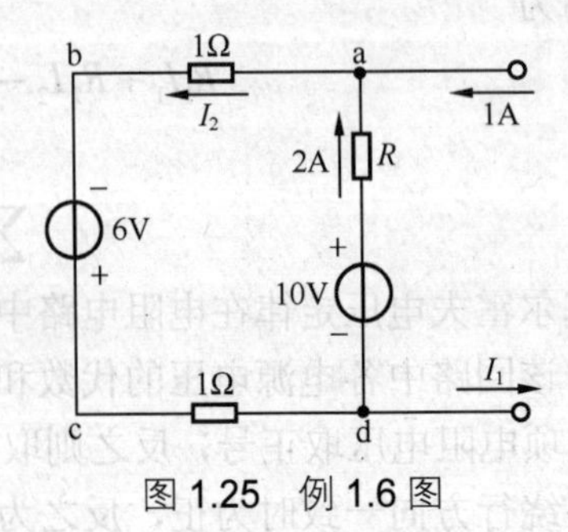

图 1.25　例 1.6 图

解：对节点 a 由基尔霍夫电流定律可列出

$$1+2-I_2=0$$

可得

$$I_2=3\text{ A}$$

对节点 d 由基尔霍夫电流定律可列出

$$I_2-2-I_1=0$$

可得

$$I_1=1\text{A}$$

由基尔霍夫电压定律可列出

$$U_{ab}+U_{bc}+U_{cd}+U_{da}=0$$

即

$$3\times1-6+3\times1-10+2R=0$$

可得

$$R=5\Omega$$

小　结

本章介绍了电路的基本概念和基本定律。任何一个电路都是由电源、负载和中间环节构成。在分析电路时，都是对由理想电路元件构成的电路模型进行分析与计算。电路当中的电流、电压的方向都是假设的参考方向，当其为正时参考方向和实际方向相同，当其为负时参考方向和实际方向相反。电阻元件两端的电压和流过的电流遵守欧姆定律，理想电源包括理想电压源和理想电流源。电路的状态包括有载状态、开路状态和短路状态。基尔霍夫定律是分析电路的基本定律，基尔霍夫电流定律应用于电路中的节点；基尔霍夫电压定律应用于电路中的回路。

习　题

习题 1.1　电路是由哪几个基本部分组成的？构成电路的目的是什么？

习题 1.2　为什么要设电压、电流参考方向？电压、电流的参考方向就是它的实际方向吗？如何根据参考方向判别实际方向？关联参考方向和非关联参考方向的差别是什么？

习题 1.3　电路中电位相等的各点，如果用导线接通，对电路其他部分有没有影响？

习题 1.4　在图 1.26 所示电路中，5 个电路元件代表电源或负载。电流和电压的参考方向如图所示，通过实验测量得知 $I_1=-2\text{ A}$，$I_2=3\text{ A}$，$I_3=5\text{ A}$，$U_1=70\text{ V}$，$U_2=-45\text{ V}$，$U_3=30\text{ V}$，$U_4=-40\text{ V}$，$U_5=15\text{ V}$。

（1）试标出各电流的实际方向和各电压的实际极性。

（2）判断哪些元件是电源，哪些是负载？

（3）计算各元件的功率，电源发出的功率和负载取用的功率是否平衡？

习题 1.5　如图 1.27 所示电路，试求：

（1）若 $V_a=10\text{ V}$，$V_b=-10\text{ V}$，$I=1\text{A}$，求电压 U_{ab} 和功率 P，判断该元件是电源还是负载。

（2）若 $V_a=10\text{ V}$，$U_{ab}=40\text{ V}$，$I=1\text{A}$，求电压 V_b 和功率 P，判断该元件是电源还是负载。

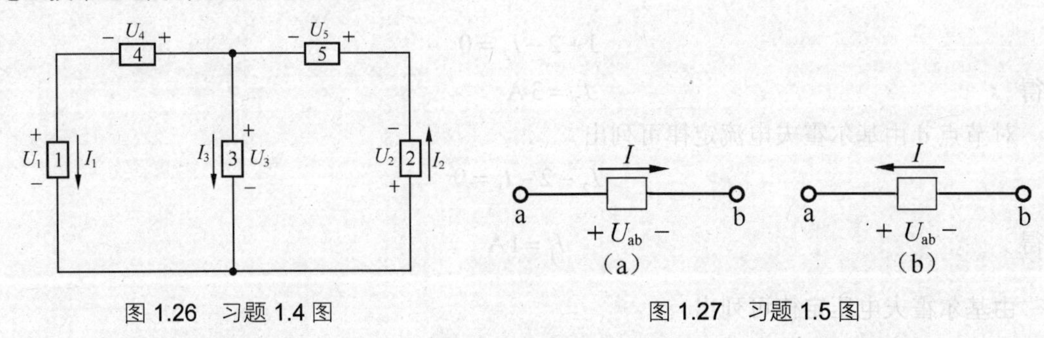

图 1.26　习题 1.4 图　　　　图 1.27　习题 1.5 图

习题 1.6　如图 1.28 所示电路，试求：

（1）当选择 O 点为参考点时，求各点的电位。

（2）当选择 A 点为参考点时，求各点的电位。

习题 1.7　如图 1.29 所示两电路，计算 A，B，C 各点的电位。

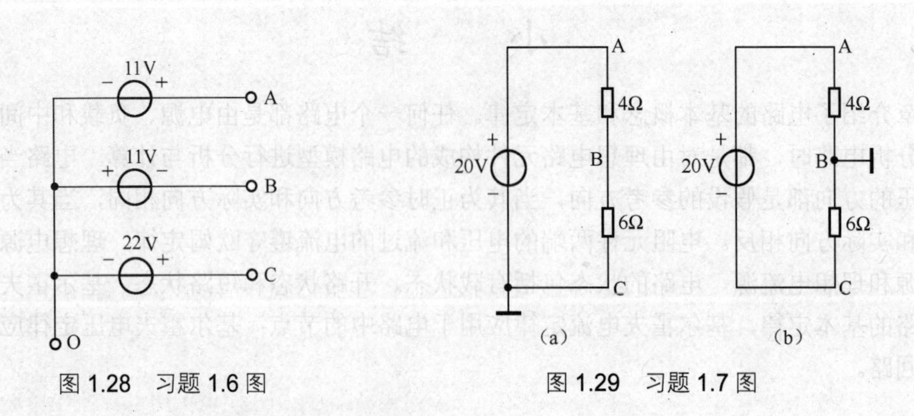

图 1.28　习题 1.6 图　　　　图 1.29　习题 1.7 图

习题 1.8　如图 1.30 所示电路，试求：

（1）开关 S 断开时的电压 U_{ab} 和 U_{cd}。

（2）开关 S 闭合时的电压 U_{ab} 和 U_{cd}。

习题 1.9　如图 1.31 所示电路，问开关 S 处于 1、2 和 3 位置时电压表和电流表的读数分别是多少。

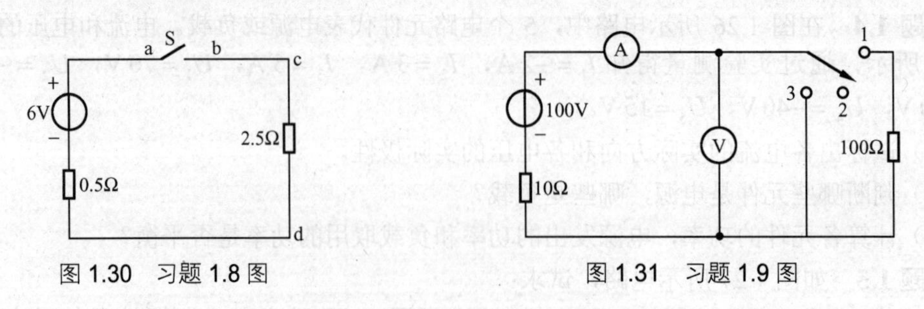

图 1.30　习题 1.8 图　　　　图 1.31　习题 1.9 图

习题 1.10　如图 1.32 所示电路中，求电压 U 和电流 I。

习题 1.11　如图 1.33 所示电路，求电阻两端的电压和两电源的功率。

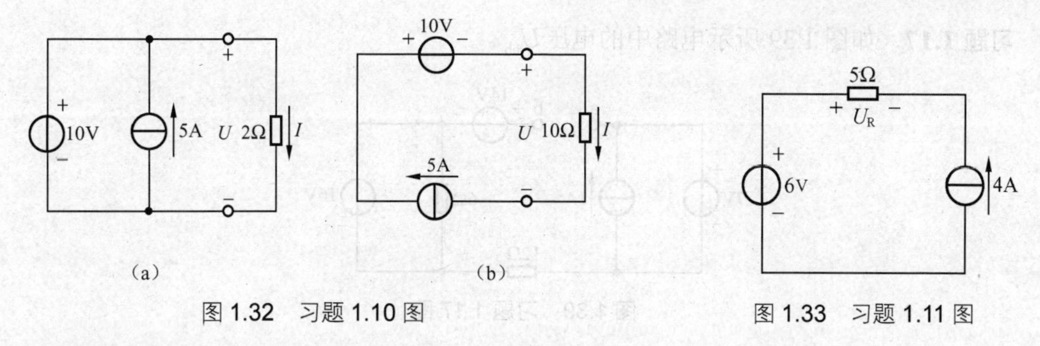

图 1.32　习题 1.10 图　　　　图 1.33　习题 1.11 图

习题 1.12　如图 1.34 所示电路，求电路中的电压U。

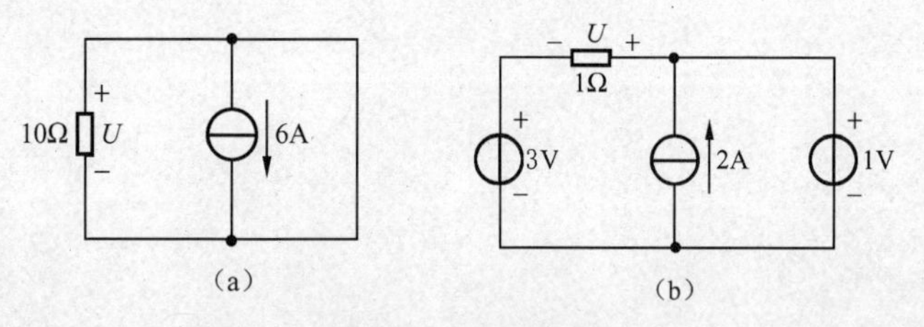

图 1.34　习题 1.12 图

习题 1.13　如图 1.35 所示电路，求电路中的未知电流I。

习题 1.14　如图 1.36 所示电路，求电路中电流I、电压U_S和电阻R。

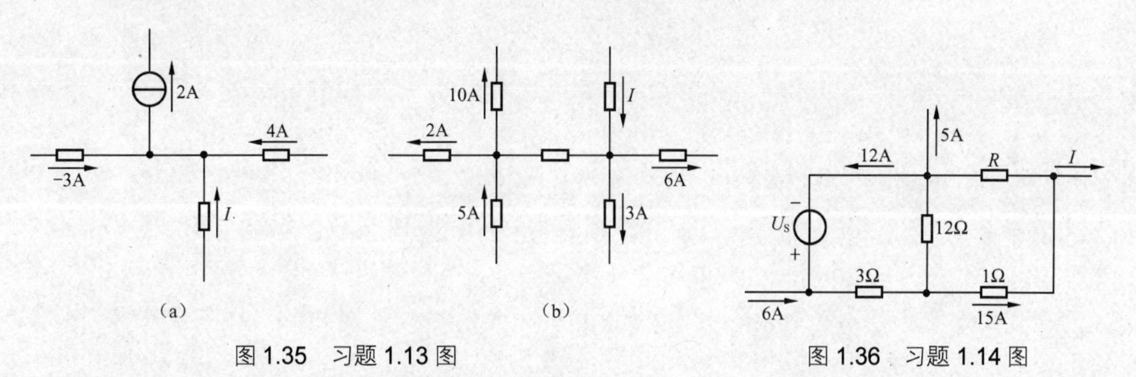

图 1.35　习题 1.13 图　　　　图 1.36　习题 1.14 图

习题 1.15　如图 1.37 所示电路，求电压U_{ab}、U_{bd}和U_{ad}。

习题 1.16　如图 1.38 所示电路，求电路中的未知量。

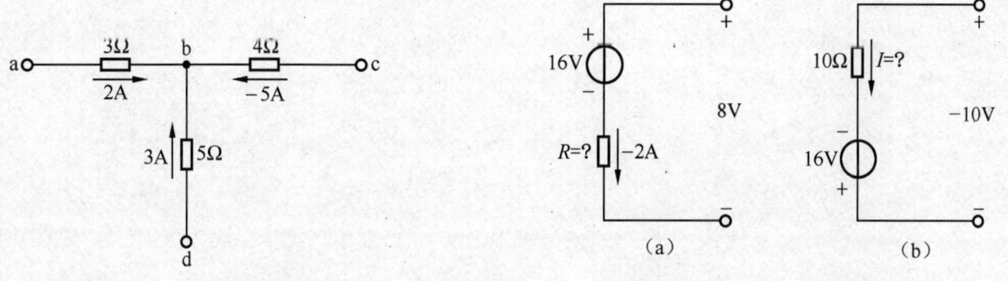

图 1.37　习题 1.15 图　　　　图 1.38　习题 1.16 图

习题 1.17 如图 1.39 所示电路中的电压U_{ab}。

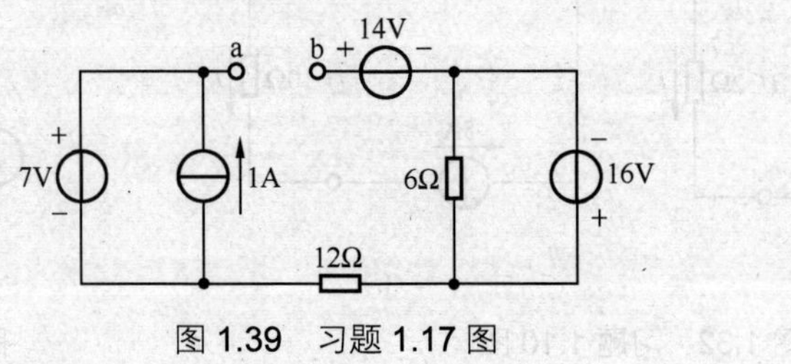

图 1.39 习题 1.17 图

第2章 电路的分析方法

本章以电阻电路为例讨论几种电路的分析方法。首先介绍电路等效变换的概念，电阻的串联和并联，实际电源的两种模型及其等效变换等；然后讨论几种常用的电路分析方法，包括支路电流法、节点电压法、利用叠加定理、戴维宁定理和诺顿定理进行电路分析的方法等，这些都是分析电路的基本方法。

2.1 电路的等效变换

等效电路是电路分析中一个很重要的概念，应用它通过等效变换，可以把多元件组成的电路化简为只有少数几个元件组成的单回路或一对节点的电路，甚至单元件电路。它是化繁为简、化难为易的钥匙。在分析电路问题时经常使用等效变换。本节将分别介绍电阻电路等效变换与电源等效变换的方法。

2.1.1 电阻的连接及其等效变换

1. 电阻的串联

在电路中，把几个电阻元件依次一个一个首尾连接起来，中间没有分支，在电源的作用下流过各电阻的是同一电流，这种连接方式叫做电阻的串联，如图 2.1（a）所示。

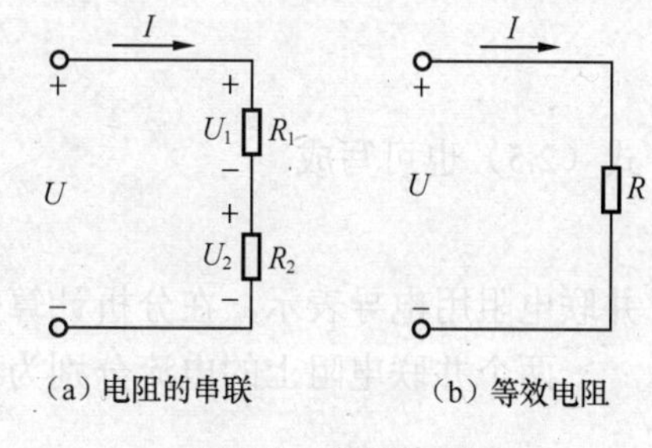

（a）电阻的串联　（b）等效电阻

图 2.1　电阻的串联

由基尔霍夫电压定律可知，电阻串联电路的端口电压等于各电阻电压的叠加，即

$$U = U_1 + U_2 = R_1 I + R_2 I = (R_1 + R_2)I = RI \tag{2.1}$$

式（2.1）中

$$R = \frac{U}{I} = R_1 + R_2 \tag{2.2}$$

R 为两个电阻串联的等效电阻。也就是，若用等效电阻 R 代替图 2.1（a）中的两个电阻，电路端口的电压电流关系保持不变，如图 2.1（b）所示，这种方式的替换称为等效变换。两个

串联电阻上的电压分别为

$$\left.\begin{aligned} U_1 &= R_1 I = \frac{R_1}{R_1+R_2}U \\ U_2 &= R_2 I = \frac{R_2}{R_1+R_2}U \end{aligned}\right\} \tag{2.3}$$

式（2.3）为电阻串联电路的分压公式，可见各个电阻上的电压与电阻是成正比的。当其中某个电阻较其他电阻小很多时，在它两端的电压也较其他电阻上的电压低很多，因此，这个电阻的分压作用常可忽略不计。

2．电阻的并联

电路中如果有两个或两个以上的电阻连接在两个公共的节点之间，则该电路的连接方式称为电阻的并联。其电路如图2.2（a）所示，与电阻串联不同的是，各个并联电阻上所受的电压是同一电压。

如图2.2（b）所示，图2.2（a）所示的两个电阻可以用一个等效电阻 R 来代替。在电阻并联电路中，各个并联电阻中的支路电流之和等于电源输入总电流 I，即

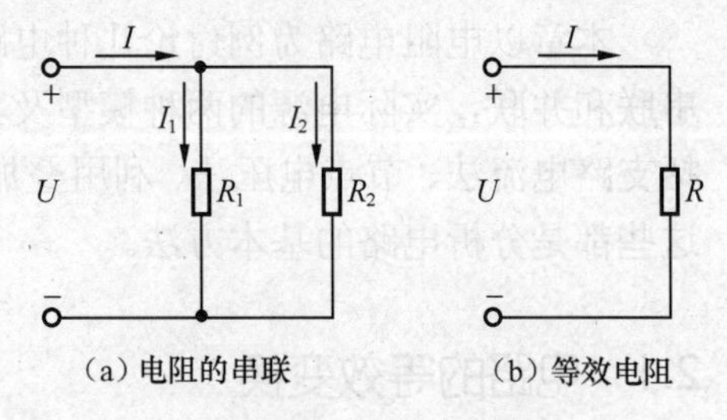

（a）电阻的串联　（b）等效电阻

图2.2　电阻的并联

$$I = I_1 + I_2 = \frac{U}{R_1} + \frac{U}{R_2} = U\left(\frac{1}{R_1} + \frac{1}{R_2}\right) = \frac{U}{R} \tag{2.4}$$

由式（2.4）可看出图2.2（a）中的两个电阻与图2.2（b）中等效电阻的关系，等效电阻的倒数等于各个并联电阻的倒数之和，即

$$\frac{1}{R} = \frac{1}{R_1} + \frac{1}{R_2} \tag{2.5}$$

式（2.5）也可写成

$$G = G_1 + G_2 \tag{2.6}$$

并联电阻用电导表示，在分析计算多支路并联电路时可以简便些。

两个并联电阻上的电流分别为

$$\left.\begin{aligned} I_1 &= \frac{U}{R_1} = \frac{RI}{R_1} = \frac{R_2}{R_1+R_2}I \\ I_2 &= \frac{U}{R_2} = \frac{RI}{R_2} = \frac{R_1}{R_1+R_2}I \end{aligned}\right\} \tag{2.7}$$

式（2.7）为电阻并联电路的分流公式，可见各个电阻上的电流与电阻是成反比的。当其中某个电阻较其他电阻大很多时，通过它的电流就较其他电阻上的电流小很多，因此，这个电阻的分流作用常可忽略不计。

一般负载都是并联运用的。负载并联运用时，它们处于同一电压之下，任何一个负载的

工作情况基本上不受其他负载的影响。并联的负载电阻愈多（负载增加），则总电阻愈小，电路中总电流和总功率也就愈大。但是每个负载的电流和功率却没有变动。

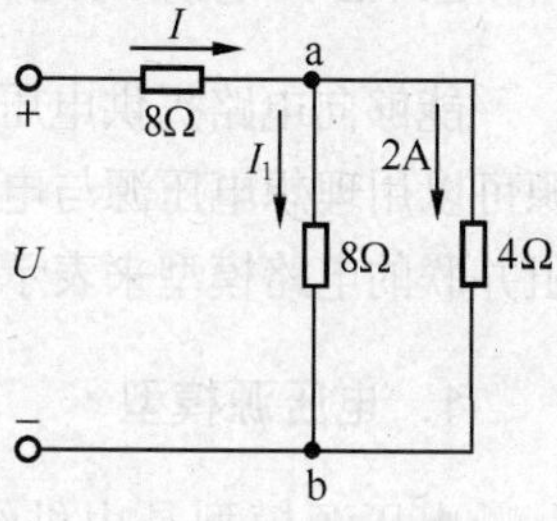

【例 2.1】如图 2.3 所示，求 I 及 U。

解：由图示电路得

$$U_{ab}=2\times4=8V$$

$$I=2+I_1=2+1=3A$$

$$U=8I+U_{ab}=8\times3+8=32V$$

图 2.3 例 2.1 图

【例 2.2】如图 2.4 所示，求各支路电流。

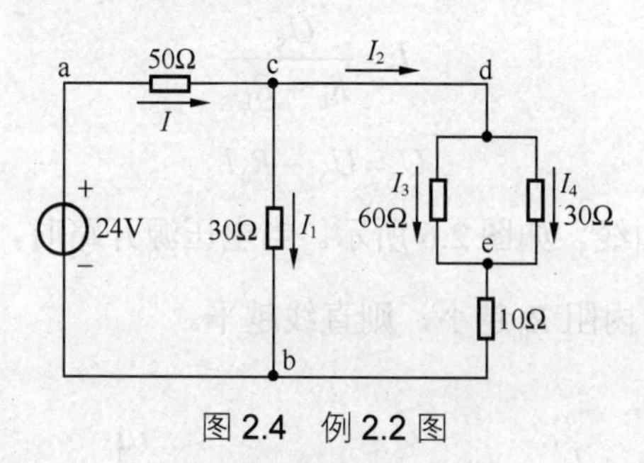

图 2.4 例 2.2 图

解：根据图 2.4 所示电路可先求得 ab 两端的等效电阻。

R_{de} 等效于 30Ω 与 60Ω 并联，即

$$R_{de}=\frac{30\times60}{30+60}=20\Omega$$

R_{db} 等效于 10Ω 与 R_{de} 串联，即

$$R_{db}=20+10=30\Omega$$

R_{cb} 等效于 30Ω 与 R_{db} 并联，即

$$R_{cb}=\frac{30\times30}{30+30}=15\Omega$$

R_{ab} 等效于 50Ω 与 R_{cb} 串联，即

$$R_{ab}=15+50=65\Omega$$

根据欧姆定律得

$$I=\frac{24}{R_{ab}}=\frac{24}{65}=0.37A$$

将总电流 I 代入式（2.7）得

$$I_2=\frac{30}{30+R_{db}}I=\frac{30}{30+30}\times0.37=0.185A$$

$$I_1=I-I_2=0.37-0.185=0.185A$$

$$I_3=\frac{30}{30+60}I_2=\frac{30}{30+60}\times0.185=0.06A$$

$$I_4=I_2-I_3=0.185-0.06=0.125A$$

2.1.2 电源的两种模型及其等效变换

能够向电路提供电压、电流的器件或装置称为电源，如电池、发电机等。电路中的实际电源可以用理想电压源与电阻串联的电路模型表示，称为电压源模型；也可以用理想电流源与电阻并联的电路模型来表示，称为电流源模型；电压源模型与电流源模型相互间可以等效变换。

1．电压源模型

电压源模型是由供给一定的恒定电压 U_S 的理想电压源和内阻为 R_0 的电阻元件串联组成，简称电压源，如图 2.5 所示。接上负载 R_L 后，有

$$I = \frac{U_S}{R_0 + R_L}$$

$$U = U_S - R_0 I$$

可以作出电压源特性曲线，如图 2.6 所示。当电压源开路时，$I = 0$，$U = U_S$，当电压源短路时，$U = 0$，$I = \frac{U_S}{R_0}$。内阻 R_0 越小，则直线越平。

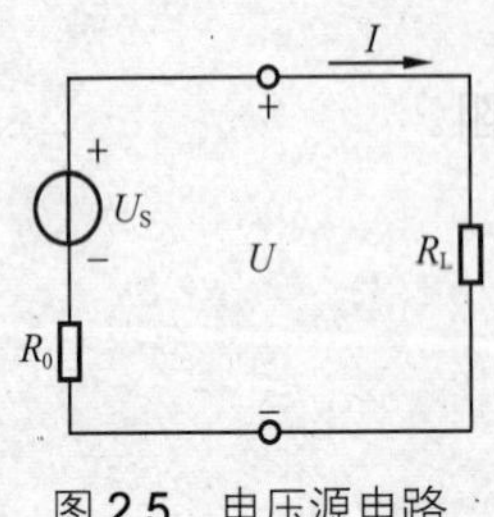

图 2.5 电压源电路

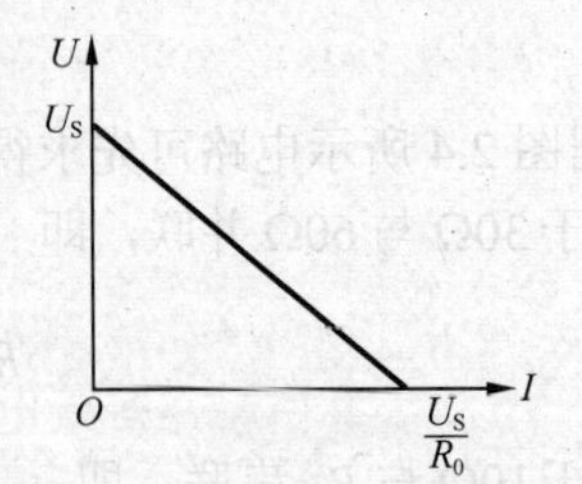

图 2.6 电压源外特性曲线

2．电流源模型

电流源模型是由供给一定的恒定电流 I_S 的理想电流源和内阻为 R_0 的电阻元件并联组成，简称电流源，如图 2.7 所示。接上负载 R_L 后，有 $I = I_S - \frac{U}{R_0}$。

由此可以作出电流源特性曲线，如图 2.8 所示。当电流源开路时，$I = 0$，$U = R_0 I_S$，当电流源短路时，$U = 0$，$I = I_S$。内阻 R_0 越大，则直线越陡。

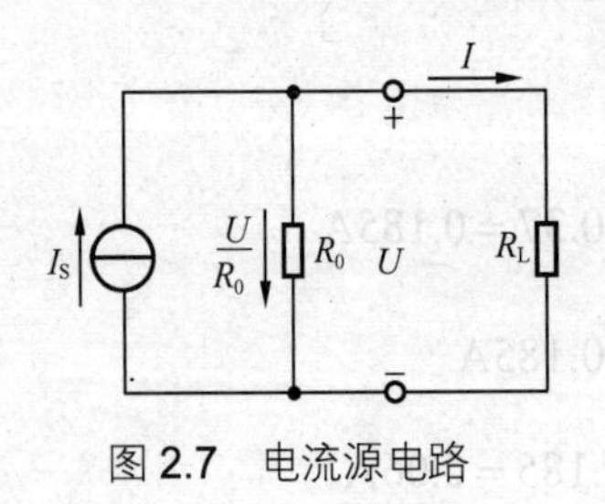

图 2.7 电流源电路

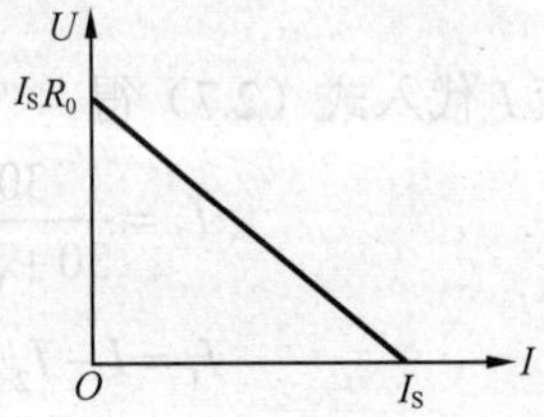

U
I_S R_0
O
I_S
I

图 2.8 电流源外特性曲线

3. 电压源与电流源的等效变换

在电路分析中，由等效电路（如果两个电路对外电路的影响一致，则这两个电路等效）的概念，电源的两种模型可等效互换，因为电压源模型的外特性曲线（如图 2.6 所示）和电流源模型外特性曲线（如图 2.8 所示）是相同的。

在做电压源和电流源的等效变换时，一般不限于内阻 R_0，只要一个电压为 U_S 的理想电压源和一个电阻 R 串联的电路，都可以化为一个电流为 I_S 的理想电流源和这个电阻并联的电路；反之一个电流为 I_S 的理想电流源和一个电阻 R 串联的电路，都可以化为一个电压为 U_S 的理想电压源和这个电阻串联的电路。如图 2.9 所示，其中

$$U_S = RI_S \quad 或 \quad I_S = U_S/R \tag{2.8}$$

注意：等效变换时要注意理想电压源的正极与理想电流源的电流流出方向一致。

【例 2.3】将图 2.10 所示电压源等效变换为电流源。

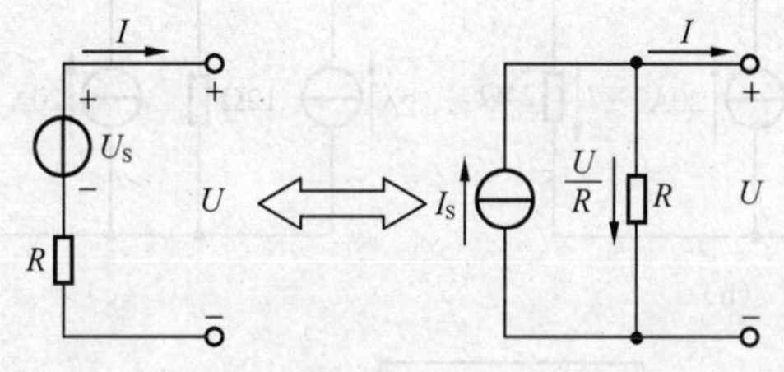

图 2.9 电压源与电流源的等效变换

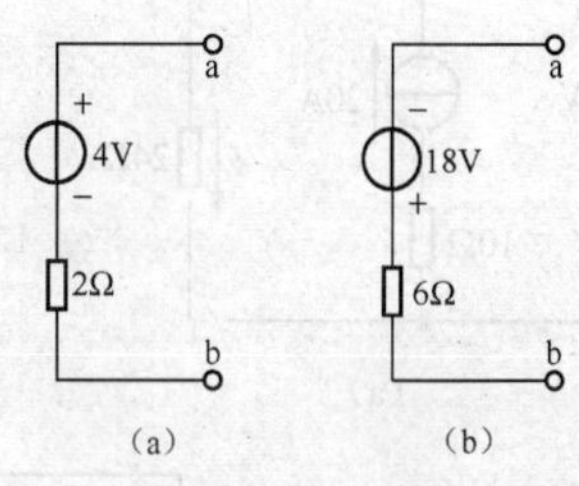

图 2.10 例 2.3 图

解：如图 2.10（a）所示，等效电流源的电流为

$$I_S = \frac{4}{2} = 2\,\text{A}$$

图中其方向向上，所以，图 2.10（a）所示的等效电流源如图 2.11（a）所示。

在图 2.10（b）中，等效电流源的电流为

$$I_S = \frac{18}{6} = 3\,\text{A}$$

图中其方向向下，所以，图 2.10（b）中的等效电流源如图 2.11（b）所示。

在等效过程中一定要注意电压源电压极性与电源电流流向的关系。

【例 2.4】将图 2.12 所示电流源等效变换为电压源。

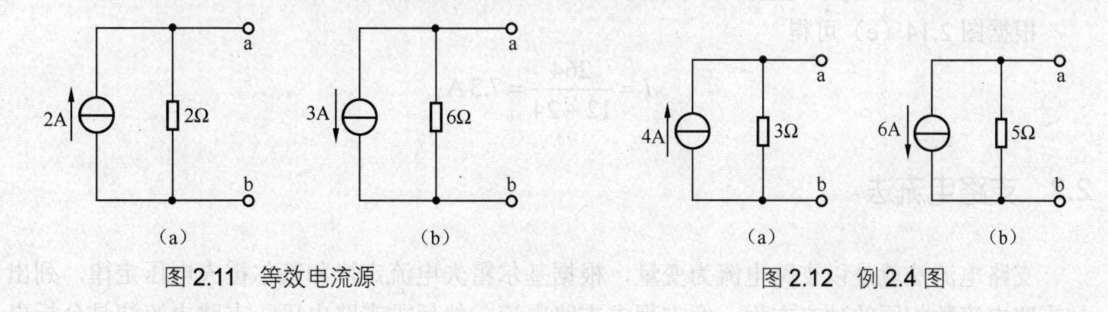

图 2.11 等效电流源　　图 2.12 例 2.4 图

解：如图2.12（a）所示，等效电压源的电压为

$$U_{S}=3\times4=12\text{ V}$$

所以，图2.12（a）所示等效电压源如图2.13（a）所示。

如图2.12（b）所示，等效电压源的电压为

$$U_{S}=6\times5=30\text{ V}$$

所以，图2.12（b）的等效电压源如图2.13（b）所示。

在等效过程中一定要注意电流源电流流向与电源电压极性的关系。

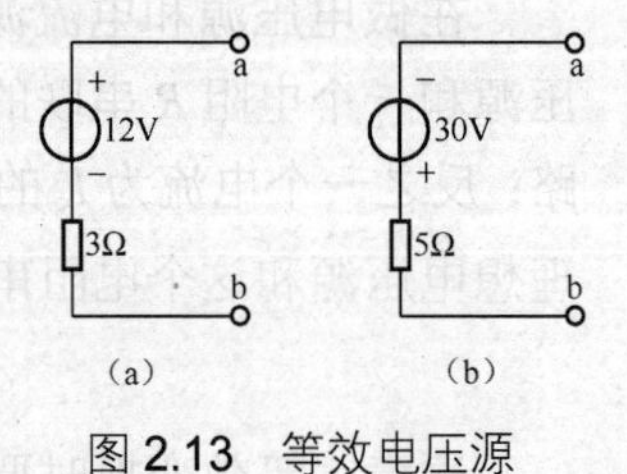

图2.13 等效电压源

【例2.5】如图2.14（a）所示电路，用电源等效变换法求流过负载的电流I。

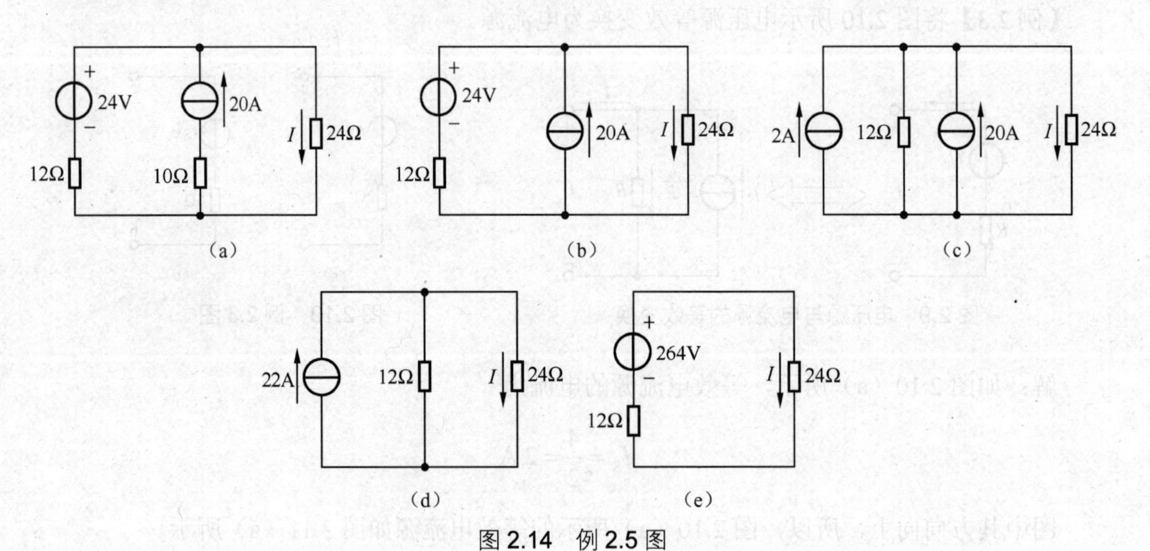

图2.14 例2.5图

解：由于10Ω电阻与电流源是串联形式，对于电流I来说，10Ω电阻为多余元件可去掉，可得电路如图2.14（b）所示。

图2.14（b）所示12 Ω电阻与24V电压源串联可等效为一个2A的电流源，如图2.14（c）所示。

图2.14（c）所示两个电流源可等效为一个22A的电流源，如图2.14（d）所示。

将图2.14（d）所示电流源可等效为一个264V的电压源，如图2.14（e）所示。

根据图2.14（e）可得

$$I=\frac{264}{12+24}=7.3\text{ A}$$

2.2 支路电流法

支路电流法就是以支路电流为变量，根据基尔霍夫电流定律和基尔霍夫电压定律，列出与支路电流数相同的独立方程，解方程求支路电流，然后求支路电压，支路电流法是分析电

路最基本的方法之一。下面以图 2.15 所示电路为例进行说明。

首先，要确定支路的个数，并选择电流的参考方向。图 2.15 电路中有 3 条支路，也就是有 3 个支路电流有待求解，需列出 3 个独立的方程式，各支路电流参考方向如图 2.15 所示。

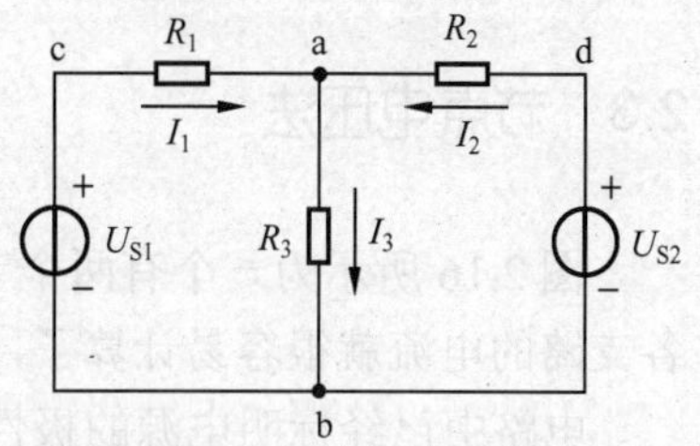

图 2.15 支路电流法

其次，要确定节点个数，列出节点电流方程式。图 2.15 中有 a、b 两个节点，利用基尔霍夫电流定律列出节点方程如下：

节点 a：$I_1 + I_2 - I_3 = 0$

节点 b：$-I_1 - I_2 + I_3 = 0$

此两节点电流方程只差一个负号，故只有一个方程是独立的，也称为有一个独立节点。一般来说，如果电路有 n 个节点，那么它能列出 $n-1$ 个独立方程。

再次，要根据剩余方程式数，列出电压方程式。如图 2.15 所示，电路共有Ⅰ(abca)、Ⅱ(abda)、Ⅲ(adbca)3 个回路，根据基尔霍夫电压定律可列出如下方程：

回路Ⅰ：$I_1R_1 + I_3R_3 - U_{S1} = 0$

回路Ⅱ：$-I_2R_2 - I_3R_3 + U_{S2} = 0$

回路Ⅲ：$I_1R_1 - I_2R_2 - U_{S1} + U_{S2} = 0$

在上面 3 个回路电压方程中，任何一个方程都可以由另外两个导出，即任何一个方程中的所有因式都在另外两个方程中出现，而另外两个方程中又各自具有对方所没有的因式，故有两个独立方程，也称为有两个独立回路；从节点电流方程中任选一个，从回路电压方程中任选两个，得到如下 3 个独立方程：

节点 a：$-I_1 - I_2 + I_3 = 0$

回路Ⅰ：$I_1R_1 + I_3R_3 = U_{S1}$

回路Ⅱ：$I_2R_2 + I_3R_3 = U_{S2}$

最后，独立方程数恰好等于方程中未知支路电流数，联立 3 个独立方程，可求得支路电流 I_1、I_2 和 I_3。

【例 2.6】如图 2.15 所示，已知 U_{S1}=54V，U_{S2}=9V，R_1=6Ω，R_2=3Ω，R_3=6Ω，试用支路电流法求各支路电流。

解：在电路图上标出各支路电流的参考方向，如图所示，选取绕行方向。应用 KCL 和 KVL 列方程如下

$$I_1 + I_2 - I_3 = 0$$

$$I_1R_1 + I_3R_3 = U_{S1}$$

$$I_2R_2 + I_3R_3 = U_{S2}$$

代入已知数据得

$$I_1 + I_2 - I_3 = 0$$

$$6I_1 + 6I_3 = 54$$

$$3I_2 + 6I_3 = 9$$

解方程可得

$$I_1=6\text{A}，I_2=-3\text{A}，I_3=3\text{A}$$

I_2是负值，说明电阻R_2上的电流的实际方向与所选参考方向相反。

2.3 节点电压法

图2.16所示为一个有两个节点的电路。从图中可看出只要求出两个节点之间的电压U_{ab}，各支路的电流就很容易计算了，将这种先算出节点间电压的方法称为节点电压法。

电路中已经标明电源的极性和设定的电流参考方向，可列出以下方程式

$$\left.\begin{aligned} U_{ab} &= U_{S1} - I_1R_1 \\ U_{ab} &= U_{S2} - I_2R_2 \\ U_{ab} &= I_3R_3 \end{aligned}\right\} \tag{2.9}$$

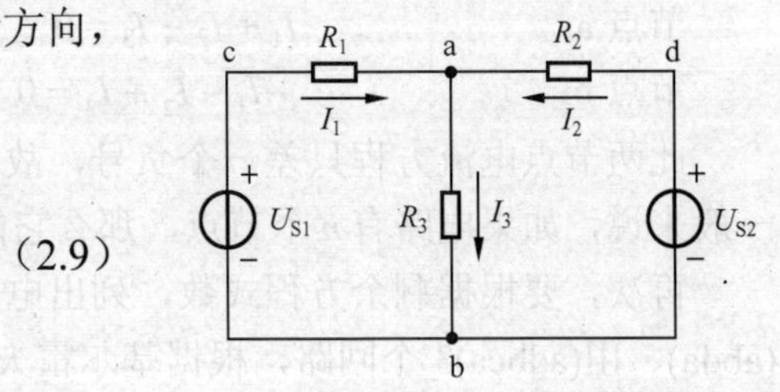

图2.16　节点电压法

根据基尔霍夫电流定律，可列出节点电流方程如下

$$I_1 + I_2 - I_3 = 0 \tag{2.10}$$

如果将式（2.9）化为电流的表现形式，可得

$$I_1 = \frac{U_{S1} - U_{ab}}{R_1}$$

$$I_2 = \frac{U_{S2} - U_{ab}}{R_2}$$

$$I_3 = \frac{U_{ab}}{R_3}$$

代入式（2.10）可得

$$\frac{U_{S1} - U_{ab}}{R_1} + \frac{U_{S2} - U_{ab}}{R_2} = \frac{U_{ab}}{R_3}$$

整理上式可得

$$U_{ab} = \frac{\dfrac{U_{S1}}{R_1} + \dfrac{U_{S2}}{R_2}}{\dfrac{1}{R_1} + \dfrac{1}{R_2} + \dfrac{1}{R_3}} = \frac{\sum \dfrac{U_S}{R}}{\sum \dfrac{1}{R}} \tag{2.11}$$

式（2.11）中，若支路中理想电压源的极性与节点的电压的极性相同时，该电压为正，反之为负。

【例2.7】电路如图2.16所示，已知$U_{S1}=40\text{V}$，$U_{S2}=20\text{V}$，$R_1=10\Omega$，$R_2=20\Omega$，$R_3=20\Omega$。

解：此题只有两个节点，根据式（2.11）可得

$$U_{ab} = \frac{\dfrac{U_{S1}}{R_1} + \dfrac{U_{S2}}{R_2}}{\dfrac{1}{R_1} + \dfrac{1}{R_2} + \dfrac{1}{R_3}} = \frac{\dfrac{40}{10} + \dfrac{20}{20}}{\dfrac{1}{10} + \dfrac{1}{20} + \dfrac{1}{20}} = 25\text{V}$$

因
$$I_1 = \frac{U_{S1} - U_{ab}}{R_1} = \frac{40-25}{10} = 1.5\,\text{A}$$

$$I_2 = \frac{U_{S1} - U_{ab}}{R_2} = \frac{20-25}{20} = -0.25\,\text{A}$$

$$I_3 = \frac{U_{ab}}{R_3} = \frac{25}{20} = 1.25\,\text{A}$$

同理，如果电路中含有多个支路，但只有两个节点时，用节点电压法，只需要列一个节点电压方程求出 U_{ab}，再求各支路电流非常简便。

2.4 叠加定理

对于任一线性网络，若同时受到多个独立电源的作用，则这些共同作用的电源在某条支路上所产生的电压或电流应该等于每个独立电源各自单独作用时（所谓每个独立的电源单独作用是指其他独立的电源的值变为零，也就是将理想电压源看做短路，理想电流源看做开路），在该支路上所产生的电压或电流分量的代数和，这就是叠加定理。

电路的叠加定理可以用图 2.17 所示电路来说明。

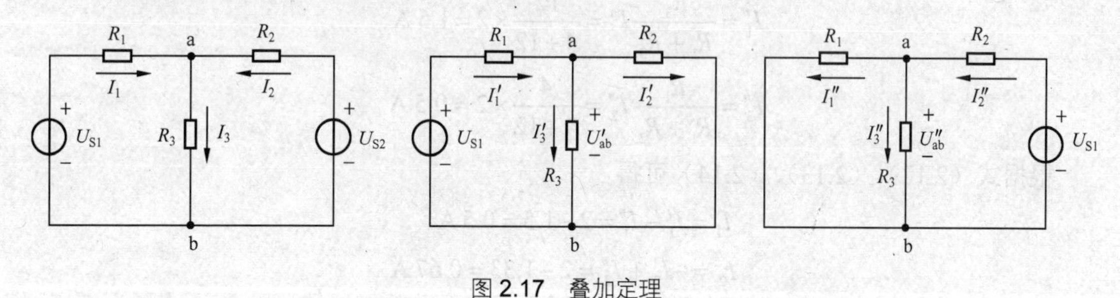

图 2.17 叠加定理

如图 2.17 所示，可得

$$I_1 = I_1' - I_1'' \tag{2.12}$$

$$I_2 = -I_2' + I_2'' \tag{2.13}$$

$$I_3 = I_3' + I_3'' \tag{2.14}$$

式中，I'、I'' 是当两个独立电源中只有其中一个单独作用时，在支路中所产生的电流。当单独作用时产生的电流与电源共同作用时产生的电流参考方向相同带正号，相反时带负号。

用叠加定理计算复杂电路就是把一个多电源的电路简化为几个单电源的单独作用计算。在电路中，不仅电流可以叠加，电压也可以叠加。如图 2.17 所示。

$$U_{ab} = R_3 I_3 = R_3(I_3' + I_3'') = R_3 I_3' + R_3 I_3'' \tag{2.15}$$

如果式（2.15）中

$$R_3 I_3' = U_{ab}' \qquad R_3 I_3'' = U_{ab}''$$

则式（2.15）可表示为

$$U_{ab} = U_{ab}' + U_{ab}'' \tag{2.16}$$

式中，U'_{ab}、U''_{ab}是当两个电源中只有其中一个单独作用时，在支路中所产生的电压。当单独作用时产生的电压与电源共同作用时产生的电压参考方向相同带正号，相反时带负号。

【例 2.8】 如图 2.17 所示，$U_{S1}=16V$，$U_{S2}=18V$，$R_1=4\Omega$，$R_2=6\Omega$，$R_3=12\Omega$，试用叠加定理计算图 2.17（a）电路中各个电流值。

解：图 2.17（a）所示电路中的电流可以认为是由图 2.17（b）与图 2.17（c）的电流叠加起来的。可得

$$I'_1=\frac{U_{S1}}{R_1+\dfrac{R_2R_3}{R_2+R_3}}=\frac{16}{4+\dfrac{6\times12}{6+12}}=2\,\text{A}$$

$$I'_2=\frac{R_3}{R_2+R_3}I'_1=\frac{12}{6+12}\times2=1.33\,\text{A}$$

$$I'_3=\frac{R_2}{R_2+R_3}I'_1=\frac{6}{6+12}\times2=0.67\,\text{A}$$

$$I''_2=\frac{U_{S2}}{R_2+\dfrac{R_3R_1}{R_1+R_3}}=\frac{18}{6+\dfrac{12\times4}{4+12}}=2\,\text{A}$$

$$I''_1=\frac{R_3}{R_1+R_3}I''_2=\frac{12}{4+12}\times2=1.5\,\text{A}$$

$$I''_3=\frac{R_1}{R_1+R_3}I''_2=\frac{4}{4+12}\times2=0.5\,\text{A}$$

根据式（2.12）、（2.13）、（2.14）可得

$$I_1=I'_1-I''_1=2-1.5=0.5\,\text{A}$$

$$I_2=-I'_2+I''_2=2-1.33=0.67\,\text{A}$$

$$I_3=I'_3+I''_3=0.67+0.5=1.17\,\text{A}$$

2.5 戴维宁定理和诺顿定理

2.5.1 戴维宁定理

在实际工作和学习中，常常遇见只需计算某一支路的电压、电流的问题。对所计算的支路来说，电路的其余部分就成为一个有源二端网络，可等效变换为较简单的含源支路（电压源与电阻串联或电流源与电阻并联支路），使分析和计算简化。而戴维宁定理和诺顿定理正是分析和计算简化的最佳方法。

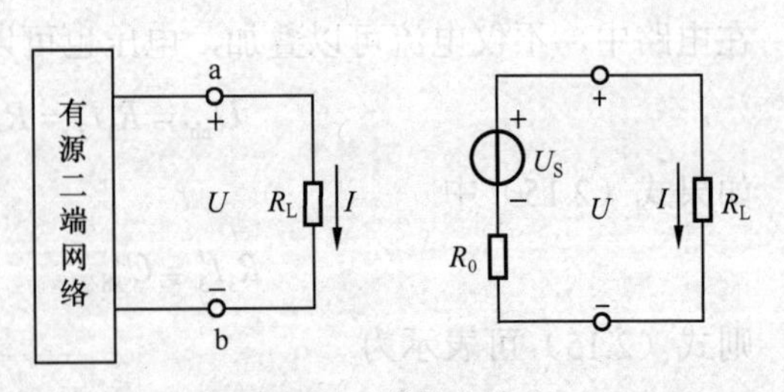

图 2.18　戴维宁定理

对外电路来说，任何一个线性有源二端网络，如图 2.18（a）所示，都可以用一个电压为 U_S 的理想电压源和内阻 R_0 串联的支路来代替，如图 2.18（b）所示；其理想电压源电压等于线性有源

二端网络的开路电压 U_O，电阻等于将线性有源二端网络内的电源除去后两端间的等效电阻 R_0，这就是戴维宁定理，又称为等效电压源定理。

戴维宁定理是把一个复杂的有源二端网络转化为一个简单的电压源形式，使得电路的计算变得很简单。

【例 2.9】用戴维宁定理求如图 2.19（a）所示电路的电流 I。

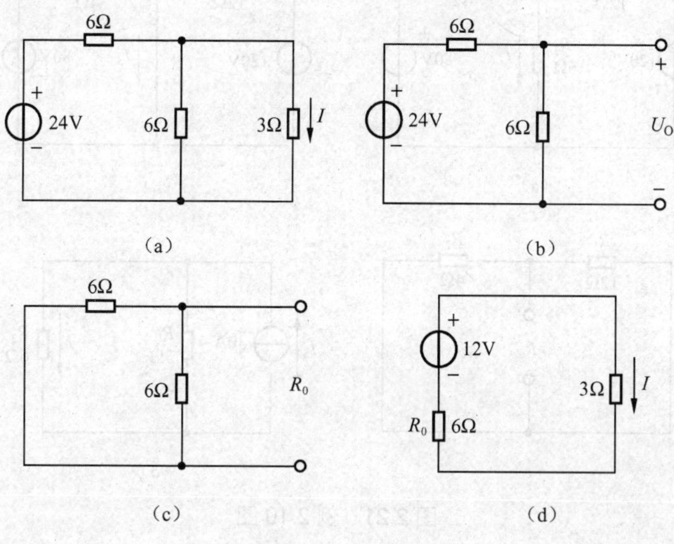

图 2.19 例 2.9 电路

解：(1) 断开待求支路，得有源二端网络如图 2.19（b）所示。由图可求得开路电压 U_O 为

$$U_O = \frac{6}{6+6} \times 24 = 12\ \text{V}$$

(2) 将图 2.19（b）中的理想电压源短路，得无源二端网络如图 2.19（c）所示，由图可求得等效电阻 R_0 为

$$R_0 = \frac{6 \times 6}{6+6} = 3\Omega$$

(3) 根据 U_O 和 R_0 画出戴维宁等效电路并接上待求支路，得图 2.19（a）的等效电路，如图 2.19（d）所示，由图可求得 I 为

$$I = \frac{12}{6+3} = 1.33\ \text{A}$$

2.5.2 诺顿定理

对外电路来说，任何一个线性有源二端网络，如图 2.20（a）所示，都可以用一个理想电流源和电阻 R_0 并联的电路来代替，如图 2.20（b）所示，其理想电流源电流等于线性有源二端网络的短路电流，电阻等于线性有源二端网络除源后两端间的等效电阻 R_0，这就是诺顿定理。

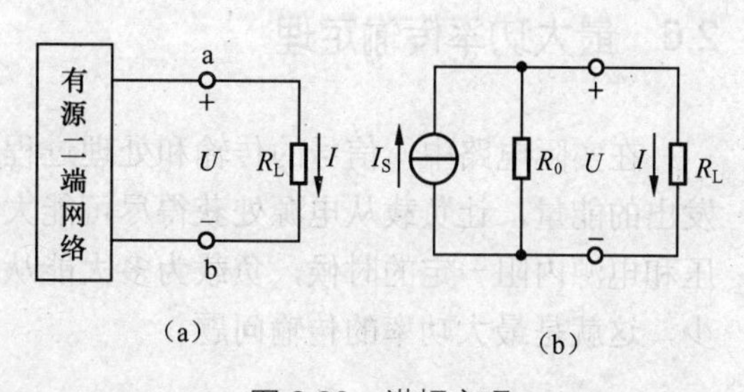

图 2.20 诺顿定理

电压源和电流源是可以等效变换的，按照戴维宁定理，有源二端网络可以用一个等效电源代替，那么有源二端网络也可以用一个等效的电流源代替。

【**例 2.10**】用诺顿定理求图 2.21（a）所示电路的电流 I。

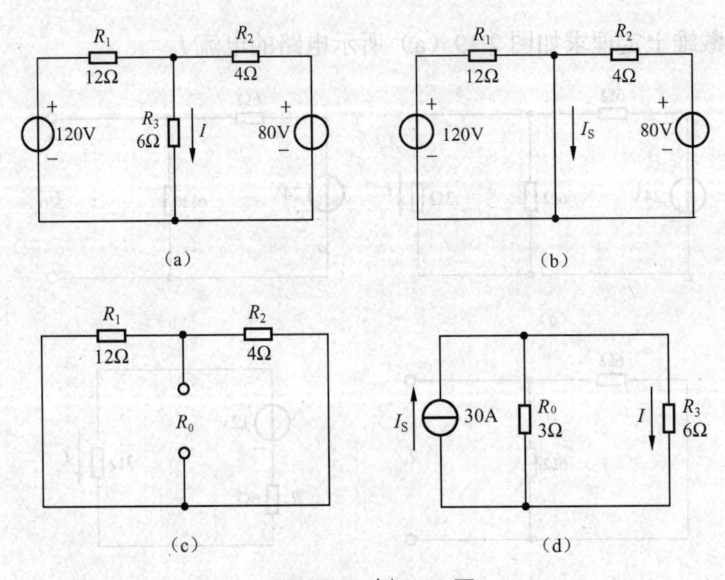

图 2.21　例 2.10 图

解：将待求支路短路，如图 2.21（b）所示。由图可求得短路电流 I_S 为

$$I_S = \frac{120}{12} + \frac{80}{4} = 30\text{ A}$$

将图 2.21（b）中的理想电压源短路，得无源二端网络如图 2.21（c）所示，由图可求得等效电阻 R_0 为

$$R_0 = \frac{R_1 R_2}{R_1 + R_2} = \frac{12 \times 4}{12 + 4} = 3\Omega$$

根据 I_S 和 R_0 画出诺顿等效电路并接上待求支路，得图 2.21（a）的等效电路，如图 2.21（d）所示，由图可求得 I 为

$$I = \frac{R_0}{R_0 + R_3} I_S = \frac{3}{3+6} \times 30 = 10\text{ A}$$

2.6　最大功率传输定理

在实际电路中，信号的传输和处理过程中，电源一般是对外提供能量的。负载吸收电源发出的能量，让负载从电源处获得尽可能大的功率是具有实际意义的。当实际电源的开路电压和电源内阻一定的时候，负载为多大能从电源处获得最大功率，负载获得的最大功率是多少，这就是最大功率的传输问题。

2.6.1 最大功率

如图 2.22（a）所示电路，负载电阻 R_L 的电流和吸收的功率为

$$I=\frac{U_S}{R_0+R_L} \tag{2.17}$$

$$P=R_L I^2=\left(\frac{U_S}{R_0+R_L}\right)^2 R_L \tag{2.18}$$

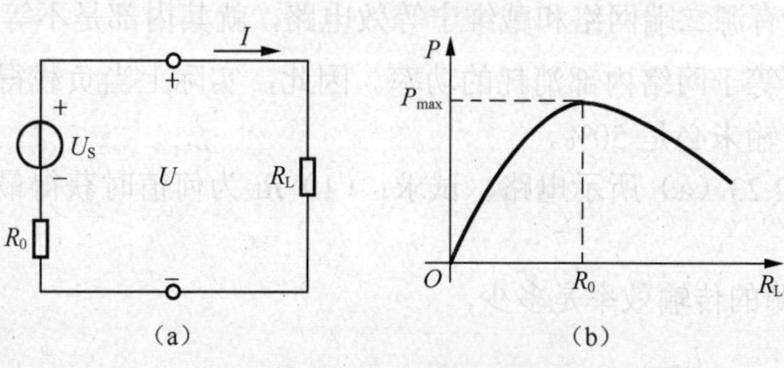

图 2.22 最大功率传输定理

式（2.18）中的功率 P 与负载电阻 R_L 的关系如图 2.22（b）所示。从图中可以看到功率存在最大值，即最大功率。为求负载电阻 R_L 获得的最大功率，可令 $\frac{dP}{dR_L}=0$，即

$$\frac{dP}{dR_L}=\frac{(R_0+R_L)^2-2R_L(R_0+R_L)}{(R_0+R_L)^4}U_S^2=\frac{(R_0-R_L)U_S^2}{(R_0+R_L)^3}=0 \tag{2.19}$$

可得

$$R_L=R_0 \tag{2.20}$$

并且，当 $R_L<R_0$ 时，$\frac{dP}{dR_L}>0$；当 $R_L>R_0$ 时，$\frac{dP}{dR_L}<0$，故当 $R_L=R_0$ 时，P 为最大值。由此可知，在直流电路中，当负载电阻 R_L 和电源内阻 R_0 相等时，负载电阻可从电源获得最大功率，此时称电源和负载实现“功率匹配”。负载获得的最大功率为

$$P_{max}=\frac{U_S^2}{4R_L} \tag{2.21}$$

在求直流电路某个电阻的最大功率问题时，一般将该电阻作为待求支路从电路中分离出来，将如图 2.18 所示。将电路的其他部分看成是一个有源二端网络。然后再将有源二端网络用戴维宁电路等效之后，利用最大功率传输的结论，计算电阻获得的最大功率。

2.6.2 效率

效率为负载获得的功率与电源产生的功率之比，一般用符号 η 表示。效率 η 为

$$\eta=\frac{P}{P_S}\times 100\% \tag{2.22}$$

在图 2.22（a）所示的电路中，当负载获得最大功率时，电路的传输效率为

$$\eta = \frac{R_L I^2}{\left(R_L + R_0\right) I^2} \times 100\% = 50\% \qquad (2.23)$$

由式（2.23）可以看出，在负载从电源处获得最大功率时，传输效率确很低，有一半的功率消耗在电源内部，这种情况在注重能量传输的电力系统中是不允许的，电力系统要求高效率地传输电功率，因此应使负载电阻大于电源内阻。但在无线电技术和通信系统中，注重信号的传输，功率属次要问题，通常要求负载工作在匹配条件下，以获得最大功率。

但有一点需要注意，当负载获得最大功率时，开路电压的传输效率仍为50%。由于等效只是对外电路等效，有源二端网络和戴维宁等效电路，就其内部是不等效的。由等效电阻 R_0 计算的功率一般并不等于网络内部消耗的功率。因此，实际上当负载得到最大功率时，有源二端网络内部功率传输未必是50%。

【例 2.11】 在图 2.23（a）所示电路，试求：（1）R_L 为何值时获得最大功率，并计算最大功率。

（2）120V 电压源的传输效率是多少。

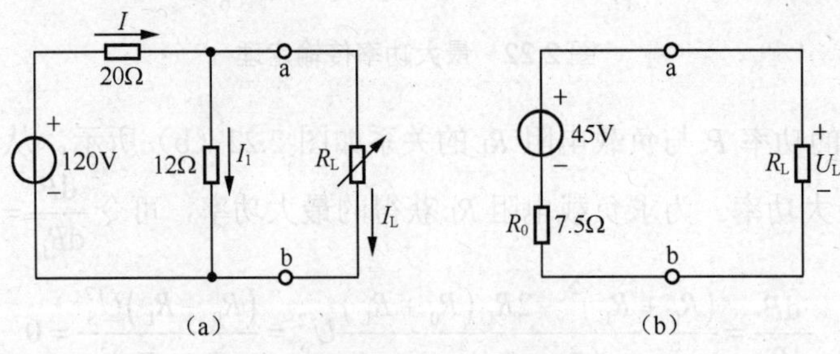

图 2.23　例 2.11 图

解：（1）断开负载 R_L，求 a，b 端口左侧的戴维宁等效电路的开路电压 U_O 为

$$U_O = \frac{12}{20+12} \times 120 = 45\,\text{V}$$

等效电阻 R_0 为

$$R_0 = \frac{20 \times 12}{20+12} = 7.5\Omega$$

戴维宁等效电路如图 2.23（b）所示，由最大功率传输定理可知当 $R_L = R_0 = 7.5\Omega$ 时，负载获得最大功率，最大功率为

$$P_{max} = \frac{U_S^2}{4R_L} = \frac{45^2}{4 \times 7.5} = 67.5\,\text{W}$$

（2）当负载获得最大功率时，负载电流、电压为

$$I_L = \frac{U_S}{R_i + R_L} = \frac{45}{7.5+7.5} = 3\,\text{A}$$

$$U_L = R_L \times I_L = 7.5 \times 3 = 22.5\,\text{V}$$

由图 2.23（a）得 12Ω 电阻电流为

$$I_1 = \frac{U_L}{12} = \frac{22.5}{12} = 1.875\,\text{A}$$

$$I = I_1 + I_L = 1.875 + 3 = 4.875\,\text{A}$$

120V 电压源发出的功率为

$$P_S = 120 \times 4.875 = 585\,\text{W}$$

传输效率为
$$\eta = \frac{67.5}{585} \times 100\% = 11.5\%$$

由此题可见，虽然戴维宁等效电路的传输效率为 50%，但电路中实际电压的传输效率为 11.5%。

小　结

本章介绍了线性电阻电路的分析方法，着重介绍了如何依据基尔霍夫定律建立方程，从而求得所需的电流和电压。本章首先引入电路等效变换的概念，详细介绍了电阻的串联和并联的等效变换，电压源、电流源的串联和并联，实际电源的两种模型及其等效变换以及输入电阻的概念与计算等。

其次对几种常用的电路的分析方法，包括支路电流法、节点电压法，利用叠加定理、戴维宁定理和诺顿定理等进行分析与计算的方法。最后介绍了功率最大传输定理和效率的问题。

习　题

习题 2.1　串联电阻的等效电阻（总电阻）与各个串联电阻的关系是什么？并联电阻的等效电阻与各个并联电阻的关系是什么？

习题 2.2　一般地说，对于具有 n 个节点的电路应用基尔霍夫电流定律能得到几个独立方程？

习题 2.3　一个电源可以用哪两种不同的电路模型来表示？

习题 2.4　简述叠加定理的定义。

习题 2.5　求图 2.24 所示电路的等效电阻 R_{ab}。

习题 2.6　如图 2.25 所示电路计算等效电阻 R_{ab}。

习题 2.7　如图 2.26（a）所示电路，电流 I=1/3A，求电阻 R；如图 2.26（b）示电路，若电压 U=2/3V；求电阻 R。

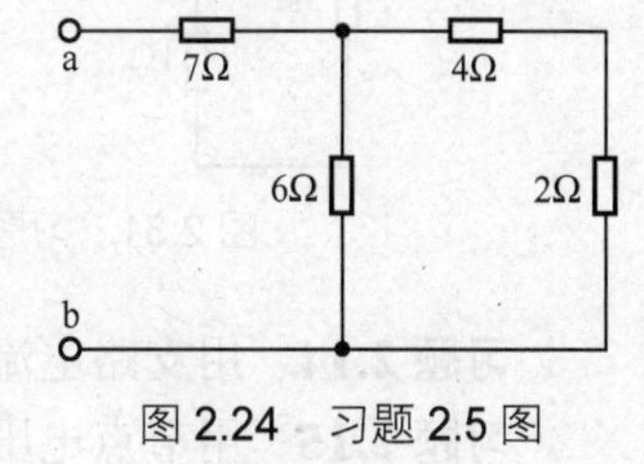

图 2.24　习题 2.5 图

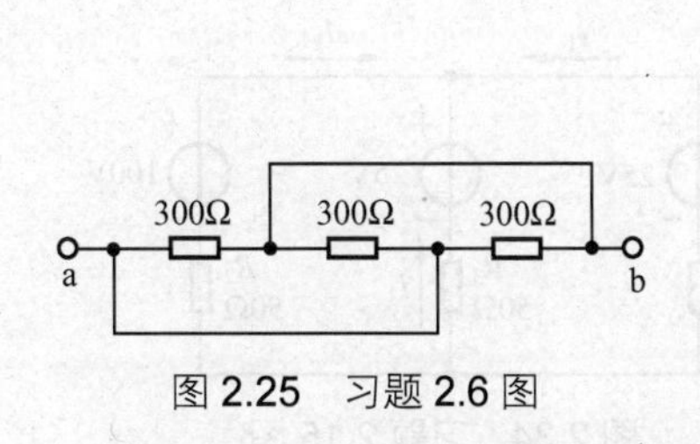

图 2.25　习题 2.6 图

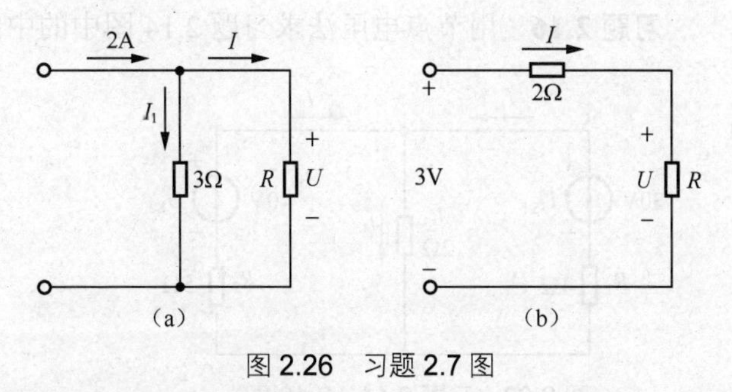

图 2.26　习题 2.7 图

习题 2.8　如图 2.27 所示电路中，试用电源模型等效变换法求 R_3 中通过的电流。

习题 2.9 如图 2.28.所示电路中，试用电源模型等效变换法求电流 I。

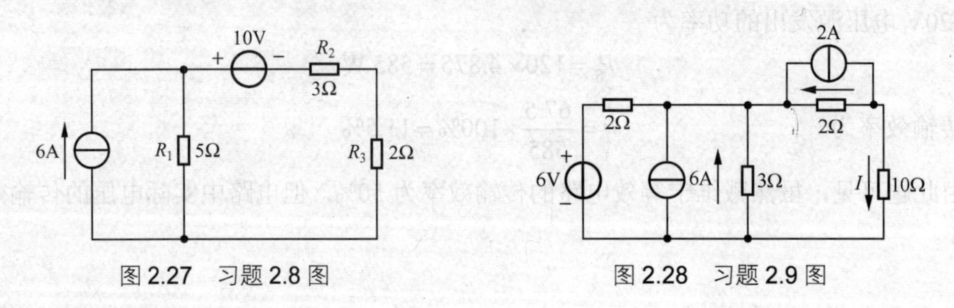

图 2.27 习题 2.8 图　　图 2.28 习题 2.9 图

习题 2.10 如图 2.29 所示电路，求最简等效电路。

习题 2.11 如图 2.30 所示电路，求各支路电流。

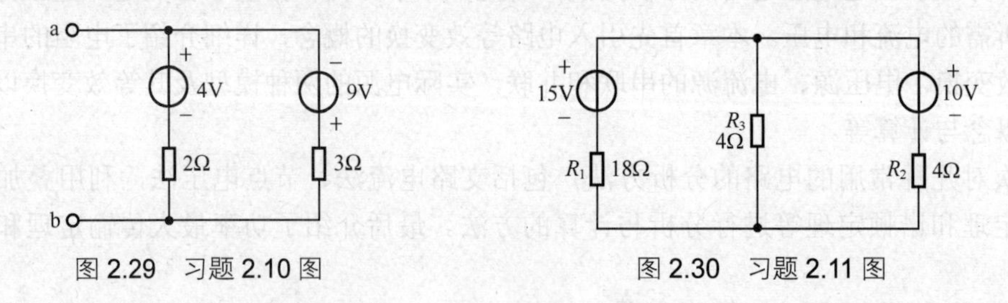

图 2.29 习题 2.10 图　　图 2.30 习题 2.11 图

习题 2.12 在图 2.31 所示电路中，有几条支路和结点？U_{ab} 和 I 各等于多少？

习题 2.13 如图 2.32 所示电路，用支路电流法求各支路电流。

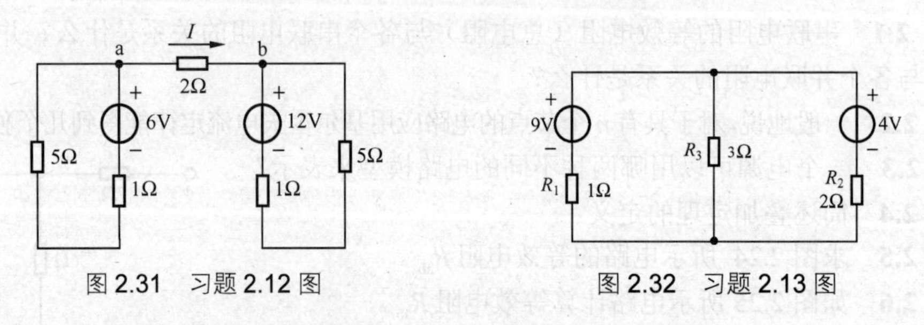

图 2.31 习题 2.12 图　　图 2.32 习题 2.13 图

习题 2.14 用支路电流法解如图 2.33 所示电路中的电流 I_3。

习题 2.15 用节点电压法求图 2.34 所示电路中的电流 I_3。

习题 2.16 用节点电压法求习题 2.14 图中的中的电流 I_3。

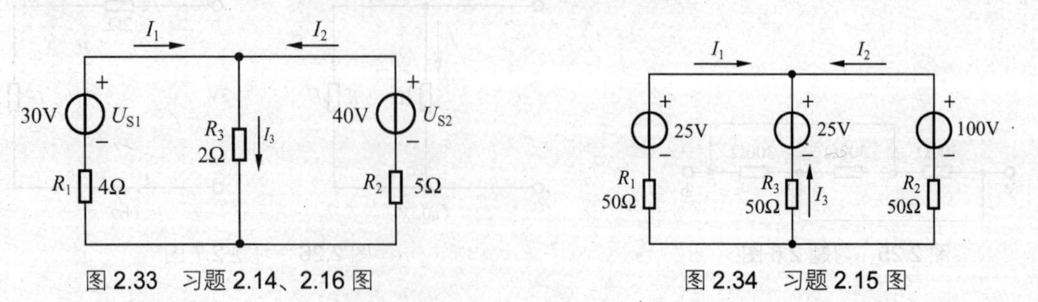

图 2.33 习题 2.14、2.16 图　　图 2.34 习题 2.15 图

习题 2.17 如图 2.35 所示电路，用叠加定理求电压 U。

习题 2.18 如图 2.36 所示电路用叠加定理求 R_3 中电流 I_3。

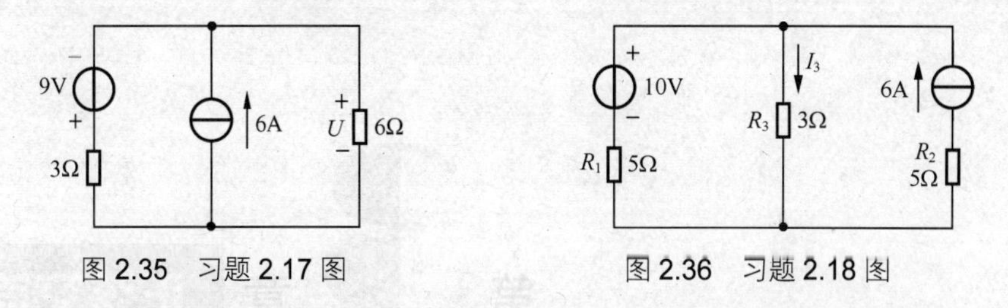

图 2.35 习题 2.17 图　　图 2.36 习题 2.18 图

习题 2.19 如图 2.37 所示电路，试用戴维宁定理和诺顿定理求电流 I_3。

习题 2.20 如图 2.38 所示电路，试用戴维宁定理和诺顿定理求电流 I。

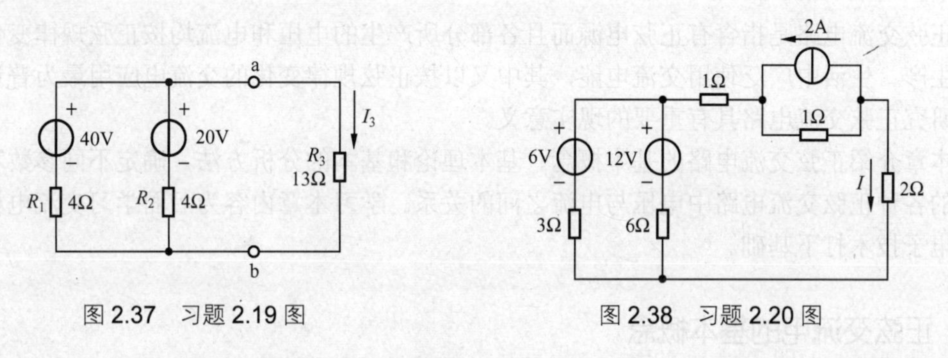

图 2.37 习题 2.19 图　　图 2.38 习题 2.20 图

习题 2.21 如图 2.39 所示电路，当电阻 R_L=10Ω 时，U=15V；当电阻 R_L=20Ω 时，U=20V。求 R_L=30Ω 时，U 为多少。

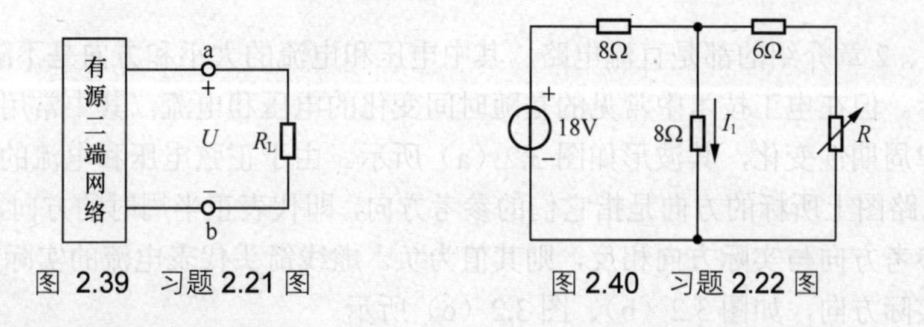

图 2.39 习题 2.21 图　　图 2.40 习题 2.22 图

习题 2.22 在图 2.40 所示电路，试求：（1）R 为何值时获得最大功率，并计算最大功率。（2）18V 电压源的传输效率是多少。

第3章 正弦交流电路

正弦交流电路是指含有正弦电源而且各部分所产生的电压和电流均按正弦规律变化的电路。生产、生活中广泛使用交流电能，其中又以按正弦规律变化的交流电应用最为普遍。因此，研究正弦交流电路具有重要的现实意义。

本章介绍正弦交流电路的基本概念、基本理论和基本的分析方法，确定不同参数和不同结构的各种正弦交流电路中电压与电流之间的关系。学习本章内容为后面学习交流电机、电器及电子技术打下基础。

3.1 正弦交流电的基本概念

3.1.1 正弦量

本书第1、2章介绍的都是直流电路，其中电压和电流的大小和方向是不随时间变化的，如图3.1所示。但在电工技术中常见的是随时间变化的电压和电流，其中常用的是电压和电流按正弦规律周期性变化，其波形如图3.2（a）所示。由于正弦电压和电流的方向是周期性变化的，在电路图上所标的方向是指它们的参考方向，即代表正半周时的方向，在负半周时，由于所标的参考方向与实际方向相反，则其值为负。虚线箭头代表电流的实际方向；⊕、⊖代表电压的实际方向，如图3.2（b）、图3.2（c）所示。

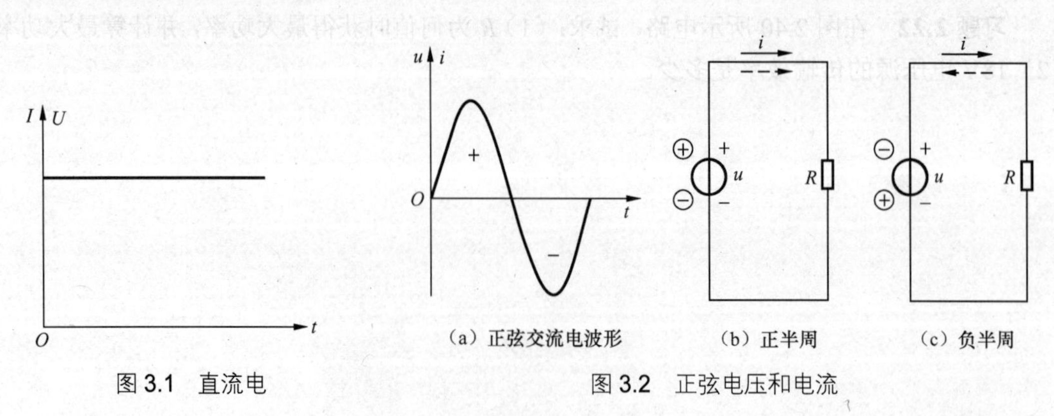

图3.1 直流电　　图3.2 正弦电压和电流

正弦电压和电流常统称为正弦量或正弦交流电。正弦量的特征表现在变化的快慢、大小和初始值 3 个方面，而它们分别由频率（或周期）、幅值（或有效值）和初相位来确定。

3.1.2 正弦交流电的三要素

下面以正弦电流为例介绍正弦量的三要素。图 3.3 所示为一正弦电流的波形，其数学表达式为

$$i = I_{\mathrm{m}} \sin(\omega t + \theta) \tag{3.1}$$

式中，I_{m}、ω 和 θ 分别称为幅值、角频率和初相位，统称为正弦量的三要素。正弦量在任一瞬间的值称为瞬时值，小写字母 i、u 和 e 分别表示电流、电压和电动势的瞬时值。已知正弦量的三要素，即可确定正弦量的瞬时值。

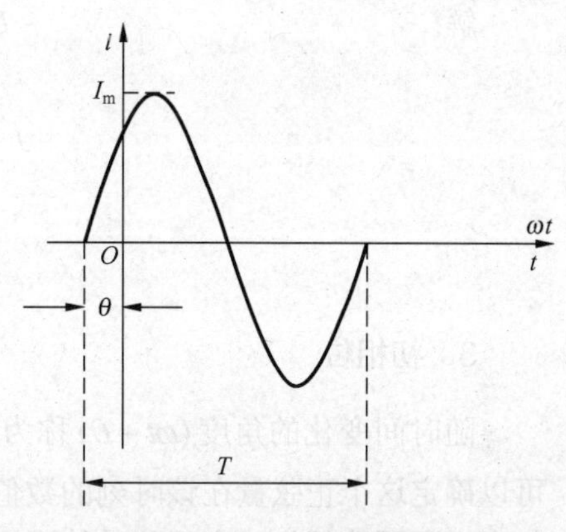

图 3.3 正弦电流的波形

1．幅值

正弦量瞬时值中的最大的值称为幅值，表示交流电的强度，用带下标 m 的字母表示，如式（3.1）所示。U_{m} 和 E_{m} 分别表示电压和电动势的幅值。

在分析和计算正弦交流电路，往往不是用它们的幅值，而是常用有效值（均方根值）来计量的。有效值是根据交流电流与直流电流热效应相等的原则规定，即交流电流的有效值是热效应与它相等的直流电流的数值。大写字母 I、U 和 E 表示电流、电压和电动势的有效值。正弦交流电流的有效值与幅值的关系为

$$I = \frac{I_{\mathrm{m}}}{\sqrt{2}} = 0.707 I_{\mathrm{m}} \tag{3.2}$$

同理，正弦交流电压和电动势的有效值与最大值之间的关系为

$$U = \frac{U_{\mathrm{m}}}{\sqrt{2}} = 0.707 U_{\mathrm{m}}，E = \frac{E_{\mathrm{m}}}{\sqrt{2}} = 0.707 E_{\mathrm{m}} \tag{3.3}$$

一般所讲的正弦电压或电流的大小，例如交流电压 380V 或 220V，都是指它的有效值。一般交流电流表和电压表的刻度也是根据有效值来定的。

2．角频率

在单位时间内正弦量变化的角度称为角频率，反映了正弦量的变化快慢程度，单位为弧度每秒（rad/s）。

正弦量变化快慢还可用频率和周期表示。正弦量变化一次所需时间称为周期，用 T 表示，单位为秒（s）。每秒内正弦量变化的次数称为频率，用 f 表示，单位为赫兹（Hz）。

在工程实际中各种不同的交流电频率使用在不同的场合。例如：我国和大多数国家都采用 50 Hz 作为电力标准频率，有些国家（如美国、日本）采用 60 Hz。这种频率在工业上应用广泛，习惯上也称为工频。高速电动机的频率是 150～2 000Hz；收音机中波段的频率是 530～1 600kHz，短波段是 2.3～23MHz；移动通信的频率是 900MHz 和 1 800MHz。

因为正弦量一周期内经历了2π弧度，所以ω、T和f三者之间的关系为

$$\omega=\frac{2\pi}{T}=2\pi f \tag{3.4}$$

只要知道其中之一，则其余均可求出。

【例 3.1】已知正弦电压的表达式为$u=311\sin 314t$ V，试求电压有效值U、电压的频率f和电压的周期T。

解：

$$U=\frac{U_{\mathrm{m}}}{\sqrt{2}}=\frac{311}{\sqrt{2}}=220\ \mathrm{V}$$

$$f=\frac{\omega}{2\pi}=\frac{314}{2\times 3.14}=50\ \mathrm{Hz}$$

$$T=\frac{1}{f}=\frac{1}{50}=0.02\ \mathrm{s}$$

3. 初相位

随时间变化的角度$(\omega t+\theta)$称为正弦量的相位。如果已知正弦量在某一时刻的相位，就可以确定这个正弦量在该时刻的数值、方向及变化趋势，因此相位表示了正弦量在某时刻的状态。不同的相位对应正弦量的不同状态，所以相位还反映出正弦量变化的进程。

$t=0$时的相位称为初相位，即$\theta=(\omega t+\theta)|_{t=0}$。初相位的单位也应为弧度，但习惯上也常用度作单位。初相位的正负与大小与计时起点的选择有关。通常在$|\theta|\leqslant\pi$的主值范围内取值。如果离坐标原点最近的正弦量的最大值出现在时间起点之前，则式中的$\theta>0$；如果离坐标原点最近的正弦量的最大值出现在时间起点之后，则式中的$\theta<0$。初相位决定了正弦量的初始值，正弦量的初相位不同，其初始值也就不同。

3.1.3　相位差

两个同频率正弦量的相位之差，称为相位差。例如有两个同频率的正弦电压

$$u_1=U_{\mathrm{m1}}\sin(\omega t+\theta_1)$$
$$u_2=U_{\mathrm{m2}}\sin(\omega t+\theta_2)$$

它们的相位差为

$$\varphi=(\omega t+\theta_1)-(\omega t+\theta_2)=\theta_1-\theta_2 \tag{3.5}$$

即两个同频率正弦量的相位差，等于它们的初相位之差。相位差与时间t无关，正如两个人从两地以同样速度同向而行，它们之间的距离始终不变，恒等于初始距离。

若$\varphi>0$，且$|\varphi|\leqslant\pi$，则u_1比u_2先达到幅值，称u_1超前u_2的角度为φ，或者说u_2滞后u_1的角度为φ，如图3.4（a）所示。

若$\varphi<0$，且$|\varphi|\leqslant\pi$，称u_1滞后u_2的角度为φ。

若$\varphi=0$，称u_1和u_2相位相同，简称同相。如图3.4（b）所示。

若$\varphi=\pi$，称u_1和u_2相位相反，简称反相。如图3.4（c）所示。

由上可知：两个同频率的正弦量的正弦量计时起点（$t=0$）不同时，则它们的相位和初相位不同，但它们之间的相位差不变。在交流电路中，常常需要研究多个同频率

正弦量之间的关系，为了方便起见，可以选其中某一个正弦量作为参考，称为参考正弦量。令参考正弦量的初相位 $\theta=0$，其他各正弦量的初相，即为该正弦量与参考正弦量的相位差。

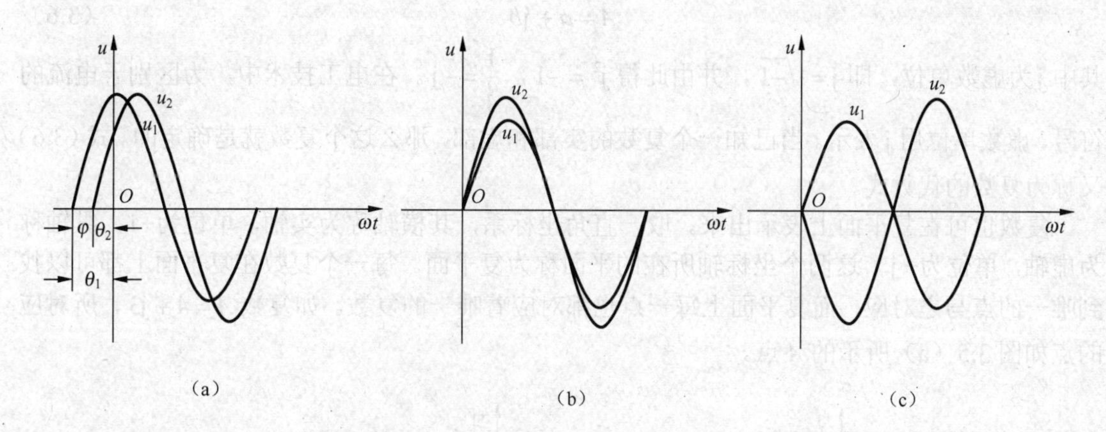

图 3.4 同频率正弦量的几种相位关系

为方便计算相位差，在此给出常用的三角函数关系：

$$-\sin\omega t=\sin(\omega t\pm\pi)$$

$$-\cos\omega t=\cos(\omega t\pm\pi)$$

$$\cos\omega t=\sin(\omega t+\frac{\pi}{2})$$

【例 3.2】已知某正弦交流电流的有效值 $I=10\ \text{A}$，频率 $f=50\ \text{Hz}$，初相位 $\theta=\pi/4\ \text{rad}$，求该电流的表达式和 $t=2\ \text{ms}$ 时的瞬时值。

解：

$$\omega=2\pi f=2\times3.14\times50=314\text{rad/s}$$

$$I_{\text{m}}=\sqrt{2}I=10\sqrt{2}\ \text{A}$$

所以电流的表达式为

$$i=I_{\text{m}}\sin(\omega t+\theta)=10\sqrt{2}\sin(314t+\frac{\pi}{4})\ \text{A}$$

当 $t=2\ \text{ms}$ 时

$$i=10\sqrt{2}\sin(314t+\frac{\pi}{4})=10\sqrt{2}\sin(314\times2\times10^{-3}+\frac{\pi}{4})=14\ \text{A}$$

3.2 正弦量相量表示法

前面已经介绍正弦量的两种表示方法：三角函数式和正弦波形。但这两种表示方法在分析和计算正弦交流电路时，难于进行加、减、乘、除等运算。因此，需要寻求一种使正弦量的运算变得简单、方便的表示方法，即相量表示法。

由于相量表示法实质是一种用复数来表征正弦量的方法。所以在介绍相量表示法以前，先简要介绍复数的运算。

3.2.1 复数及其运算

设有一复数A，其中a实部，b为虚部，则它的直角坐标式为

$$A = a + \mathrm{j}b \tag{3.6}$$

其中j为虚数单位，即$\mathrm{j} = \sqrt{-1}$，并由此得$\mathrm{j}^2 = -1$，$\frac{1}{\mathrm{j}} = -\mathrm{j}$。在电工技术中，为区别于电流的符号，虚数单位用j表示。当已知一个复数的实部和虚部，那么这个复数就是确定的。式（3.6）又称为复数的代数式。

复数也可在复平面上表示出来。取一直角坐标系，其横轴称为实轴，单位为+1，纵轴称为虚轴，单位为+j，这两个坐标轴所在的平面称为复平面。每一个复数在复平面上都可以找到唯一的点与之对应，而复平面上每一点也都对应着唯一的复数。如复数$A = 4 + \mathrm{j}3$，所对应的点如图3.5（a）所示的A点。

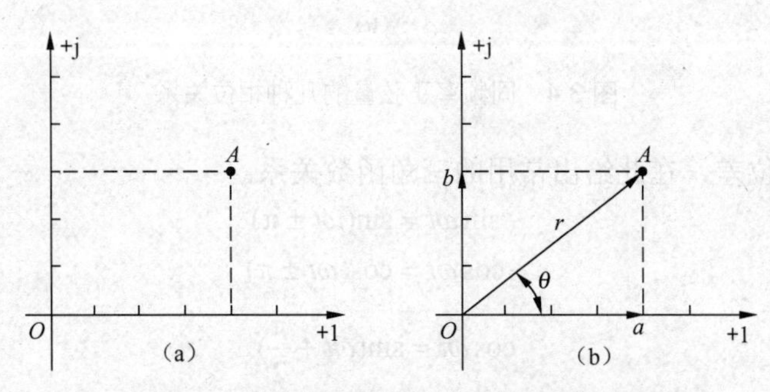

图3.5 复数在复平面上的表示和复矢量表示

复数还可以用复平面上的一个复矢量表示。复数$A = a + \mathrm{j}b$，可以用一个从原点O到A点的复矢量来表示。如图3.5（b）所示复平面中的复矢量OA表示复数A。复矢量的长度为r，即为复数的模。

$$r = |A| = \sqrt{a^2 + b^2} \tag{3.7}$$

复矢量与实轴正方向夹角θ称为复数A的辐角

$$\theta = \arctan\frac{b}{a} \qquad (\theta \leqslant 2\pi) \tag{3.8}$$

在实轴和虚轴上的投影分别为复数的实部a和虚部b。由图3.5（b）可得

$$a = r\cos\theta \tag{3.9}$$

$$b = r\sin\theta \tag{3.10}$$

因此

$$A = a + \mathrm{j}b = r\cos\theta + \mathrm{j}r\sin\theta = r(\cos\theta + \mathrm{j}\sin\theta) \tag{3.11}$$

根据欧拉公式

$$\mathrm{e}^{\mathrm{j}\theta} = \cos\theta + \mathrm{j}\sin\theta \tag{3.12}$$

复数可以写成指数的形式

$$A = r\mathrm{e}^{\mathrm{j}\theta} \tag{3.13}$$

或简写为极坐标形式

$$A=r\angle\theta \tag{3.14}$$

当两个复数进行加减时，实部和实部相加减，虚部和虚部相加减。

例如两个复数 $A_1=a_1+\mathrm{j}b_2$ 和 $A_2=a_2+\mathrm{j}b_2$，则：

$$A_1\pm A_2=(a_1\pm a_2)+\mathrm{j}(b_1\pm b_2) \tag{3.15}$$

当两个复数进行乘法和除法运算时，复数可采用指数形式或极坐标形式。例如两个复数 $A_1=r_1\angle\theta_1$ 和 $A_2=r_2\angle\theta_2$。

$$A_1\cdot A_2=r_1\angle\theta_1\cdot r_2\angle\theta_2=r_1r_2\angle\theta_1+\theta_2 \tag{3.16}$$

$$\frac{A_1}{A_2}=\frac{r_1\angle\theta_1}{r_2\angle\theta_2}=\frac{r_1}{r_2}\angle\theta_1-\theta_2 \tag{3.17}$$

即复数相乘时，模相乘，辐角相加；复数相除时，模相除，辐角相减。

【例 3.3】写出复数 $A_1=4-\mathrm{j}3$ 的指数形式和极坐标形式。

解：A_1 的模 $r_1=\sqrt{4^2+(-3)^2}=5$

A_1 的辐角 $\theta=\arctan\frac{-3}{4}=-36.9^\circ$ （在第四象限）

则 A_1 的指数形式为

$$A=5\mathrm{e}^{-\mathrm{j}36.9^\circ}$$

A_1 的极坐标形式为

$$A=5\angle-36.9^\circ$$

【例 3.4】已知 $A_1=6+\mathrm{j}8=10\angle53.1^\circ$，$A_2=4-j3=5\angle-36.9^\circ$，试计算 A_1+A_2，A_1-A_2，$A_1\cdot A_2$，$\frac{A_1}{A_2}$。

解：

$$A_1+A_2=(6+\mathrm{j}8)+(4-\mathrm{j}3)=10+\mathrm{j}5$$

$$A_1-A_2=(6+\mathrm{j}8)-(4-\mathrm{j}3)=2+\mathrm{j}11$$

$$A_1\cdot A_2=10\angle53.1^\circ\times5\angle-36.9^\circ=50\angle16.2^\circ$$

$$\frac{A_1}{A_2}=\frac{10\angle53.1^\circ}{5\angle-36.9^\circ}=2\angle90^\circ$$

3.2.2 正弦量的相量表示法

由以上介绍可知，一个复数由模和辐角两个特征来确定。可以用复数来表示正弦量，用复数的模表示正弦量的幅值或有效值，复数的辐角表示正弦量的初相位。

为了和一般的复数相区别，把表示正弦量的复数称为相量，并在大写字母上加“•”表示。

例如正弦电压 $u=U_\mathrm{m}\sin(\omega t+\theta_\mathrm{u})$，则它的相量为

$$\dot{U}_\mathrm{m}=U_\mathrm{m}\mathrm{e}^{\mathrm{j}\theta_\mathrm{u}}=U_\mathrm{m}\angle\theta_\mathrm{u} \tag{3.18}$$

正弦电流 $i=I_\mathrm{m}\sin(\omega t+\theta_\mathrm{i})$ 的相量为

$$\dot{I}_m = I_m e^{j\theta_i} = I_m \angle\theta_i \tag{3.19}$$

正弦量的大小通常用有效值计量，因此用有效值作相量的模更方便。用有效值作模的相量称为有效值相量。相应的用幅值作为相量模的相量称为幅值相量。有效值相量用表示正弦量有效值的字母上加"•"表示，可通过幅值相量除以$\sqrt{2}$得到。本书如不特别声明，则使用的都是有效值相量。正弦电压和正弦电流的有效值相量分别为

$$\left.\begin{aligned} \dot{U} &= \frac{\dot{U}_m}{\sqrt{2}} = \frac{U_m\angle\theta_u}{\sqrt{2}} = U\angle\theta_u \\ \dot{I} &= \frac{\dot{I}_m}{\sqrt{2}} = \frac{I_m\angle\theta_i}{\sqrt{2}} = I\angle\theta_i \end{aligned}\right\} \tag{3.20}$$

将同频率的正弦量画在同一复平面中，叫做相量图。从相量图中可以方便地看出各个正弦量的大小及它们相互之间的关系，如图3.6所示正弦电压和正弦电流的相量图。只有同频率的正弦量才能画在同一相量图上，不同频率的正弦量不能画在一个相量图上，否则无法比较和计算。

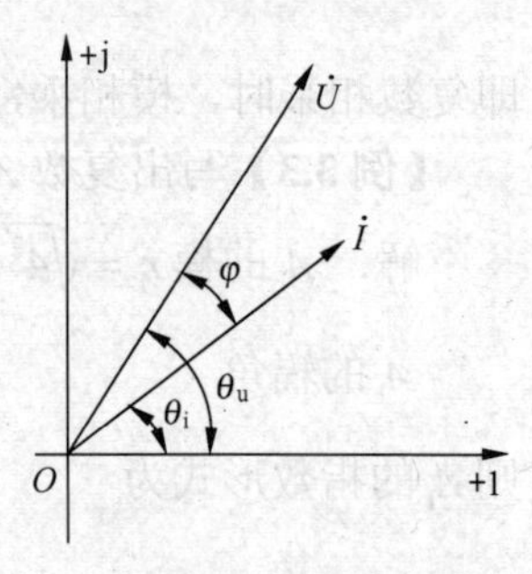

图3.6 相量图

由上可知，表示正弦量的相量有两种形式：复数式（相量式）和相量图。由于相量与它表示的正弦量一一对应，所以当它们之间进行变换时，不必用取虚部等数学演算一步步导出，可直接根据正弦量的要素写出变换结果。

【例3.5】已知正弦电流为$i_1 = 6\sqrt{2}\sin\omega t\text{A}$，$i_2 = 5\sqrt{2}\sin(\omega t - 130^\circ)\text{A}$，$i_3 = 10\sqrt{2}\sin(\omega t + 40^\circ)$ A，电压为$u_1 = 220\sqrt{2}\sin(\omega t + 45^\circ)$ V，试写出它们的相量。

解：
$$\dot{I}_1 = 6e^{j0^\circ}\ \text{A}$$
$$\dot{I}_2 = 5e^{-130^\circ}\ \text{A}$$
$$\dot{I}_3 = 10e^{j40^\circ}\ \text{A}$$
$$\dot{U}_1 = 220e^{j45^\circ}\ \text{V}$$

【例3.6】已知正弦电流$i_1 = 5\sqrt{2}\sin(\omega t + 45^\circ)$ A，$i_2 = 10\sqrt{2}\sin(\omega t + 60^\circ)$ A，求电流$i = i_1 + i_2$。

解：将已知正弦电流分别用相量表示，并展开为代数形式如下

$$\dot{I}_1 = 5e^{j45^\circ} = 5\cos 45^\circ + j5\sin 45^\circ = 3.54 + j3.54\ \text{A}$$
$$\dot{I}_2 = 10e^{j60^\circ} = 10\cos 60^\circ + j10\sin 60^\circ = 5 + j8.66\ \text{A}$$
$$\dot{I} = \dot{I}_1 + \dot{I}_2 = (3.54 + j3.54) + (5 + j8.66) = 8.54 + j12.2 = 14.9\angle 55^\circ\ \text{A}$$

所以

$$i = i_1 + i_2 = 14.9\sqrt{2}\sin(\omega t + 55^\circ)\ \text{A}$$

3.3 电感元件和电容元件

3.3.1 电感元件

电感元件是从实际电感线圈抽象出来的电路模型，是一种电能与磁场能进行转换的理想电路元件。

电流产生磁场，磁通Φ是描述磁场的物理量，磁通Φ与产生它的电流间的关联方向符合右手螺旋定则，如图3.7所示。

当实际电感线圈通入电流时，线圈内部及周围都会产生磁场，并储存磁场能量。磁通与线圈相交链，如图3.8所示，与N匝线圈交链的磁链为

$$\psi = N\Phi \tag{3.21}$$

磁链ψ与磁通Φ的单位在国际单位制中为韦［伯］（Wb），简称韦。

电感元件的磁链与产生它的电流成正比，其比例系数为常数，定义为

$$L = \frac{\psi}{i} \tag{3.22}$$

式（3.22）中，L称为电感元件的自感系数，简称电感。其$i-\psi$间的关系如图3.9所示，为一条通过原点的直线。

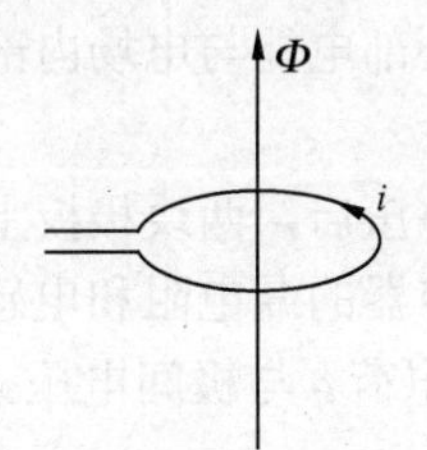

图3.7 磁通Φ与i的关联方向

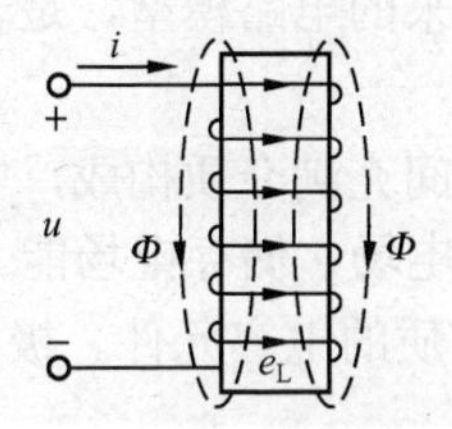

图3.8 电感线圈

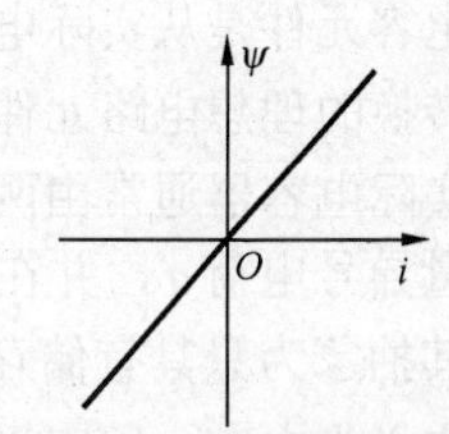

图3.9 线性电感的$i-\psi$曲线

国际单位制中电感的单位为亨［利］（H），简称亨。其他常用的单位有毫亨（mH）和微亨（μH），换算关系如下

$$1\text{H} = \frac{1\text{Wb}}{1\text{A}} = 10^3\text{mH} = 10^6\mu\text{H}$$

由法拉第电磁感应定律可知，当电感线圈中电流发生变化时，磁链ψ也随之变化，在线圈中将产生感应电动势e_L。通常规定e_L的参考方向与磁链方向符合右手螺旋定则，如图3.8所示；e_L与磁链ψ的变化率之间的关系为

$$e_L = -\frac{d\psi}{dt} = -L\frac{di}{dt} \tag{3.23}$$

电感元件的电压、电流和电动势的参考方向如图3.10所示。根据基尔霍夫电压定律，电压和电动势的关系为

$$u = -e_L = L\frac{di}{dt} \tag{3.24}$$

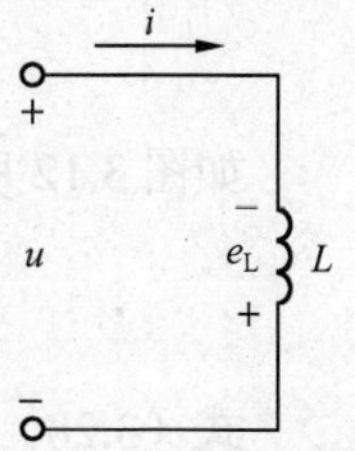

图3.10 电感元件

式（3.24）表明，电感元件两端电压与通过电感元件的电流变化率成

正比。当流过电感元件的电流是直流电流，即$\frac{\mathrm{d}i}{\mathrm{d}t}=0$，则$u=0$，这时电感元件相当于短路。

将式（3.24）两边积分并整理，可得电感电流为

$$\begin{aligned}i&=\frac{1}{L}\int_{-\infty}^{t}u\mathrm{d}t=\frac{1}{L}\int_{-\infty}^{0}u\mathrm{d}t+\frac{1}{L}\int_{0}^{t}u\mathrm{d}t\\&=i(0)+\frac{1}{L}\int_{0}^{t}u\mathrm{d}t\end{aligned}\tag{3.25}$$

式（3.25）中，$i(0)$为电流初始值。可见，电感元件在某时刻t的电流值不仅取决于［$0,t$］区间的电压值，而且还与其初始电流有关。

将式（3.24）两边乘以i，并积分之，则得

$$\int_{0}^{t}ui\mathrm{d}t=\int_{0}^{i}Li\mathrm{d}i=\frac{1}{2}Li^{2}\tag{3.26}$$

式（3.26）表明当电感元件上的电流增大时，磁场能量增大；在此过程中电能转换为磁能，即电感元件从电源取用能量。$\frac{1}{2}Li^{2}$就是电感元件中的磁场能量。当电流减小时，磁场能量减小，磁能转换为电能，即电感元件向电源放还能量。可见电感元件不消耗能量，是储能元件。

3.3.2 电容元件

电容元件是从实际电容器抽象出来的电路模型，是表征一种将外部电能与电场内部储能进行转换的理想电路元件。

实际电容器通常由两块金属板中间充满介质构成，电容器加上电压后，两块极板上将出现等量异号电荷q，并在两极板形成电场，储存电场能。当忽略电容器的漏电阻和电感时，可将其抽象为只具有储存电场能量性质的电容元件。极板上聚集的电荷q与极间电压u的比值，定义为电容，用字母C表示，即

$$C=\frac{q}{u}\tag{3.27}$$

电容C表明电容储存电荷的能力，为电容元件的参数。它是用来衡量电容元件容纳电荷本领的一个物理量。电容元件的电容C为一常数，其$u-q$间的关系如图 3.11 所示，为一条通过原点的直线。因此，电容元件为线性元件。

国际单位制中电容的单位为法［拉］(F)，简称法。实际电容器的电容往往比1F小得多，因此通常采用微法（μF）和皮法（pF）来表示，其换算关系如下

$$1\mathrm{F}=\frac{1\mathrm{C}}{1\mathrm{V}}=10^{6}\,\mu\mathrm{F}=10^{12}\,\mathrm{pF}$$

如图 3.12 所示，当电容元件上的电压与电流取关联参考方向时，有

$$i=\frac{\mathrm{d}q}{\mathrm{d}t}=C\frac{\mathrm{d}u}{\mathrm{d}t}\tag{3.28}$$

式（3.28）表明，电容元件上通过的电流与电容元件两端电压的变化率成正比。当电容元件两端加恒定电压时，即$\frac{\mathrm{d}u}{\mathrm{d}t}=0$，则$i=0$，这时电容元件相当于开路，所以电容元件具有

隔直流的作用。

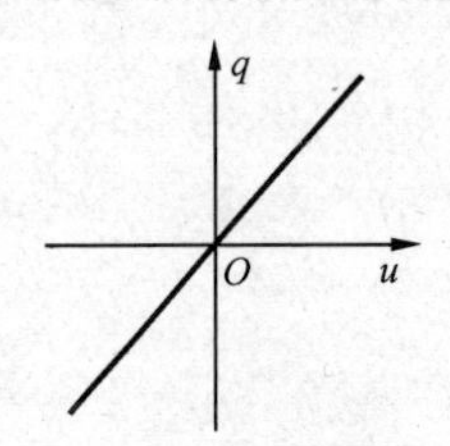

图 3.11　电容元件 $u-q$ 间的关系

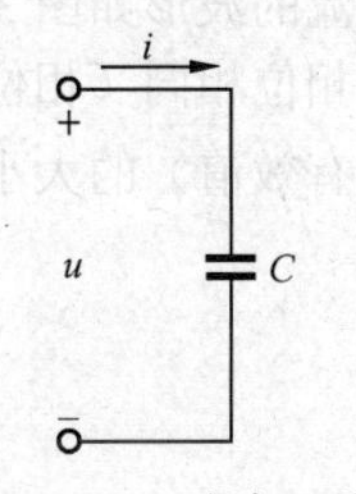

图 3.12　电容元件

将式（3.28）两边积分并整理，可得电容电压为

$$\begin{aligned} u &= \frac{1}{C}\int_{-\infty}^{t} i\mathrm{d}t = \frac{1}{C}\int_{-\infty}^{0} i\mathrm{d}t + \frac{1}{C}\int_{0}^{t} i\mathrm{d}t \\ &= u(0) + \frac{1}{C}\int_{0}^{t} i\mathrm{d}t \end{aligned} \tag{3.29}$$

式（3.29）中，$u(0)$ 为电压初始值。可见，电容元件在某时刻 t 的电压值不仅取决于 $[0,t]$ 区间的电流值，而且还与其初始电压有关。

将式（3.28）两边乘以 u，并积分之，则得

$$\int_{0}^{t} ui\mathrm{d}t = \int_{0}^{u} Cu\mathrm{d}u = \frac{1}{2}Cu^2 \tag{3.30}$$

式（3.30）表明当电容元件上的电压增高时，电场能量增大；在此过程中电容元件从电源取用能量（充电）。$\frac{1}{2}Cu^2$ 就是电容元件中的电场能量。当电压降低时，电场能量减小，即电容元件向电源放还能量（放电）。可见电容元件也是储能元件。

3.4 单一参数的交流电路

分析各种正弦交流电路，就是确定电路中电压与电流之间的关系（大小和相位），并讨论电路中的能量的转换和功率的计算。

最简单的交流电路是由单一参数（电阻、电容、电感）组成的交流电路，掌握单一参数元件电路的分析方法，多种参数交流电路的分析也就容易了。

3.4.1 电阻元件的交流电路

图 3.13（a）所示为一个电阻元件的交流电路，电压和电流为关联参考方向。由欧姆定律可知

$$u = Ri \tag{3.31}$$

以电流为参考正弦量，即

$$i = I_{\mathrm{m}} \sin \omega t$$

电阻元件两端的电压为

$$u = Ri = RI_{\mathrm{m}} \sin \omega t = U_{\mathrm{m}} \sin \omega t \tag{3.32}$$

电压和电流的波形如图 3.13（b）所示。可以看出在电阻元件的交流电路中，电压和电流频率相同，初相位相同（相位差$\varphi = 0$）。

幅值（或有效值）的大小关系为

$$U_{\mathrm{m}} = RI_{\mathrm{m}} \text{ 或 } U = RI \tag{3.33}$$

或

$$\frac{U_{\mathrm{m}}}{I_{\mathrm{m}}} = \frac{U}{I} = R \tag{3.34}$$

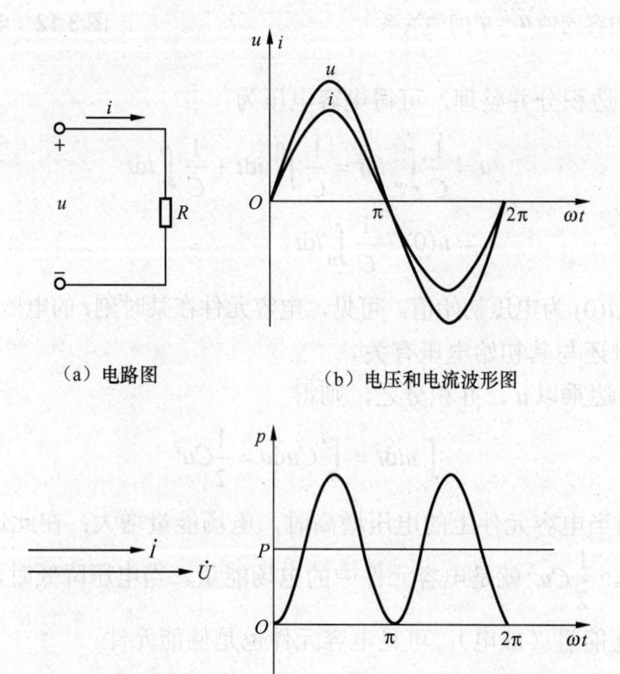

（a）电路图　　（b）电压和电流波形图

（c）相量图　　（d）功率波形图

图 3.13　电阻元件的交流电路

由此可知，在电阻元件电路中，电压的幅值（或有效值）与电流的幅值（或有效值）之比值，就是电阻R。

若电压与电流用相量表示，则

$$\dot{U} = U\mathrm{e}^{\mathrm{j}0^\circ} \qquad \dot{I} = I\mathrm{e}^{\mathrm{j}0^\circ}$$

$$\frac{\dot{U}}{\dot{I}} = \frac{U}{I}\mathrm{e}^{\mathrm{j}0^\circ} = R$$

或

$$\dot{U} = R\dot{I} \tag{3.35}$$

式（3.35）称为欧姆定律的相量形式，电压和电流的相量图如图 3.13（c）所示。

由于在任一时刻电路中的电压和电流是随时间而变化的，将电压瞬时值u和电流瞬时值i的乘积称为瞬时功率，用p表示，即

$$p = p_{\mathrm{R}} = ui = U_{\mathrm{m}} I_{\mathrm{m}} \sin^2 \omega t = \frac{\sqrt{2}U\sqrt{2}I}{2}(1-\cos 2\omega t) \\ = UI(1-\cos 2\omega t) \tag{3.36}$$

由式（3.36）可见，电阻元件的正弦交流电路中，电阻上的功率是由两部分组成：第一部分是常数UI，第二部分是幅值为UI，并以2ω的角频率随时间而变化的交变量$UI\cos 2\omega t$，如图 3.13（d）所示。它虽然随时间不断变化，但始终为正值。

工程上常取一个周期内电路消耗电能的平均速度，即瞬时功率的平均值，称为平均功率。在电阻元件中，平均功率为

$$P = \frac{1}{T}\int_0^T p\mathrm{d}t = \frac{1}{T}\int_0^T UI(1-\cos 2\omega t)\mathrm{d}t = UI = RI^2 = \frac{U^2}{R} \tag{3.37}$$

【例 3.7】把一个 200Ω 的电阻元件接到频率为 50Hz，电压有效值为 10V 的正弦电源上，试求电流有效值I。如保持电压值不变，而电源频率改变为 5 000 Hz，求此时电流有效值I。

解：因为电阻与频率无关，所以电压有效值不变时，电流有效值相等，即

$$I = \frac{U}{R} = \frac{10}{200} = 0.05\ \mathrm{A} = 50\mathrm{mA}$$

【例 3.8】如图 3.13（a）所示电路，$u = 220\sqrt{2}\sin 314t$ V，$R = 100\Omega$，试求电流i和平均功率P。

解：由题意可知，$\dot{U} = 220\angle 0^\circ$，$R = 100\Omega$

可得

$$\dot{I} = \frac{\dot{U}}{R} = \frac{220\angle 0^\circ}{100} = 2.2\angle 0^\circ\ \mathrm{A}$$

所以

$$i = 2.2\sqrt{2}\sin 314t\ \mathrm{A}$$

平均功率

$$P = UI = 220 \times 2.2 = 484\ \mathrm{W}$$

3.4.2 电感元件的交流电路

图 3.14（a）所示是一个电感元件的交流电路，电压和电流为关联参考方向。同电阻元件的交流电路分析一样，电感元件交流电路的分析，主要从如下两个方面进行分析：一是分析电压和电流的关系；二是分析功率。

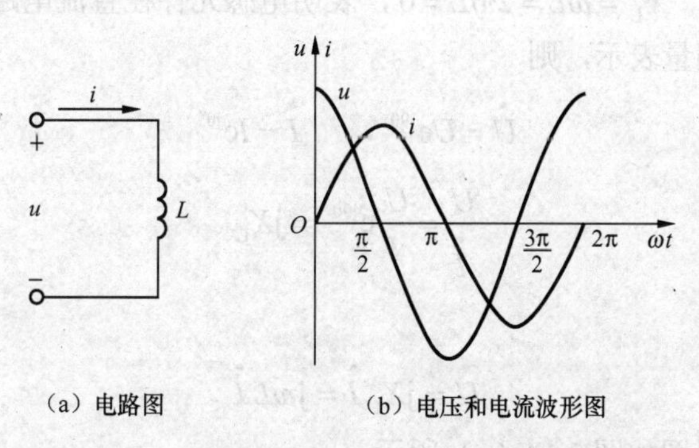

（a）电路图　（b）电压和电流波形图

图 3.14 电感元件的交流电路

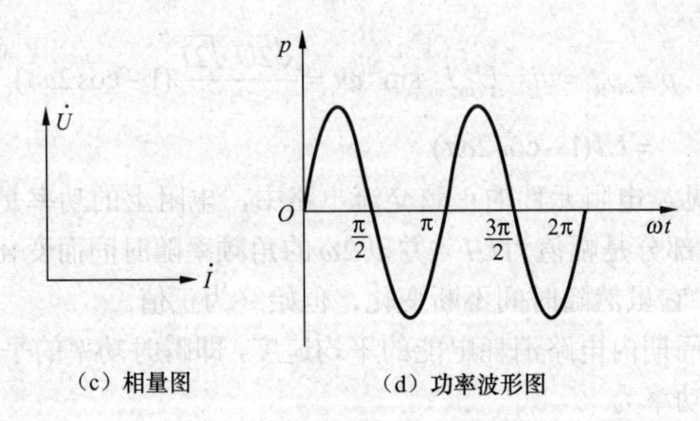

（c）相量图　（d）功率波形图

图 3.14　电感元件的交流电路（续）

以电流为参考正弦量，即

$$i = I_{\mathrm{m}} \sin \omega t$$

电阻元件两端的电压为

$$u = L\frac{\mathrm{d}i}{\mathrm{d}t} = L\frac{\mathrm{d}(I_{\mathrm{m}} \sin \omega t)}{\mathrm{d}t} = \omega L I_{\mathrm{m}} \cos \omega t \tag{3.38}$$

$$= \omega L I_{\mathrm{m}} \sin(\omega t + 90^{\circ}) = U_{\mathrm{m}} \sin(\omega t + 90^{\circ})$$

电压和电流的波形如图 3.14（b）所示。由此可以看出在电感元件的交流电路中，电压和电流频率相同，在相位上电压比电流超前 90°（相位差 $\varphi = +90^{\circ}$）。

幅值（或有效值）的大小关系为

$$U_{\mathrm{m}} = \omega L I_{\mathrm{m}} \text{或} U = \omega L I$$

或

$$\frac{U_{\mathrm{m}}}{I_{\mathrm{m}}} = \frac{U}{I} = \omega L \tag{3.39}$$

由此可知，在电感元件电路中，电压的幅值（或有效值）与电流的幅值（或有效值）之比值为 ωL。显然，它的单位为欧［姆]。当电压 U 一定时，ωL 愈大，则电流 I 愈小。可见它具有对交流电流起阻碍作用的物理性质，所以称为感抗，用 X_{L} 表示，即

$$X_{\mathrm{L}} = \omega L = 2\pi f L \tag{3.40}$$

感抗 X_{L} 与电感 L 和频率 f 成正比，如果 L 一定时，f 愈高 X_{L} 愈大，f 愈低 X_{L} 愈小。在直流电路中，$f = 0$，$X_{\mathrm{L}} = \omega L = 2\pi f L = 0$，表明电感元件在直流电路中可视为短路。

若电压与电流用相量表示，则

$$\dot{U} = U\mathrm{e}^{\mathrm{j}90^{\circ}} \quad \dot{I} = I\mathrm{e}^{\mathrm{j}0^{\circ}}$$

$$\frac{\dot{U}}{\dot{I}} = \frac{U}{I}\mathrm{e}^{\mathrm{j}90^{\circ}} = \mathrm{j}X_{\mathrm{L}}$$

或

$$\dot{U} = \mathrm{j}X_{\mathrm{L}}\dot{I} = \mathrm{j}\omega L\dot{I} \tag{3.41}$$

电压和电流的相量图如图 3.14（c）所示。

电感的瞬时功率为

$$p = p_{\mathrm{L}} = ui = U_{\mathrm{m}} I_{\mathrm{m}} \sin \omega t \sin(\omega t + 90^{\circ}) \\ = U_{\mathrm{m}} I_{\mathrm{m}} \sin \omega t \cos \omega t = \frac{\sqrt{2}U\sqrt{2}I}{2} \sin 2\omega t = UI \sin 2\omega t \tag{3.42}$$

由式（3.42）可知，p 是一个幅值为 UI，并以 2ω 的角频率随时间而变化的交变量，其波形如图 3.14（d）所示。由图可见，在 $0 \sim \frac{\pi}{2}$ 和 $\pi \sim \frac{3\pi}{2}$ 区间 p 为正值；在 $\frac{\pi}{2} \sim \pi$ 和 $\frac{3\pi}{2} \sim 2\pi$ 区间 p 为负值。瞬时功率的正负可以这样来理解：当瞬时功率为正值时，电感元件处于受电状态，它从电源取用电能；当瞬时功率为负值时，电感元件处于供电状态，它把电能归还电源。

电感的平均功率为

$$P = \frac{1}{T}\int_0^T p\mathrm{d}t = \frac{1}{T}\int_0^T UI \sin 2\omega t \mathrm{d}t = 0 \tag{3.43}$$

式（3.43）表明，电感元件的平均功率为零，所以电感元件并不消耗电能，只有电源与电感元件间的能量互换，它是一种储能元件。为了衡量能量互换的规模，通常用无功功率 Q 来表示

$$Q = UI = X_{\mathrm{L}} I^2 = \frac{U^2}{X_{\mathrm{L}}} \tag{3.44}$$

式中，Q 为瞬时功率的幅值，其单位为乏（var）或千乏（kvar）。

【例 3.9】把一个 0.1H 的电感元件接到频率为 50Hz，电压有效值为 10V 的正弦电源上，试求电流有效值是多少？如保持电压值不变，当电源频率变为 5kHz，这时电流有效值时多少？

解：当 $f = 50\,\mathrm{Hz}$ 时

$$X_{\mathrm{L}} = \omega L = 2\pi f L = 2 \times 3.14 \times 50 \times 0.1 = 314\Omega$$

$$I = \frac{U}{X_{\mathrm{L}}} = \frac{10}{31.4} = 0.318\ \mathrm{A} = 318\mathrm{mA}$$

当 $f = 5\mathrm{kHz}$ 时

$$X_{\mathrm{L}} = \omega L = 2\pi f L = 2 \times 3.14 \times 5\,000 \times 0.1 = 3140\Omega$$

$$I = \frac{U}{X_{\mathrm{L}}} = \frac{10}{3140} = 0.00318\mathrm{A} = 3.18\mathrm{mA}$$

可见，在电压有效值一定时，频率愈高，则通过电感元件的电流有效值愈小。

【例 3.10】如图 3.14（a）所示电路，$u = 220\sqrt{2}\sin(314t - 60^{\circ})\,\mathrm{V}$，$L = 0.2\,\mathrm{H}$，试求电流 i 和电感上的无功功率 Q。

解：由题意可知，$\dot{U} = 220\angle{-60^{\circ}}$，

感抗为
$$X_{\mathrm{L}} = \omega L = 314 \times 0.2 = 62.8\Omega$$

可得
$$\dot{I} = \frac{\dot{U}}{\mathrm{j}X_{\mathrm{L}}} = \frac{220\angle{-60^{\circ}}}{62.8\angle{90^{\circ}}} = 3.5\angle{-150^{\circ}}\ \mathrm{A}$$

所以
$$i = 3.5\sqrt{2}\sin(314t - 150^{\circ})\ \mathrm{A}$$

无功功率 $Q = UI = 220 \times 3.5 = 770\,\text{var}$

3.4.3 电容元件的交流电路

如图3.15（a）所示为一个电容元件的交流电路，电压和电流为关联参考方向。以电压为参考正弦量，即

$$u = U_{\mathrm{m}} \sin \omega t$$

则

$$i = C\frac{\mathrm{d}u}{\mathrm{d}t} = C\frac{\mathrm{d}(U_{\mathrm{m}} \sin \omega t)}{\mathrm{d}t} = \omega C U_{\mathrm{m}} \cos \omega t \tag{3.45}$$

$$= \omega C U_{\mathrm{m}} \sin(\omega t + 90^{\circ}) = I_{\mathrm{m}} \sin(\omega t + 90^{\circ})$$

电压和电流的波形如图3.15（b）所示。由此可以看出在电容元件的交流电路中，电压和电流频率相同，在相位上电压比电流滞后90°（相位差$\varphi = -90^{\circ}$）。

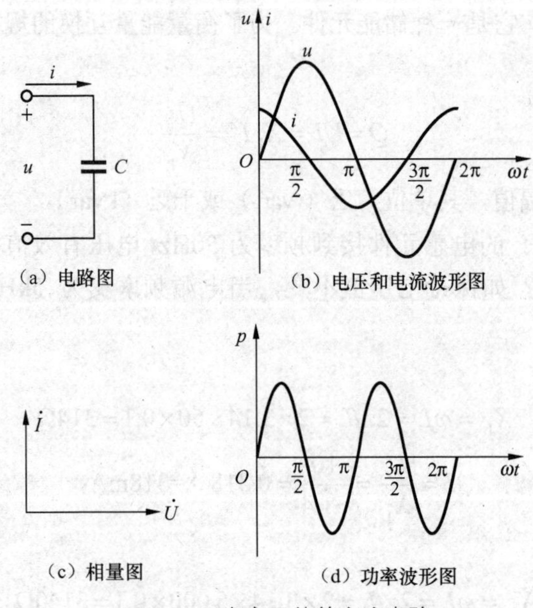

图3.15 电容元件的交流电路

幅值（或有效值）的大小关系为

$$I_{\mathrm{m}} = \omega C U_{\mathrm{m}} \text{ 或 } I = \omega C U$$

或

$$\frac{U_{\mathrm{m}}}{I_{\mathrm{m}}} = \frac{U}{I} = \frac{1}{\omega C} \tag{3.46}$$

由此可知，在电容元件电路中，电压的幅值（或有效值）与电流的幅值（或有效值）之比值为$\frac{1}{\omega C}$，它的单位为欧［姆］。当电压U一定时，$\frac{1}{\omega C}$愈大，则电流I愈小。可见它具有对交流电流起阻碍作用的物理性质，所以称为容抗，用X_{C}表示，即

$$X_{\mathrm{C}} = \frac{1}{\omega C} = \frac{1}{2\pi f C} \tag{3.47}$$

容抗 X_C 与电容 C 和频率 f 成反比，如果 C 一定时，f 愈高 X_C 愈小，f 愈低 X_C 愈大。在直流电路中，$f=0$，$X_C=\dfrac{1}{\omega C}=\dfrac{1}{2\pi fC}=\infty$，表明电容元件在直流电路中可视为开路，电容具有隔直流通交流作用。

若电压与电流用相量表示，则

$$\dot{U}=U\mathrm{e}^{\mathrm{j}0^\circ} \quad \dot{I}=I\mathrm{e}^{\mathrm{j}90^\circ}$$

$$\frac{\dot{U}}{\dot{I}}=\frac{U}{I}\mathrm{e}^{-\mathrm{j}90^\circ}=-\mathrm{j}X_C$$

或

$$\dot{U}=-\mathrm{j}X_C\dot{I}=-\mathrm{j}\frac{\dot{I}}{\omega C}=\frac{\dot{I}}{\mathrm{j}\omega C} \tag{3.48}$$

电压和电流的相量图如图 3.15（c）所示。

电容的瞬时功率为

$$\begin{aligned} p=p_C=ui&=U_m I_m\sin\omega t\sin(\omega t+90^\circ)\\ &=U_m I_m\sin\omega t\cos\omega t=\frac{\sqrt{2}U\sqrt{2}I}{2}\sin 2\omega t=UI\sin 2\omega t \end{aligned} \tag{3.49}$$

由式（3.49）可知，p 是一个幅值为 UI，并以 2ω 的角频率随时间变化的交变量，其波形如图 3.15（d）所示。由图可见，在 $0\sim\dfrac{\pi}{2}$ 和 $\pi\sim\dfrac{3\pi}{2}$ 区间 p 为正值；在 $\dfrac{\pi}{2}\sim\pi$ 和 $\dfrac{3\pi}{2}\sim 2\pi$ 区间 p 为负值。当瞬时功率为正值时电压值在增高，就是电容元件在充电，电容元件从电源取用电能而储存在它的电场中；当瞬时功率为负值时电压值在降低，就是电容元件在放电。这时，电容元件放出在充电时所储存的能量，把它归还给电源。

电容的平均功率为

$$P=\frac{1}{T}\int_0^T p\mathrm{d}t=\frac{1}{T}\int_0^T UI\sin 2\omega t\mathrm{d}t=0 \tag{3.50}$$

这说明电容元件并不消耗电能，只有电源与电容元件间的能量互换，所以它是一种储能元件。为区别电感性无功功率和电容性无功功率，通常电感性无功功率取正值，电容性无功功率取负值，故电容的无功功率为

$$Q=-UI=-X_C I^2=-\frac{U^2}{X_C} \tag{3.51}$$

【例 3.11】把一个 25μF 的电容元件接到频率为 50Hz，电压有效值为 10V 的正弦电源上，试求电流有效值是多少？如保持电压值不变，当电源频率变为 5kHz，这时电流有效值时多少？

解：当 $f=50\,\text{Hz}$ 时

$$X_C=\frac{1}{2\pi fC}=\frac{1}{2\times 3.14\times 50\times(25\times 10^{-6})}=127.4\Omega$$

$$I = \frac{U}{X_C} = \frac{10}{127.4} = 0.078\,\text{A} = 78\text{mA}$$

当 $f = 5\,\text{kHz}$ 时

$$X_C = \frac{1}{2\pi fC} = \frac{1}{2\times 3.14\times 5\,000\times (25\times 10^{-6})} = 1.274\Omega$$

$$I = \frac{U}{X_C} = \frac{10}{1.274} = 7.8\,\text{A}$$

可见，在电压有效值一定时，频率愈高，则通过电容元件的电流有效值愈大。

【例 3.12】如图 3.15（a）所示电路，$u = 220\sqrt{2}\sin(1\,000t - 45^\circ)\,\text{V}$，$C = 100\mu\text{F}$，试求电流 i 和电容上的无功功率 Q。

解：由题意可知，$\dot{U} = 220\angle{-45^\circ}$，容抗为 $X_C = \frac{1}{\omega C} = \frac{1}{1\,000\times 100\times 10^{-6}} = 10\Omega$

可得
$$\dot{I} = \frac{\dot{U}}{-\text{j}X_C} = \frac{220\angle{-45^\circ}}{10\angle{-90^\circ}} = 22\angle{45^\circ}\,\text{A}$$

所以
$$i = 22\sqrt{2}\sin(1\,000t + 45^\circ)\,\text{A}$$

无功功率
$$Q = -UI = 220\times 22 = -4\,840\,\text{var}$$

3.5 *RLC* 串联交流电路

下面讨论电阻、电感和电容串联的交流电路的电压和电流、功率的关系，电路如图 3.16 所示。当电路两端加上正弦交流电压时，电路中各元件将流过同一正弦电流，同时在各元件两端分别产生电压，它们的参考方向如图 3.16（a）所示。

根据基尔霍夫电压定律可得

$$u = u_R + u_L + u_C \tag{3.52}$$

如用相量表示电压与电流关系，如图 3.16（b）所示，则

$$\dot{U} = \dot{U}_R + \dot{U}_L + \dot{U}_C = R\dot{I} + \text{j}X_L\dot{I} - \text{j}X_C\dot{I} = [R + \text{j}(X_L - X_C)]\dot{I} \tag{3.53}$$

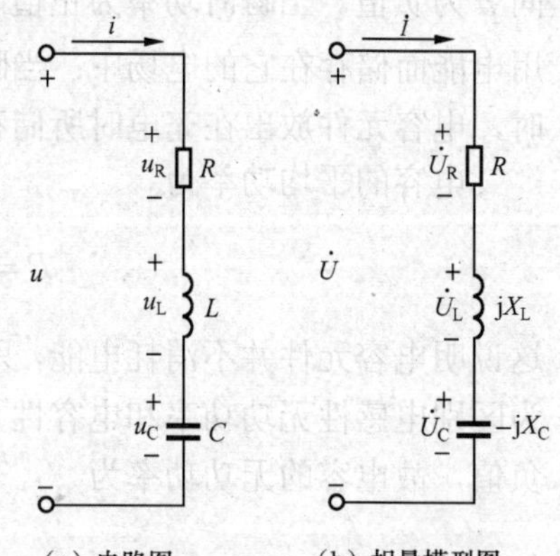

图 3.16 *RLC* 串联交流电路

式（3.53）称为基尔霍夫电压定律的相量表示式，也可用相量模型图表示。

将式（3.53）写成

$$\frac{\dot{U}}{\dot{I}} = R + \text{j}(X_L - X_C) = Z \tag{3.54}$$

式（3.54）中的 $R + \text{j}(X_L - X_C)$ 称为电路的阻抗，用大写字母 Z 表示，它只是一般的复数

计算量，不是相量。

阻抗与其他复数一样，阻抗 Z 可以写成

$$\begin{aligned} Z &= R + \mathrm{j}(X_\mathrm{L} - X_\mathrm{C}) = \sqrt{R^2 + (X_\mathrm{L} - X_\mathrm{C})^2}\,\mathrm{e}^{\mathrm{j}\arctan\frac{X_\mathrm{L} - X_\mathrm{C}}{R}} \\ &= |Z|\mathrm{e}^{\mathrm{j}\varphi} = |Z|\angle\varphi \end{aligned} \tag{3.55}$$

式（3.55）中的 $|Z|$ 是阻抗 Z 的模，称为阻抗模，则

$$\frac{U}{I} = \sqrt{R^2 + (X_\mathrm{L} - X_\mathrm{C})^2} = |Z| \tag{3.56}$$

即电压与电流的有效值之比等于阻抗模，阻抗和阻抗模的单位也是欧［姆］(Ω)，也具有对电流起阻碍作用的性质。

式（3.55）中的 φ 是阻抗 Z 的辐角，称为阻抗角，则

$$\varphi = \arctan\frac{X_\mathrm{L} - X_\mathrm{C}}{R} \tag{3.57}$$

即电压与电流的相位差等于阻抗角。

对电感性电路（$X_\mathrm{L} > X_\mathrm{C}$），$\varphi$ 为正；对电容性电路（$X_\mathrm{L} < X_\mathrm{C}$），$\varphi$ 为负。当 $X_\mathrm{L} = X_\mathrm{C}$，即 $\varphi = 0$，则为电阻性电路。因此，阻抗角的正负和大小是由电路（负载）的参数决定的。

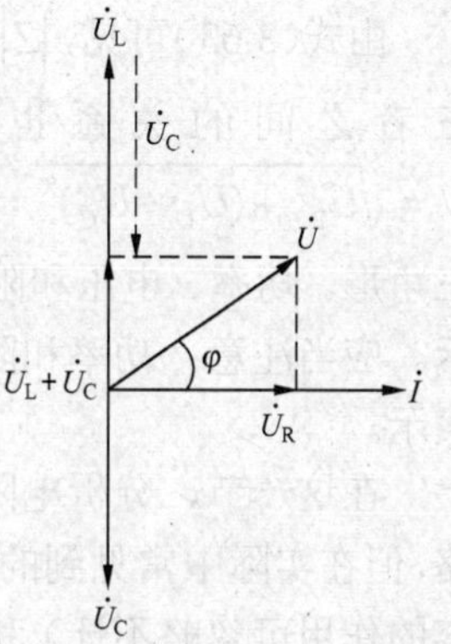

设通过的电流为参考正弦量

$$i = I_\mathrm{m}\sin\omega t$$

则电压为

$$u = U_\mathrm{m}\sin(\omega t + \varphi)$$

电压和电流的相量图如图 3.17 所示。

图 3.17　电压和电流的相量图

在电阻、电感和电容元件串联的交流电路的瞬时功率为

$$\begin{aligned} p = ui &= U_\mathrm{m}I_\mathrm{m}\sin(\omega t + \varphi)\sin\omega t = \frac{\sqrt{2}U\sqrt{2}I}{2}[\cos\varphi - \cos(2\omega t + \varphi)] \\ &= UI\cos\varphi - UI\cos(2\omega t + \varphi) \end{aligned} \tag{3.58}$$

有功功率为

$$P = \frac{1}{T}\int_0^T p\mathrm{d}t = \frac{1}{T}\int_0^T [UI\cos\varphi - UI\cos(2\omega t + \varphi)]\mathrm{d}t = UI\cos\varphi \tag{3.59}$$

由图 3.17 所示的相量图可得出

$$U\cos\varphi = U_\mathrm{R} = RI$$

则

$$P = U_\mathrm{R}I = RI^2 = UI\cos\varphi \tag{3.60}$$

由式（3.59）可知，交流电路中的平均功率一般不等于电压与电流的有效值的乘积。把电压与电流的乘积称为视在功率，用 S 表示，即

$$S = UI \tag{3.61}$$

视在功率的单位为伏·安（V·A）或千伏·安（kV·A）。

电感元件和电容元件都要在正弦交流电路中进行能量的互换，因此相应的无功功率为这

两个元件的共同作用形成，并由图 3.17 所示的相量图可得出

$$Q = U_L I - U_C I = (U_L - U_C)I = I^2(X_L - X_C) = UI\sin\varphi \tag{3.62}$$

式（3.60）和式（3.62）是计算正弦交流电路中平均功率（有功功率）和无功功率的一般公式。

由功率的分析可知，一个交流电源输出的功率不仅与电源的输出电压与输出电流的有效值有关，还与电路负载有关。电路参数不同，则电压和电流的相位差φ不同，在同样的电压和电流下，电路的有功功率和无功功率也就不同。在式（3.60）中，$\cos\varphi$称为功率因数。

由于平均功率P、无功功率Q和视在功率S三者所代表的意义不同，为了区别，各采用不同的单位。这三个功率之间的关系为

$$S = \sqrt{P^2 + Q^2} \tag{3.63}$$

显然，它们可以用一个直角三角形——功率三角形来表示。

由式(3.63)可见，$|Z|$、R和$(X_L - X_C)$三者之间关系以及如图 3.17 所示，$\dot{U}$，$\dot{U}_R$，$\dot{U}_L + \dot{U}_C$三者之间的关系也可用直角三角形表示，即$U = \sqrt{{U_R}^2 + (U_L - U_C)^2}$，它们分别称为阻抗三角形和电压三角形。功率、电压和阻抗三角形是相似的，如图 3.18 所示。应当注意：功率和阻抗不是正弦量，所以不能用相量表示。

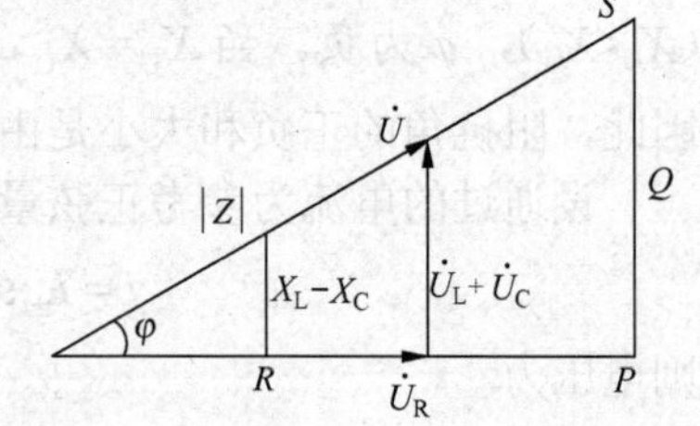

图 3.18 阻抗、电压、功率三角形

在这一节，分析电阻、电感和电容元件串联的交流电路，但在实际中常见到的是电阻与电感元件串联的电路（电容的作用可忽略不计）和电阻与电容元件串联的电路（电感的作用可忽略不计）。交流电路中电压与电流的关系（大小和相位）有一定的规律性，读者可以进行总结。

【例 3.13】如图 3.16(a)所示电路，已知$u = 220\sqrt{2}\sin(314t + 30^\circ)$ V，$R = 30\Omega$，$L = 0.254$H，$C = 80\mu$F。试求（1）电流i和电压u_R、u_L、u_C；（2）画出相量图；（3）有功功率P和无功功率Q。

解：（1）由题意可知

$$\dot{U} = 220\angle 30^\circ$$

$$X_L = \omega L = 314 \times 0.254 \approx 80\Omega$$

$$X_C = \frac{1}{\omega C} = \frac{1}{314 \times 80 \times 10^{-6}} \approx 40\Omega$$

阻抗为

$$Z = R + j(X_L - X_C) = 30 + j(80 - 40) = \sqrt{30^2 + 40^2}\,e^{j\arctan\frac{40}{30}}$$

$$= 50e^{j53.1^\circ} = 50\angle 53.1^\circ\ \Omega$$

于是有

$$\dot{I} = \frac{\dot{U}}{Z} = \frac{220\angle 30^\circ}{50\angle 53.1^\circ} = 4.4\angle -23.1^\circ\ \text{A}$$

$$i = 4.4\sqrt{2}\sin(314t - 23.1^\circ)\ \text{A}$$

$$\dot{U}_R = R\dot{I} = 30\times4.4\angle{-23.1^\circ} = 132\angle{-23.1^\circ}\ \text{V}$$

$$u_R = 132\sqrt{2}\sin(314t - 23.1^\circ)\ \text{V}$$

$$\dot{U}_L = \text{j}X_L\dot{I} = 80\angle{90^\circ}\times4.4\angle{-23.1^\circ} = 352\angle{66.9^\circ}\ \text{V}$$

$$u_L = 352\sqrt{2}\sin(314t + 66.9^\circ)\ \text{V}$$

$$\dot{U}_C = -\text{j}X_C\dot{I} = 40\angle{-90^\circ}\times4.4\angle{-23.1^\circ} = 176\angle{-113.1^\circ}\ \text{V}$$

$$u_L = 176\sqrt{2}\sin(314t - 113.1^\circ)\ \text{V}$$

（2）相量图如图 3.19 所示。

（3）有功功率为 $P = UI\cos\varphi = 220\times4.4\times\cos53.1^\circ = 220\times4.4\times0.6 = 580.8\ \text{W}$。

无功功率为 $Q = UI\sin\varphi = 220\times4.4\times\sin53.1^\circ = 220\times4.4\times0.8 = 774.7\ \text{var}$（电感性）。

【例 3.14】如图 3.20 所示电路，已知 $i = 400\sqrt{2}\sin(10t + 30^\circ)\ \text{A}$，$R = 0.19\Omega$，$L = 0.005\text{H}$，试求（1）电流 i 和电压 u_R、u_L；（2）画出相量图。

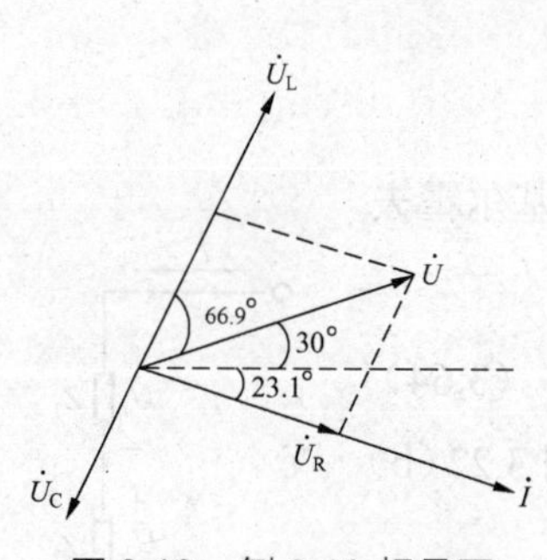

图 3.19 例 3.13 相量图

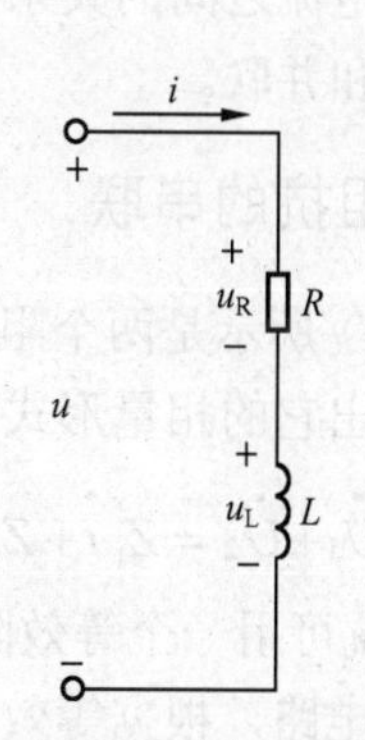

图 3.20 例 3.14 图

解：（1）由题意可知 $\dot{I} = 400\angle{30^\circ}$，

$$X_L = \omega L = 10\times0.005 \approx 0.05\Omega$$

阻抗为

$$Z = R + \text{j}(X_L - X_C) = 0.19 + \text{j}(0.05) = \sqrt{(0.19)^2 + (0.05)^2}\,\text{e}^{\text{j}\arctan\frac{0.05}{0.19}}$$

$$= 0.2\text{e}^{\text{j}15^\circ} = 0.2\angle{15^\circ}\ \Omega$$

于是有

$$\dot{U} = Z\dot{I} = 0.2\angle{15^\circ}\times400\angle{30^\circ} = 80\angle{45^\circ}\ \text{V}$$

$$u = 80\sqrt{2}\sin(10t + 45^\circ)\ \text{V}$$

$$\dot{U}_R = R\dot{I} = 0.19\times400\angle{30^\circ} = 76\angle{30^\circ}\ \text{V}$$

$$u_R = 76\sqrt{2}\sin(10t + 30^\circ)\ \text{V}$$

$$\dot{U}_L = \text{j}X_L\dot{I} = 0.05\angle{90^\circ}\times400\angle{30^\circ} = 20\angle{120^\circ}\ \text{V}$$

$$u_L = 20\sqrt{2}\sin(10t + 120^\circ)\ \text{V}$$

（2）相量图如图3.21所示。

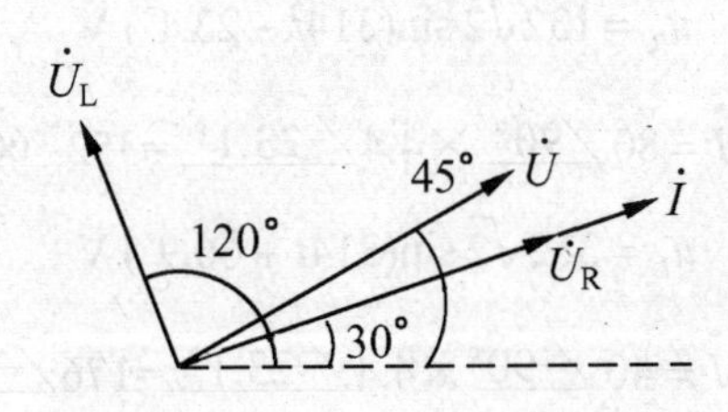

图3.21　例3.14电压和电流相量图

3.6　阻抗的串联和并联

由上节内容可知阻抗不是一个相量，而是一个复数形式的数学表达式，它表示了交流电路中的电压和电流之间的关系。在交流电路中，阻抗的连接形式多种多样，其中最简单和最常用的是串联和并联。

3.6.1　阻抗的串联

图3.22（a）所示是两个阻抗串联的电路，根据基尔霍夫电压定律可写出它的相量形式为

$$\dot{U}=\dot{U}_1+\dot{U}_2=Z_1\dot{I}+Z_2\dot{I}=(Z_1+Z_2)\dot{I} \tag{3.64}$$

可见，两个阻抗可用一个等效阻抗来等效代替。如图3.22（b）所示为其等效电路，根据等效电路可写出

$$\dot{U}=Z\dot{I} \tag{3.65}$$

比较上列两式可得，

$$Z=Z_1+Z_2 \tag{3.66}$$

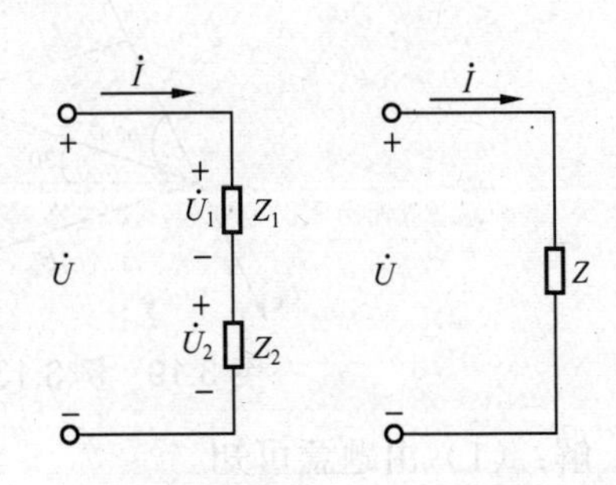

图3.22　阻抗的串联电路

通常情况下，$U\neq U_1+U_2$，即

$$|Z|I\neq|Z_1|I+|Z_2|I$$

所以

$$|Z|\neq|Z_1|+|Z_2|$$

由此可见，在阻抗串联电路中，只有等效阻抗才等于各个串联阻抗之和，通常情况下，等效阻抗为

$$Z=\sum Z_k=\sum R_k+\mathrm{j}\sum X_k=|Z|\mathrm{e}^{\mathrm{j}\varphi} \tag{3.67}$$

式中

$$|Z|=\sqrt{(\sum R_k)^2+(\sum X_k)^2}$$

$$\varphi=\arctan\frac{\sum X_k}{\sum R_k}$$

以上各式的$\sum X_k$中，感抗X_L取正号，容抗X_C取负号。

【例 3.15】如图 3.22（a）所示电路，已知$Z_1=(4+\mathrm{j}3)\Omega$，$Z_2=(2-\mathrm{j}9)\Omega$，$\dot{U}=150\angle 30^\circ$ V。试求电路中的电流和各个阻抗上的电压，并画出相量图。

解：
$$Z=Z_1+Z_2=(4+\mathrm{j}3)+(2-\mathrm{j}9)=6-\mathrm{j}6=8.5\angle -45^\circ\ \Omega$$

$$\dot{I}=\frac{\dot{U}}{Z}=\frac{150\angle 30^\circ}{8.5\angle -45^\circ}=17.6\angle 75^\circ\ \mathrm{A}$$

$$U_1=Z_1\dot{I}=17.6\angle 75^\circ\times(4+j3)$$
$$=17.6\angle 75^\circ\times 5\angle 37^\circ=88\angle 112^\circ\ \mathrm{V}$$

$$U_2=Z_2\dot{I}=(2-\mathrm{j}9)17.6\angle 75^\circ$$
$$=9.2\angle -77^\circ\times 17.6\angle 75^\circ=162\angle -2^\circ\ \mathrm{V}$$

电压和电流的相量图如图 3.23 所示。

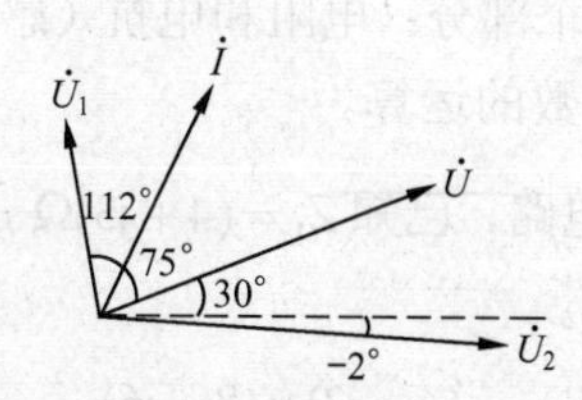

图 3.23　例 3.15 电压和电流的相量图

3.6.2　阻抗的并联

图 3.24（a）所示是两个阻抗并联的电路，根据基尔霍夫电流定律可写出它的相量形式为

$$\dot{I}=\dot{I}_1+\dot{I}_2=\frac{\dot{U}}{Z_1}+\frac{\dot{U}}{Z_2}=\dot{U}\left(\frac{1}{Z_1}+\frac{1}{Z_2}\right) \tag{3.68}$$

可见，两个阻抗并联也可用一个等效阻抗来等效代替，图 3.24（b）所示为其等效电路，根据等效电路可写出

$$\dot{I}=\frac{\dot{U}}{Z} \tag{3.69}$$

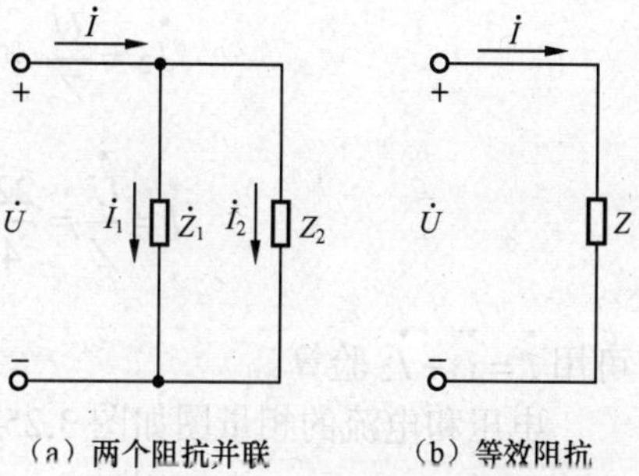

（a）两个阻抗并联　　（b）等效阻抗

图 3.24　阻抗的并联电路

比较上列两式可得，可得

$$\frac{1}{Z}=\frac{1}{Z_1}+\frac{1}{Z_2} \tag{3.70}$$

或

$$Z = \frac{Z_1 Z_2}{Z_1 + Z_2}$$

通常情况下，$I \neq I_1 + I_2$，即

$$\frac{U}{|Z|} \neq \frac{U}{|Z_1|} + \frac{U}{|Z_2|}$$

所以

$$\frac{1}{|Z|} \neq \frac{1}{|Z_1|} + \frac{1}{|Z_2|}$$

由此可见，在阻抗并联电路中，只有等效阻抗才等于各个串联阻抗倒数之和，通常情况下，等效阻抗为

$$Z = \sum \frac{1}{Z_k} \tag{3.71}$$

从上面的推导可知，阻抗串并联的等效阻抗，其换算方法与纯电阻的串并联等效换算方法是相近的，而不同是阻抗含有两个部分：电阻和电抗（感抗和容抗），体现在数学上，阻抗的计算是复数的运算，而电阻是实数的运算。

【例 3.16】如图 3.24（a）所示电路，已知 $Z_1 = (4 + j3)\Omega$，$Z_2 = (8 - j6)\Omega$，$\dot{U} = 220\angle 0^\circ$ V。试求电路中的电流，并画出相量图。

解：

$$Z = \frac{Z_1 Z_2}{Z_1 + Z_2} = \frac{(4 + j3) \times (8 - j6)}{(4 + j3) + (8 - j6)} = 4\angle 14^\circ\ \Omega$$

$$\dot{I}_1 = \frac{\dot{U}}{Z_1} = \frac{220\angle 0^\circ}{(4 + j3)} = \frac{220\angle 0^\circ}{5\angle 37^\circ} = 44\angle -37^\circ\ \text{A}$$

$$\dot{I}_2 = \frac{\dot{U}}{Z_2} = \frac{220\angle 0^\circ}{8 - j6} = \frac{220\angle 0^\circ}{10\angle -37^\circ} = 22\angle 37^\circ\ \text{A}$$

$$\dot{I} = \frac{\dot{U}}{Z} = \frac{220\angle 0^\circ}{4\angle 14^\circ} = 37.5\angle -14^\circ\ \text{A}$$

可用 $\dot{I} = \dot{I}_1 + \dot{I}_2$ 验算。

电压和电流的相量图如图 3.25 所示。

【例 3.17】如图 3.26 所示电路，已知 $\dot{U} = 220\angle 0^\circ$ V。试求（1）电路的等效阻抗；（2）电流 $\dot{I}$、$\dot{I}_1$ 和 $\dot{I}_2$。

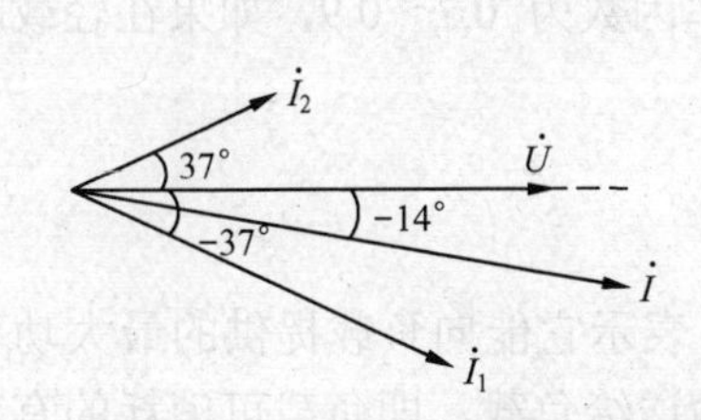

图 3.25 例 3.16 电压和电流的相量图

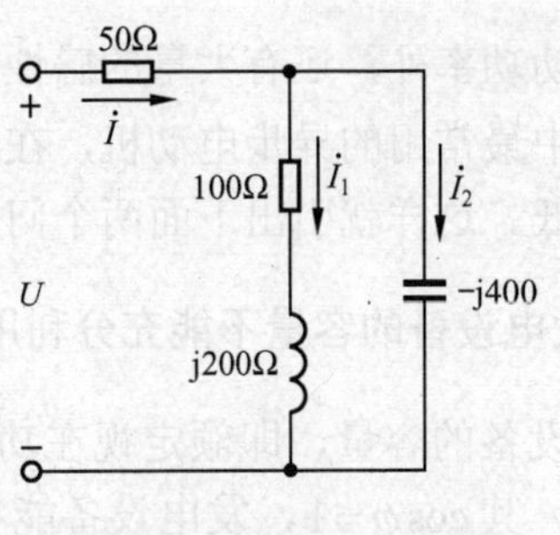

图 3.26 例 3.17 的图

解：（1）电路的等效阻抗为

$$Z = 50 + \frac{(100 + \mathrm{j}200)(-\mathrm{j}400)}{100 + \mathrm{j}200 - \mathrm{j}400} = 50 + 320 + \mathrm{j}240$$

$$= 370 + \mathrm{j}240 = 440\angle 33^\circ \Omega$$

（2）电流为

$$\dot{I} = \frac{\dot{U}}{Z} = \frac{220\angle 0^\circ}{440\angle 33^\circ} = 0.5\angle -33^\circ \text{ A}$$

$$\dot{I}_1 = \frac{-\mathrm{j}400}{100 + \mathrm{j}200 - \mathrm{j}400} \times 0.5\angle -33^\circ$$

$$= \frac{440\angle -90^\circ}{224\angle -63.4^\circ} \times 0.5\angle -33^\circ = 0.89\angle -59.6^\circ \text{ A}$$

$$\dot{I}_2 = \frac{100 + \mathrm{j}200}{100 + \mathrm{j}200 - \mathrm{j}400} \times 0.5\angle -33^\circ$$

$$= \frac{224\angle 63.4^\circ}{224\angle -63.4^\circ} \times 0.5\angle -33^\circ = 0.5\angle 93.8^\circ \text{ A}$$

3.7 功率因数的提高

由前面的分析可知，直流电路的功率等于电流与电压的乘积。但在交流电路中平均功率为

$$P = UI\cos\varphi \tag{3.72}$$

因此，计算交流电路的平均功率还要考虑电压与电流间的相位差φ。式（3.72）中的$\cos\varphi$是电路的功率因数。

电路功率因数的大小决定于电路（负载）的参数。对电阻负载（例如白炽灯、电炉等），电压和电流同相位（$\varphi = 0$），其功率因数为 1。对其他负载来说，功率因数介于 0 到 1 之间。

目前工业和民用建筑中大量的用电设备都是感性负载，其功率因数一般都小于 1，它们除消耗有功功率外，还有大量的感性无功功率 $Q=UI\sin\varphi$，即电路与电源间发生能量互换。例如生产中最常用的异步电动机，在额定负载时功率因数为 0.7～0.9，如果在轻载时其功率因数就更低。这样就引出下面两个问题。

1. 发电设备的容量不能充分利用

发电设备的容量，即额定视在功率 $S_N=U_N I_N$，表示它能向负载提供的最大功率。对于电阻负载，其 $\cos\varphi=1$，发电设备能将全部电能都输送给负载，即负载可消耗的有功功率最高可达 $P=S_N\cos\varphi=S_N$。但当负载的功率因数小于1时，发电机所能发出的有功功率就减小了，尽管此时发电机发出的有功功率小于其容量，但由于视在功率已经达到了额定值，即发电机输出的电流达到了额定值，故发电机不能再向其他的负载供电了。可见负载的功率因数越低，发电机的容量就越不能充分利用。

例如容量为 1 000 kV·A 的变压器，如果 $\cos\varphi=1$，即能发出 1 000kW 的有功功率，而在 $\cos\varphi=0.7$ 时，则只能发出 700kW 的功率。

2. 增加线路和发电机绕组的功率损耗

当发电机的输出电压 U 和输出的有功功率 P 一定时，线路上的电流 I 与功率因数 $\cos\varphi$ 成反比，即功率因数越低，线路电流越大。设供电线路和发电机绕组的总电阻为 r，则线路和发电机绕组上的功率损耗为

$$\Delta P=rI^2=\frac{rP^2}{U^2\cos^2\varphi}$$

可见，功率因数越低，供电线路上的功率损耗 ΔP 就越大，从而造成能量的浪费。

由上述分析可知，提高电网的功率因数对国民经济的发展有着极为重要的意义。功率因数的提高，能使发电设备的容量得到充分利用，同时也能使电能得到大量节约。根据供用电规则，高压供电的工业企业的平均功率因数不低于 0.95，其他单位不低于 0.9。

提高功率因数，常用的方法就是用电力电容器并联在感性负载两端（设置在用户或变电所中），其电路图如图 3.27（a）所示，设电压为参考正弦量，相量图如图 3.27（b）所示。

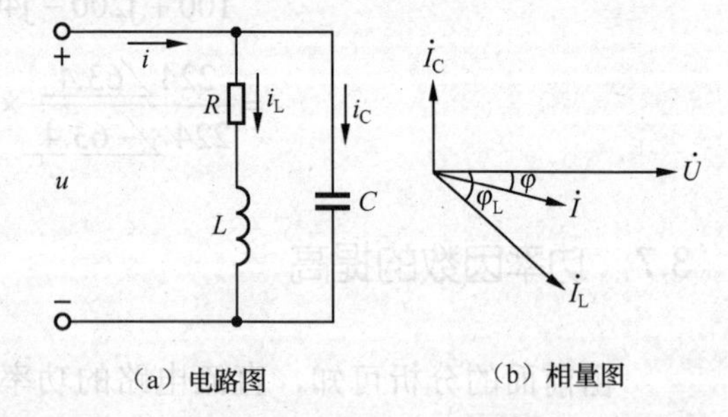

图 3.27 电感性负载并联电容器提高功率因数

如图 3.27（a）所示，并联电容前，电路的总电流为 $\dot{I}=\dot{I}_L$；并联电容后，感性负载的电流 $I=\dfrac{U}{\sqrt{R^2+X_L^2}}$ 和功率因数 $\cos\varphi_L=\dfrac{R}{\sqrt{R^2+X_L^2}}$ 均无变化，因为所加电压和负载参数没有改变。但电压 u 和线电流 i 之间的相位差 φ 变小了，如图 3.27（b）所示，即 $\cos\varphi$ 变大了。同时，如图 3.27（b）所示，并联电容器以后，线路电流也减小了（电流相量相加），因而减小了功率损耗。

应该注意，并联电容器提高功率因数是对整个电路而言，对感性负载的电压、电流、功率、功率因数均没有改变。

下面分析选择并联电容值的问题。如图3.27（b）所示，以电压为参考正弦量，电流之间的相量关系可根据基尔霍夫电流定律得出 $\dot{I}=\dot{I}_C+\dot{I}_L$。如图3.27（b）所示，由 $P=S\cos\varphi=UI\cos\varphi$，可得出电容支路电流的有效值为

$$I_C=I_L\sin\varphi_L-I\sin\varphi=\frac{P}{U\cos\varphi_L}\sin\varphi_L-\frac{P}{U\cos\varphi}\sin\varphi=\frac{P}{U}(\tan\varphi_L-\tan\varphi)$$

又因为

$$I_C=\frac{U}{X_C}=\omega CU$$

则

$$\omega CU=\frac{P}{U}(\tan\varphi_L-\tan\varphi)$$

所以并联电容值为

$$C=\frac{P}{\omega U^2}(\tan\varphi_L-\tan\varphi) \tag{3.73}$$

【例3.18】有一电感性负载，其功率 $P=10\,\text{kW}$，功率因数 $\cos\varphi_L=0.6$，接在电压 $U=220\,\text{V}$ 的电源上，电源频率 $f=50\,\text{Hz}$。（1）如果将功率因数提高到 $\cos\varphi=0.95$，试求与负载并联的电容器的电容值和电容器并联前后的线路电流；（2）如果将功率因数从0.95再提高到1，试问并联电容器的电容值还需增加多少？

解：（1）$\cos\varphi_L=0.6$，即 $\varphi_L=53^\circ$

$\cos\varphi=0.95$，即 $\varphi=18^\circ$

所需并联的电容器的电容值为

$$C=\frac{P}{\omega U^2}(\tan\varphi_L-\tan\varphi)=\frac{10\times10^3}{2\pi\times50\times220^2}(\tan53^\circ-\tan18^\circ)=656\mu\text{F}$$

电容器并联前的线路电流（即负载电流）为

$$I_L=\frac{P}{U\cos\varphi_L}=\frac{10\times10^3}{220\times0.6}=75.6\,\text{A}$$

电容器并联后的线路电流为

$$I=\frac{P}{U\cos\varphi}=\frac{10\times10^3}{220\times0.95}=47.8\,\text{A}$$

（2）如果将功率因数由0.95再提高到1，则需要增加的电容值为

$$C=\frac{P}{\omega U^2}(\tan\varphi_L-\tan\varphi)=\frac{10\times10^3}{2\pi\times50\times220^2}(\tan18^\circ-\tan0^\circ)=213.6\mu\text{F}$$

由例3.18可见在功率因数已经接近1时再继续提高，则所需的电容值是很大的，因此一般不必提高到1。

3.8 电路中的谐振

在具有电感和电容元件的电路中，电路两端的电压与其中的电流一般是不同相的。如果调节电路参数或电源的频率，使它们同相，这时电路中就发生谐振现象。电路的谐振现象，有时在生产中要利用；有时又要预防它对电路所产生的危害，所以研究谐振现象的特征是很必要的。按发生谐振的电路不同，谐振分为串联谐振和并联谐振。

3.8.1 串联谐振

如图3.28所示电路，它的阻抗为

$$Z = R + \mathrm{j}(X_{\mathrm{L}} - X_{\mathrm{C}}) = R + \mathrm{j}(\omega L - \frac{1}{\omega C})$$

当

$$X_{\mathrm{L}} = X_{\mathrm{C}} \quad 或 \quad 2\pi fL = \frac{1}{2\pi fC} \tag{3.73}$$

则

$$\varphi = \arctan\frac{X_{\mathrm{L}} - X_{\mathrm{C}}}{R} = 0$$

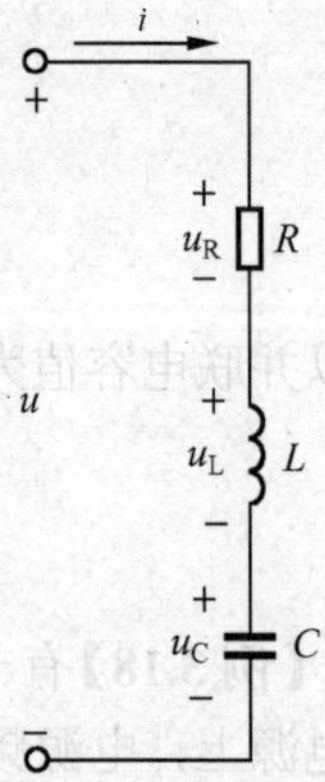

即电源电压与电流同相，发生谐振现象。因为发生在串联电路中，因此称为串联谐振。式（3.73）是发生串联谐振的条件，此时电路的频率称为谐振频率，用 f_0 表示如下

图3.28　串联谐振电路

$$f = f_0 = \frac{1}{2\pi\sqrt{LC}} \tag{3.74}$$

由式（3.74）可见，当电源频率 f 与电路参数 L 和 C 之间满足上式关系时，电路发生谐振，可通过改变电路的电源频率和电路的参数来实现。电路发生串联谐振具有下列特征。

（1）电路的阻抗模 $|Z| = \sqrt{R^2 + (X_{\mathrm{L}} - X_{\mathrm{C}})^2} = R$，其值最小。因此在电源电压 U 不变的情况下，电路中的电流将在谐振时达到最大，即

$$I = I_0 = \frac{U}{|Z|} = \frac{U}{R}$$

图3.29所示为阻抗和电流随频率变化的曲线。

（2）由于电源电压与电路中的电流同相（$\varphi = 0$），电路对电源呈现电阻性。电源供给的电能的全部被电阻消耗，电源与电路之间不发生能量的互换，能量的互换只发生在电感线圈和电容器之间。

（3）由于 $X_{\mathrm{L}} = X_{\mathrm{C}}$，所以 $U_{\mathrm{L}} = U_{\mathrm{C}}$，而 $\dot{U}_{\mathrm{L}} = \dot{U}_{\mathrm{C}}$ 在相位上相反，互相抵消，对整个电路不起作用，因此电源电压 $\dot{U} = \dot{U}_{\mathrm{R}}$，如图3.30所示。但 U_{L} 和 U_{C} 的单独作用不可忽略，因为

$$\left.\begin{aligned}U_L &= X_L I = X_L \frac{U}{R}\\ U_C &= X_C I = X_C \frac{U}{R}\end{aligned}\right\}\tag{3.75}$$

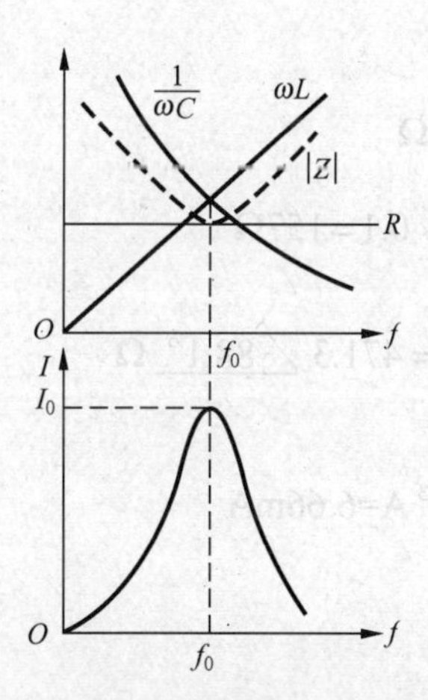

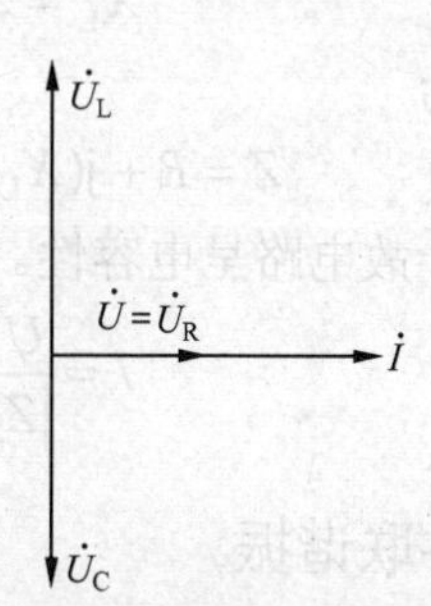

图 3.29 阻抗模与电流等随频率变化的曲线　　3.30 谐振时的相量图

当 $X_L = X_C > R$ 时，电感和电容元件的两端电压都高于电源电压，甚至可能超过许多倍，因此串联谐振又称为电压谐振。

U_L 或 U_C 与电源电压的比值，通常用 Q 表示

$$Q = \frac{U_L}{U} = \frac{U_C}{U} = \frac{1}{\omega_0 CR} = \frac{\omega_0 L}{R}\tag{3.76}$$

Q 称为电路的品质因数或简称为 Q 值，ω_0 为谐振角频率，它的意义是在谐振时电容或电感元件上的电压是电源电压的 Q 倍。例如，$Q=50$，$U=10\,\text{V}$，则在谐振时电感或电容元件上的电压就高达 500V。

串联谐振在无线电中应用较多，如在接收机中被用来选择信号等。串联谐振发生时，由于在电容、电感元件端的电压会远远高于电源电压，在很多的场合，要避免谐振的发生，如在电力系统中，过高的电压可能击穿电气设备的绝缘，造成设备的损坏和系统故障。

【例 3.19】如图 3.28 所示电路，在频率 $f = 500\,\text{Hz}$ 时发生谐振，且谐振时电流有效值 $I = 0.2\,\text{A}$，容抗 $X_C = 314\Omega$，品质因数 $Q = 20$。试求（1）求 R、L；（2）若电源频率 $f = 250\,\text{Hz}$，其他参数不变，求此时的电流 I，并说明此时电路呈何性质。

解：（1）电容上电压 $U_C = IX_C = 0.2\times314 = 62.8\,\text{V}$，由 $Q = \dfrac{U_C}{U}$，得

$$U = \frac{U_C}{Q} = \frac{62.8}{20} = 3.14\,\text{V}$$

谐振时，由于电感上的电压与电容上的电压大小相等，相位相反，故总电压等于电阻上的电压，即 $U = U_R$，所以

$$R=\frac{U}{I}=\frac{3.14}{0.2}=15.7\Omega$$

$$X_{\mathrm{L}}=X_{\mathrm{C}}=314\Omega$$

得

$$L=\frac{X_{\mathrm{L}}}{2\pi f}=\frac{314}{2\times3.14\times500}=0.1\,\mathrm{H}$$

（2）$f=250\,\mathrm{Hz}$

$$X_{\mathrm{C}}=\frac{1}{2\pi fC}=628\Omega$$

$$X_{\mathrm{L}}=2\pi fL=2\times3.14\times250\times0.1=157\Omega$$

电路的总阻抗为

$$Z=R+\mathrm{j}(X_{\mathrm{L}}-X_{\mathrm{C}})=15.7-\mathrm{j}471=471.3\angle{-88.1^\circ}\ \Omega$$

阻抗角为负值，故电路呈电容性。

$$I=\frac{U}{|Z|}=\frac{3.14}{471.3}=6.66\times10^{-3}\ \mathrm{A}=6.66\mathrm{mA}$$

3.8.2 并联谐振

图3.31所示为线圈RL和电容C并联的电路，其等效阻抗为

$$Z=\frac{(R+\mathrm{j}\omega L)\dfrac{1}{\mathrm{j}\omega C}}{(R+\mathrm{j}\omega L)+\dfrac{1}{\mathrm{j}\omega C}}=\frac{R+\mathrm{j}\omega L}{1+\mathrm{j}\omega RC-\omega^2LC}$$

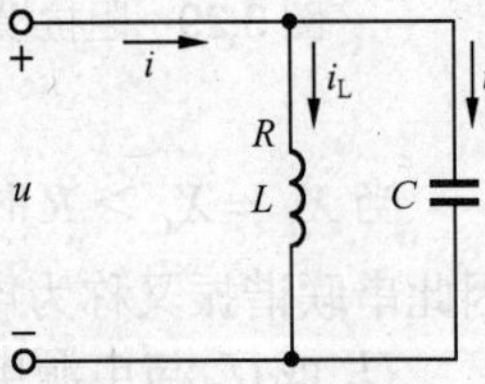

图3.31 并联电路

通常电感线圈的电阻R很小，所以一般在谐振时$\omega L\gg R$，则上式可表示为

$$Z\approx\frac{\mathrm{j}\omega L}{1+\mathrm{j}\omega RC-\omega^2LC}=\frac{1}{\dfrac{RC}{L}+\mathrm{j}\left(\omega C-\dfrac{1}{\omega L}\right)}\tag{3.77}$$

当将电源角频率ω调到ω_0时

$$\omega_0C=\frac{1}{\omega_0L},\quad \omega=\omega_0=\frac{1}{\sqrt{LC}}$$

谐振频率为

$$f=f_0=\frac{1}{2\pi\sqrt{LC}}\tag{3.78}$$

谐振发生在并联电路中，所以称为并联谐振。

电路发生并串联谐振具有如下特征。

（1）谐振时的阻抗模为$|Z_0|=\dfrac{1}{\dfrac{RC}{L}}=\dfrac{L}{RC}$达到最大值，因此在电源电压$U$不变的情况下，电路中的电流将在谐振时达到最小，即

$$I = I_0 = \frac{U}{|Z_0|} = \frac{U}{\frac{L}{RC}}$$

（2）由于电源电压和电路中的电流同相（$\varphi = 0$），因此电路对电源呈现电阻性。$|Z_0|$相当于一个电阻。

（3）谐振时各并联支路的电流为

$$I_L = \frac{U}{\sqrt{R^2 + (\omega_0 L)^2}} \approx \frac{U}{\omega_0 L}$$

$$I_C \approx \frac{U}{\frac{1}{\omega_0 C}}$$

因为

$$\omega_0 C = \frac{1}{\omega_0 L}，\ \omega_0 L \gg R \text{ 即 } \varphi_L \approx 90^\circ$$

所以由上列各式和图 3.32 可知，$I_L = I_C \gg I_0$，即在谐振时并联支路电流近似相等，而比总电流大许多倍，因此并联谐振又称为电流谐振。I_L或I_C与总电流I_0的比值为电路的品质因数，用Q表示，即

$$Q = \frac{I_L}{I_0} = \frac{I_C}{I_0} = \frac{\omega_0 L}{R} = \frac{1}{\omega_0 CR} \tag{3.79}$$

并联谐振在无线电和工业电子技术中应用较广，例如利用并联谐振时阻抗模高的特点来选择信号或消除干扰。

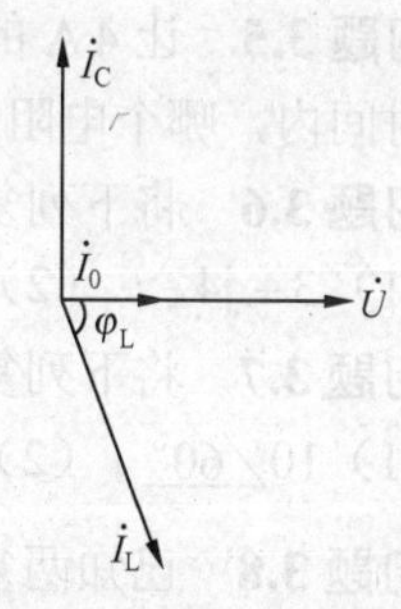

图 3.32 并联谐振时的相量图

小 结

本章主要介绍正弦交流电路的基本概念和电路的分析。随时间按正弦规律变化的电压或电流称为正弦量，正弦量的三要素为幅值、角频率和初相位。正弦量可用三角函数式、波形图和相量表示法三种方法表示，其中的相量表示法用来计算非常方便。电感元件和电容元件都是储能元件，当在电阻元件、电感元件和电容元件两端加上正弦交流电压时，电阻元件的电压和电流的关系为$\dot{U} = R\dot{I}$；电感元件的电压和电流的关系为$\dot{U} = \mathrm{j}X_L\dot{I} = \mathrm{j}\omega L\dot{I}$；电容元件的电压和电流的关系为$\dot{U} = -\mathrm{j}X_C\dot{I} = -\mathrm{j}\frac{\dot{I}}{\omega C} = \frac{\dot{I}}{\mathrm{j}\omega C}$；当电阻元件、电感元件和电容元件串联时电压和电流的关系为$\dot{U} = Z\dot{I}$；电路中有功功率为$P = UI\cos\varphi$，无功功率为$Q = UI\sin\varphi$，视在功率为$S = UI$。提高电路的功率因数的方法是在感性负载两端并联电容。在含有电感元件和电容元件的电路中，当电压和电流同相时，电路发生谐振。串联谐振的特点电路阻抗最小，电流最大，当$X_L = X_C > R$，电感和电容两端电压大于电源电压。并联谐振的特点是电路阻抗最大，总电流最小，可能出现支路电流大于总电流的情况。

习　题

习题 3.1　已知正弦电流的瞬时值$i = 100\sin\left(6280t - \frac{\pi}{4}\right)$mA，试求（1）它的频率、周期、角频率、幅值、有效值及初相位各为多少；（2）画出波形图；（3）如果i'与i反相，i'的频率、周期、角频率及初相位各为多少。

习题 3.2　两正弦电流$i_1 = 14.1\sin\left(314t + 90^\circ\right)$A，$i_2 = 28\sin 628t$A，由此可以得出$i_1$超前$i_2$的结论吗？

习题 3.3　已知$u = 220\sin\left(314t + 30^\circ\right)$V，$i = 10\sin\left(314t + 15^\circ\right)$A，试求（1）$u$与$i$的相位差，并指出哪个超前？哪个滞后？（2）画出$u$与$i$的波形图。

习题 3.4　某正弦电压u的频率为50H_Z，初相位为30°，在$t = 0$时u的值为220V，写出其三角函数表达式。

习题 3.5　让4 A的直流电流和幅值为5A的正弦电流分别通过阻值相等的电阻，试问在相同时间内，哪个电阻发热多？为什么？

习题 3.6　将下列复数写成极坐标形式。

（1）$3 + \mathrm{j}4$；（2）$-4 + \mathrm{j}3$；（3）$6 - \mathrm{j}8$；（4）$-10 - \mathrm{j}10$；（5）$10\mathrm{j}$。

习题 3.7　将下列复数写成代数形式。

（1）$10\angle 60^\circ$；（2）$10\angle 90^\circ$；（3）$10\angle -90^\circ$；（4）$10\angle 0^\circ$；（5）$220\angle -120^\circ$。

习题 3.8　已知两复数$A_1 = 8 + \mathrm{j}6$，$A_2 = 10\angle -60^\circ$，试求$A_1 + A_2$，$A_1 - A_2$，$A_1 \cdot A_2$，$\frac{A_1}{A_2}$。

习题 3.9　写出下列正弦电压和电流的相量（用指数形式表示）。

（1）$u = 10\sqrt{2}\sin\omega t$ V；（2）$u = 10\sqrt{2}\sin\left(\omega t + \frac{\pi}{2}\right)$V；（3）$i = 10\sqrt{2}\sin(\omega t - \frac{\pi}{2})$ A；

（4）$i = 10\sqrt{2}\sin(\omega t + \frac{3\pi}{4})$ A。

习题 3.10　将下列各相量所对应的瞬时值函数式写出来（$\omega = 314\mathrm{rad/s}$）。

（1）$\dot{U} = 100\angle 0^\circ$ V，$\dot{I} = 100\angle 0^\circ$ A；（2）$\dot{U} = 220\angle -\frac{\pi}{6}$ V，$\dot{I} = 3\angle \frac{\pi}{3}$ A；

（3）$\dot{U} = (40 + \mathrm{j}80)$ V，$\dot{I} = (3 - \mathrm{j})$ A。

习题 3.11　在图3.33所示电路中，若已知$i_1 = 10\sqrt{2}\sin(314t - 30^\circ)$ A，$i_2 = 15\sqrt{2}\sin(314t - 60^\circ)$ A，该电路中各电流表的读数各是多少？

习题 3.12　如果一个电感元件两端的电压为零，其储能是否也一定等于零？如果一个电容元件中的电流为零，其储能是否也一定等于零？

习题 3.13　电感元件中通过恒定电流是可视作短路，是否此时电感L为零？电容元件两端加恒定电压时视作开路，是否此时电容C为无穷大？

习题 3.14　如图3.34所示电路，已知其两端电压为$u = 28.8\sin\left(6280t - 90^\circ\right)$V，求电阻上的电流$i$及其消耗的功率$P$。

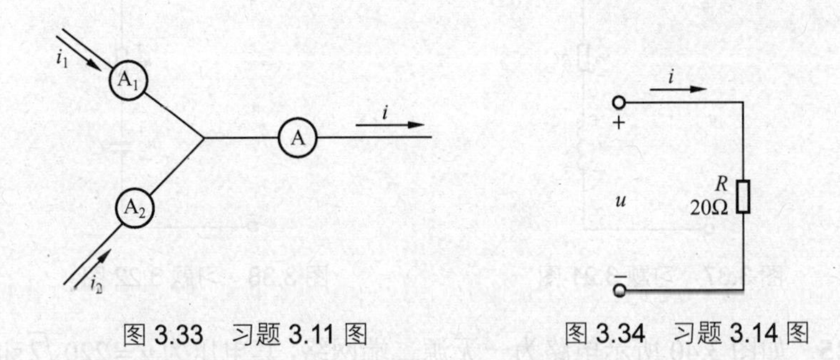

图 3.33 习题 3.11 图　　　　图 3.34 习题 3.14 图

习题 3.15 如图 3.35 所示电路，$L=10\text{mH}$，$f=50\text{Hz}$，（1）已知 $i=7\sqrt{2}\sin\omega t\,\text{A}$，求电压 u；（2）已知 $\dot{U}=127\angle{-30^\circ}\,\text{V}$，求 $\dot{I}$，并画出相量图。

习题 3.16 在关联参考方向下，已知电感元件两端的电压为 $u=10\sqrt{2}\sin(314t+30^\circ)\,\text{V}$，$L=0.318\text{H}$。用相量式计算电流 $\dot{I}$，画出电压、电流相量图，求无功功率 Q_L。

习题 3.17 如图 3.36 所示电路，$C=4\mu\text{F}$，$f=50\text{Hz}$，（1）已知 $u=220\sqrt{2}\sin\omega t\,\text{V}$，求电流 i；（2）已知 $\dot{I}=0.1\angle{-60^\circ}\,\text{V}$，求 $\dot{U}$，并画出相量图。

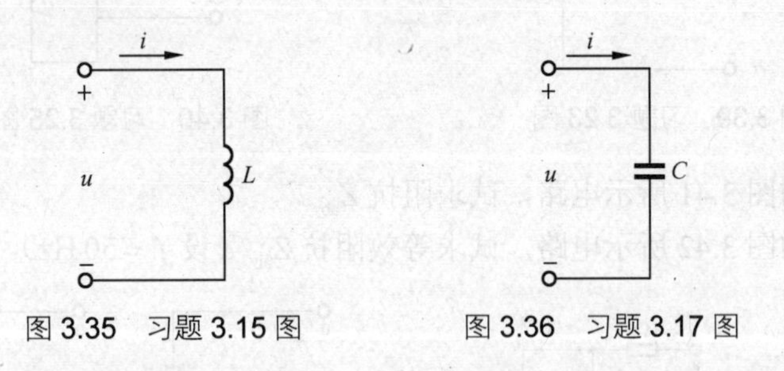

图 3.35 习题 3.15 图　　　　图 3.36 习题 3.17 图

习题 3.18 在关联参考方向下，已知电容元件两端的电压为 $u=10\sqrt{2}\sin(10^3t-60^\circ)\,\text{V}$，$C=10\mu\text{F}$，求电流 i，画出电压、电流相量图，求无功功率 Q_C。

习题 3.19 在正弦交流电路中，电阻、电感和电容元件对电流的阻碍作用用什么参数来表示？与频率是否有关？能得出什么结论？

习题 3.20 元件上的无功功率是不是实际消耗的功率？电感和电容元件上无功功率如何表示？

习题 3.21 如图 3.37 所示电路，已知 $R=4\Omega$，$L=2\text{H}$，电流为 $i=10\sin 2t\,\text{A}$。求电压 u_R、u_L 和 u。

习题 3.22 如图 3.38 所示电路，已知 $R=10\Omega$，$C=0.1\text{F}$，两端的电压为 $u=10\sin t\,\text{V}$，求电压 u_C。

习题 3.23 如图 3.39 所示电路，已知 $\text{R}=4\Omega$，u 为 $\omega=10^5\,\text{rad/s}$，$U=10\,\text{mV}$ 的正弦交流电源，若电流表的读数为 2 mA，求电容 C。

习题 3.24 在 RLC 串联电路中，已知 $R=10\Omega$，$X_L=5\Omega$，$X_C=15\Omega$，电源电压 $u=200\sin(10^3t+30^\circ)$ V，求：（1）电路的阻抗 Z，并说明电路的性质；（2）电流 $\dot{I}$ 和电压 $\dot{U}_R$、$\dot{U}_L$、$\dot{U}_C$；（3）画出电压、电流相量图。

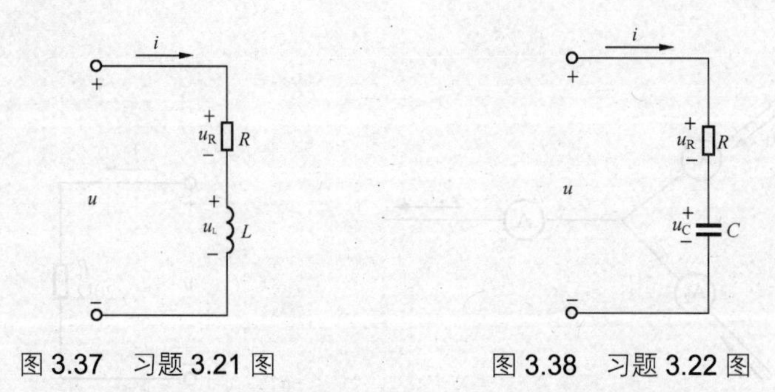

图 3.37 习题 3.21 图　　图 3.38 习题 3.22 图

习题 3.25 如图 3.40 所示电路为一无源二端网络，其电压为 $u = 220\sqrt{2}\sin(314t + 20^\circ)$ V，电流为 $i = 4.4\sqrt{2}\sin(314t - 33^\circ)$ A。试求此二端网络由两个元件串联的等效电路和元件的参数值，并求二端网络的功率因数及输入的有功功率和无功功率。

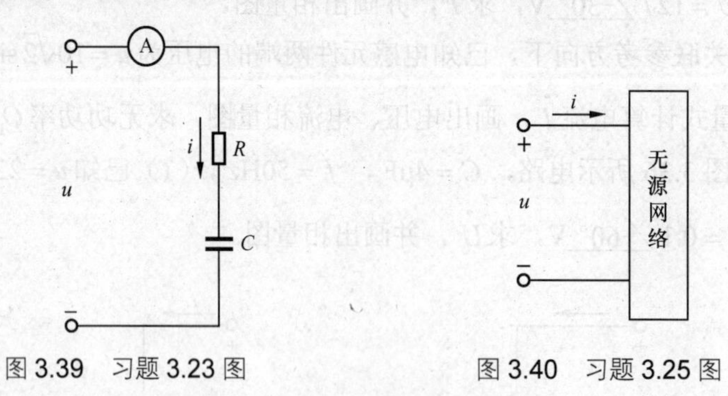

图 3.39 习题 3.23 图　　图 3.40 习题 3.25 图

习题 3.26 如图 3.41 所示电路，试求阻抗 Z_{ab}。

习题 3.27 如图 3.42 所示电路，试求等效阻抗 Z_{ab}（设 $f = 50$ Hz）。

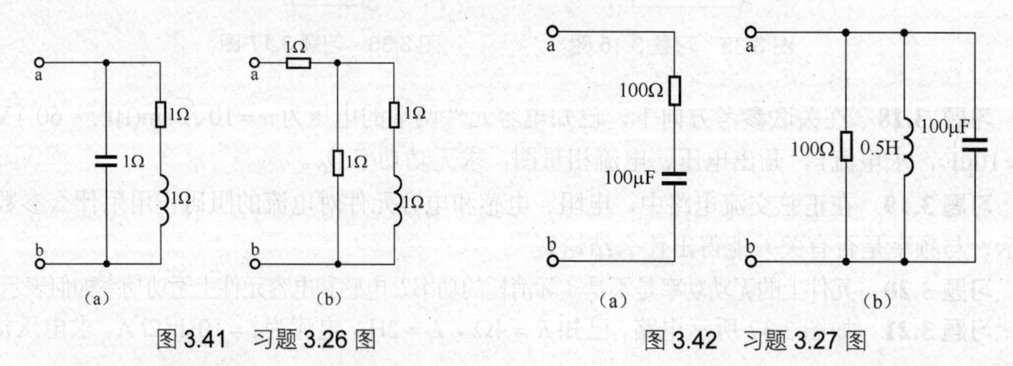

图 3.41 习题 3.26 图　　图 3.42 习题 3.27 图

习题 3.28 如图 3.43 所示电路，除 A_0 和 V_0 外，其余电流表和电压表的读数在图上都已标出（都是正弦量的有效值），试求电流表 A_0 或电压表 V_0 的读数。

习题 3.29 现有 40W 的日光灯一个，使用时灯管与镇流器（可近似地把镇流器看作纯电感）串联在电压为 220V，频率为 50Hz 的电源上。已知灯管工作时属于纯电阻负载，灯管两端的电压等于 110V，试求镇流器的感抗与电感。这时电路的功率因数等于多少？若将功率因数提高到 0.8，应并联多大电容？

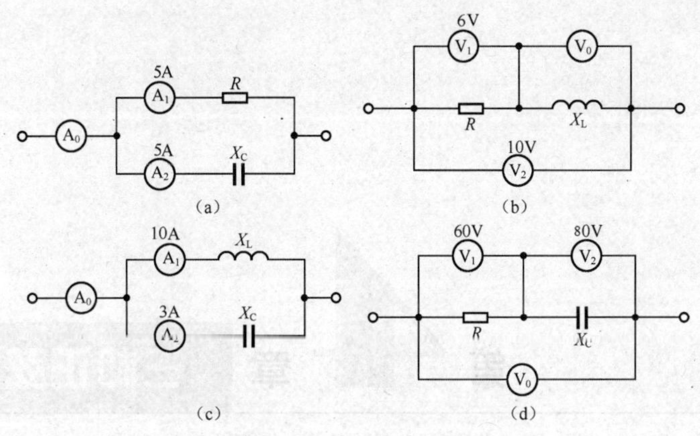

图 3.43 习题 3.28 图

习题 3.30 一感性负载接在 50Hz、380V 的电源上，消耗的功率为 20kW，功率因数为 0.6。如果要将电路的功率因数提高到 0.9，应并联多大电容？

习题 3.31 有一 R、L、C 串联电路，它在电源频率 $f=50\,\text{kHz}$ 时发生谐振。谐振时电流 I 为 0.1A，容抗为 314Ω，并测得电容电压 U_C 为电源电压 U 的 10 倍。试求该电路的电阻 R 和电感 L。

习题 3.32 有一 R、L、C 串联电路，接于频率可调的电源上，电源电压保持在 10V，当频率增加时，电流从 10mA（500Hz）增加到 60mA（1kHz），此时电路发生谐振。试求：（1）电阻 R，电感 L 和电容 C 的值；（2）在谐振时电容器两端的电压 U_C；（3）谐振时磁场中和电场中所储存的最大能量。

第4章 三相正弦交流电路

三相电源是三个幅值相同、频率相同、相位互差 120° 的正弦电压源按一定方式连接而成的，由三相电源供电的电路称为三相电路。三相电路在生产中应用广泛，发电厂用三相交流发电机生产电能，输电和配电一般采用三相电路。工农业生产上的主要用电负载是三相交流电动机，它是由三相电源供电的。

本章主要介绍三相对称交流电路及其两种连接方式——星形（Y 形）联结和三角形（△形）联结电路的计算以及三相功率的计算。

4.1 三相交流电源

三个幅值相同、频率相同、相位互差 120° 的正弦交流电源称为对称三相电源。由它们按一定的连接形式共同向电路供电的方式称为三相制。目前，世界各国的电力系统普遍采用三相制供电方式。三相电路系统是由三相电源、三相负载和三相输电线路三部分组成。

发电厂的发电机就是一个对称的三相电源，其中每一个电源称为一相，分别用 A 相、B 相、C 相表示。

图 4.1 所示为三相交流发电机原理图。它的主要组成部分是电枢和磁极。电枢是固定的，亦称定子。定子铁芯的内圆周冲有槽，用以放置三相电枢绕组。每相绕组是同样的，如图 4.2 所示。它们的始端（头）标以 U_1、V_1、W_1，末端（尾）标以 U_2、V_2、W_2。每个绕组两端放置在相应的定子铁芯的槽内。但要求绕组的始端之间或末端之间都彼此相隔 120°。

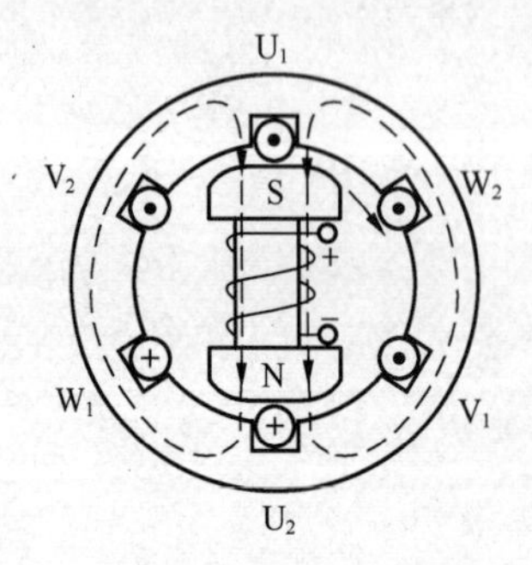

图 4.1　三相交流发电机原理图

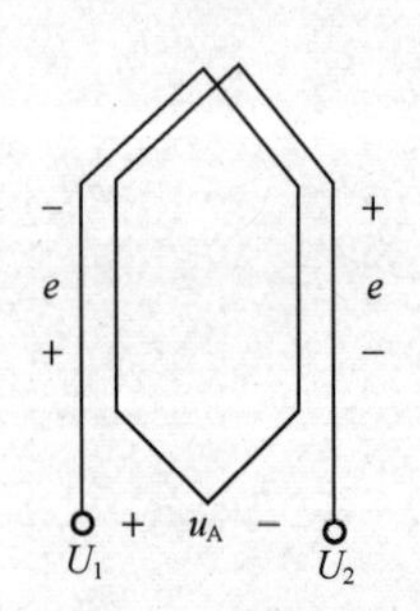

图 4.2　每相电枢绕组

磁极是转动的，亦称转子。转子铁芯上装有励磁绕组，用直流励磁。选择合适的极面形状和励磁绕组的布置情况，可使空气隙中的磁感应强度按正弦规律分布。

当转子由原动机带动，并以匀速按顺时针方向转动的时候，则每相绕组依次切割磁通，产生电动势；因而在 U_1U_2、V_1V_2、W_1W_2 三相绕组上得出频率相同、幅度相等、相位互差 120° 的三相正弦电压，它们分别表示为 u_A、u_B、u_C，并以 u_A 为参考正弦量，则

$$\left.\begin{aligned} u_A &= \sqrt{2}U\sin\omega t \\ u_B &= \sqrt{2}U\sin(\omega t - 120^\circ) \\ u_C &= \sqrt{2}U\sin(\omega t + 120^\circ) \end{aligned}\right\} \tag{4.1}$$

也可用相量表示，相量形式为

$$\left.\begin{aligned} \dot{U}_A &= U\angle 0^\circ \\ \dot{U}_B &= U\angle -120^\circ \\ \dot{U}_C &= U\angle +120^\circ \end{aligned}\right\} \tag{4.2}$$

如果用正弦波形和相量图来表示，则如图 4.3（a）、（b）所示。

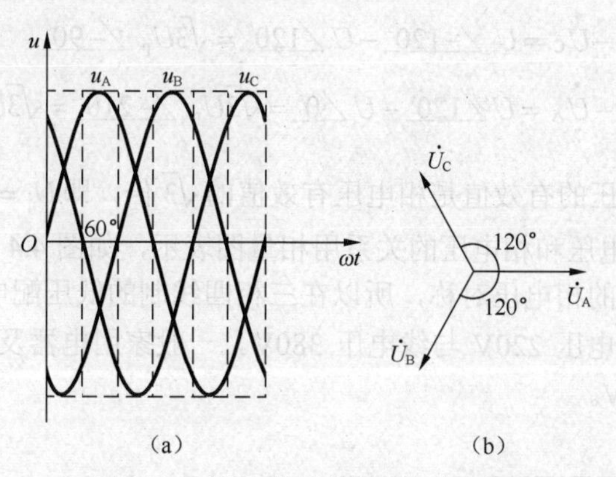

图 4.3 对称三相电源波形和相量图

三相对称正弦电压的瞬时值或相量之和为零，即

$$u_A + u_B + u_C = 0，\ \dot{U}_A + \dot{U}_B + \dot{U}_C = 0 \tag{4.3}$$

相位的次序称为相序，上述三相电源的次序为 A、B、C，称为正相序。反之，若 B 相电压超前 A 相电压 120°，C 相电压又超前 B 相电压 120°，称为反相序。由此可知，只要知道相序和任一相电压，就可以确定其他两相的电压。

4.2 三相电源的星形联结

将三相电源的每一个绕组的负极性端连在一起，组成一个公共点 N，对外形成 A、B、C、N 4 个端子，这种连接形式称为三相电源的星形联结（也叫 Y 形联结），如图 4.4（a）所示。

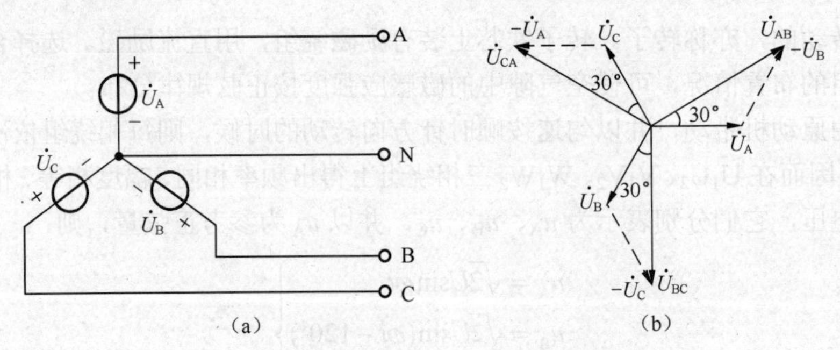

图 4.4　三相电源的 Y 形联结及相量图

从三相电源的正极性端引出 3 根输出线，称为相（火）线，三相电源的负极性端连接为公共点 N，称为中性点。由中性点引出的线称为中性（零）线。

在 Y 形联结中，相线与中性线间的电压 $\dot{U}_A$、$\dot{U}_B$、$\dot{U}_C$ 称为相电压，相电压的有效值用 U_P 表示；相线之间的电压称为线电压，依相序分别为 $\dot{U}_{AB}$、$\dot{U}_{BC}$、$\dot{U}_{CA}$，线电压的有效值用 U_l 表示。Y 形联结线电压和相电压的关系为

$$\left.\begin{aligned}\dot{U}_{AB}&=\dot{U}_A-\dot{U}_B=U\angle 0^\circ-U\angle -120^\circ=\sqrt{3}U_P\angle 30^\circ\\ \dot{U}_{BC}&=\dot{U}_B-\dot{U}_C=U\angle -120^\circ-U\angle 120^\circ=\sqrt{3}U_P\angle -90^\circ\\ \dot{U}_{CA}&=\dot{U}_C-\dot{U}_A=U\angle 120^\circ-U\angle 0^\circ=\sqrt{3}U_P\angle -210^\circ=\sqrt{3}U_P\angle 150^\circ\end{aligned}\right\}\tag{4.4}$$

由上式可知，线电压的有效值是相电压有效值的 $\sqrt{3}$ 倍，即 $U_l=\sqrt{3}U_P$，线电压的相位超前相应相电压 30°。线电压和相电压的关系用相量图表示，如图 4.4（b）所示。

因为对称三相电源的相电压对称，所以在三相四线制的低压配电系统中，可以得到两种不同数值的电压，即相电压 220V 与线电压 380V。一般家用电器及电子仪器用 220V，动力系统及三相负载用 380V。

4.3　三相电源的三角形联结

三相电源可以采用三角形联结（又称△形联结），它是将三相电源各相的正极性端和负极性端依次相连，再用 A、B、C 引出三根端线与负载相连，如图 4.5 所示。

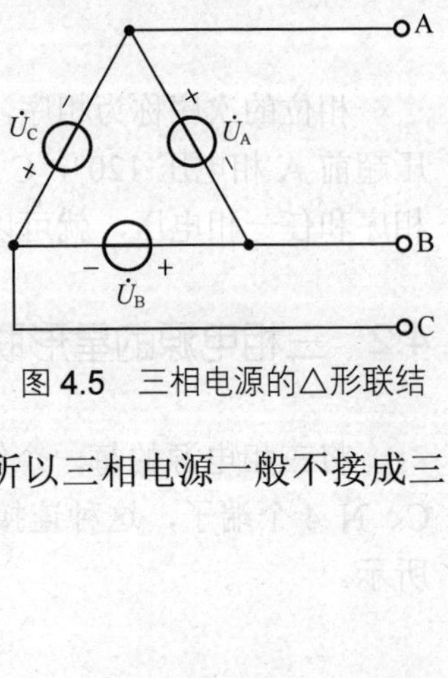

三相电源作三角形联结时，其线电压和相电压相等，即

$$\dot{U}_{AB}=\dot{U}_A\quad \dot{U}_{BC}=\dot{U}_B\quad \dot{U}_{CA}=\dot{U}_C\tag{4.5}$$

由式（4.5）可知，线电压的有效值与相电压有效值相等，即 $U_l=U_P$，且相位相同。

图 4.5　三相电源的△形联结

当对称三角形正确连接时，$\dot{U}_A+\dot{U}_B+\dot{U}_C=0$，所以电源内部无环流。若接错，将形成很大的环流，三相电源无法工作，所以三相电源一般不接成三角形。

4.4 三相负载的连接

在三相电路中，三个负载可连接成Y形或△形，三个负载可分别用三个阻抗等效代替。如果三个阻抗参数相同，称为对称三相负载，否则称为不对称负载。在这里只讨论对称三相负载电路的连接。

1．单相负载

单相负载主要包括照明负载、生活用电负载及一些单相设备。单相负载常采用三相中引出一相的供电方式。目前，我国电力系统的供电方式均采用三相三线制或三相四线制。负载应如何连接视额定电压而定。通常单相负载（如电灯）的额定电压为220V，因此要接在相线与中线之间。电灯负载是大量使用的，不能集中接在某一相中，应比较均匀地分配在各相中，如图4.6所示。电灯的这种连接方法称为星形联结。其他单相负载（如单相电动机、电炉）是否接在相线与中线之间，应视额定电压是380V还是220V而定。如果负载的额定电压不等于电源电压，则需用变压器。例如机床照明灯的额定电压为36V，就要用一个380/36V的降压变压器。

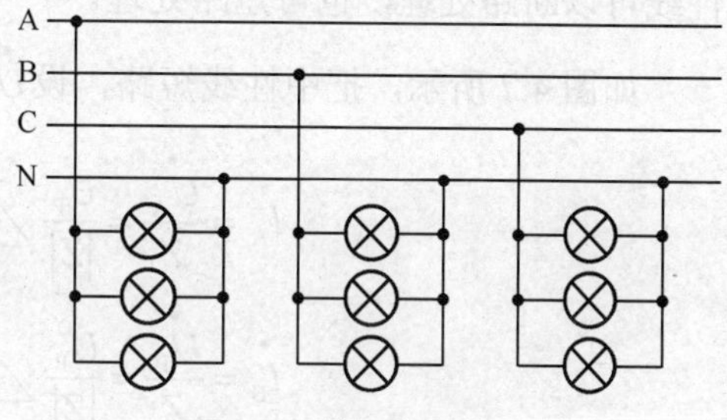

图4.6 单相负载的连接

2．三相负载

三相负载主要是电力负载和工业负载。三相负载的连接方式有Y形联结和△形联结。当单相负载中各相负载都相同，称为三相对称负载，否则，即为不对称负载。

三相电动机的三个接线端总是与电源的三根相线相连。但电动机本身的三相绕组可以连成Y形或△形。它的连接方法在铭牌上标出，例如380VY联结或380V△联结。

3．三相负载的星形联结

如图4.7所示为负载的Y形联结，也是最常用的一种电路结构。其中，NN'称为中性线，Z_N为中性线阻抗。三相电源和三相负载之间用四根导线连接的电路系统称为三相四线制。三相电路中，流过相线的电流，称为线电流，其有效值用I_l表示；流过各相负载的电流称为相电流，其有效值用I_p表示；很显然，负载Y形联结时，各相电流等于各线电流。

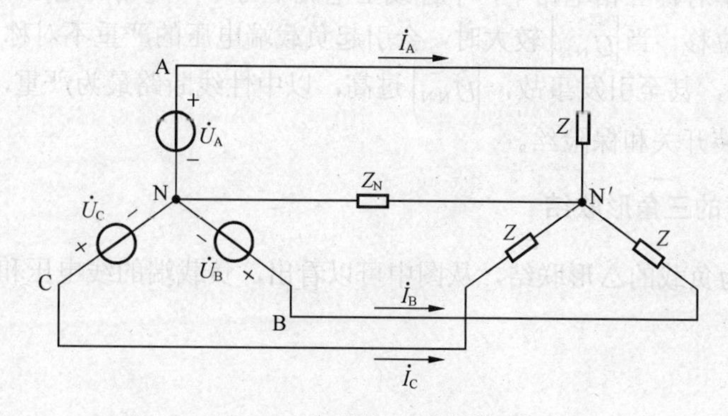

图4.7 负载的Y形联结

图4.7所示只有两个节点，设N为参考点，节点N'与N之间的电压用$\dot{U}_{N'N}$表示，负载阻抗$Z=|Z|\angle\varphi_Z$，可列出节点方程为

$$\left(\frac{1}{Z}+\frac{1}{Z}+\frac{1}{Z}+\frac{1}{Z_N}\right)\dot{U}_{N'N}=\frac{\dot{U}_A}{Z}+\frac{\dot{U}_B}{Z}+\frac{\dot{U}_C}{Z} \tag{4.6}$$

由于三相电源对称满足$\dot{U}_A+\dot{U}_B+\dot{U}_C=0$，所以可得

$$\dot{U}_{N'N}=0 \tag{4.7}$$

由此可知，电源中性点N和负载中性点N'间电压为零，即中性线上的电流$\dot{I}_N=0$。因此，中性线可以断路处理，也可短路处理。

如图4.7所示，把中性线短路，设$\dot{U}_A=U_P\angle 0^\circ$，各线电流（相电流）分别为

$$\left.\begin{aligned}\dot{I}_A&=\frac{\dot{U}_A}{Z}=\frac{U_P}{|Z|}\angle-\varphi_Z=I_P\angle-\varphi_Z\\ \dot{I}_B&=\frac{\dot{U}_B}{Z}=\frac{U_P}{|Z|}\angle-120^\circ-\varphi_Z=I_P\angle-120^\circ-\varphi_Z\\ \dot{I}_C&=\frac{\dot{U}_C}{Z}=\frac{U_P}{|Z|}\angle 120^\circ-\varphi_Z=I_P\angle 120^\circ-\varphi_Z\end{aligned}\right\} \tag{4.8}$$

式（4.8）中，I_P为各相电流的有效值，φ_Z为阻抗角。由式（4.8）可知，各线电流（相电流）对称，中线电流为

$$\dot{I}_N=\dot{I}_A+\dot{I}_B+\dot{I}_C=0 \tag{4.9}$$

式（4.9）表明，在负载Y形联结的三相电路中，中线可以省去。但应注意，当负载不对称时，中线不能随意去掉。

需要说明的是，在实际的三相电路中，有许多小功率单相负载分别连接到各相，很难使各相负载完全对称，而且当对称三相电路发生断线、短路等故障时，也将使电路成为不对称的三相电路。在不对称三相电路中，中性线上电流不为零，两端的电压$U_{N'N}$也不为零，这种现象称为中心点位移。当$|\dot{U}_{N'N}|$较大时，会引起负载端电压的严重不对称（有的相电压过高，有的相电压过低），甚至引发事故，$|\dot{U}_{N'N}|$过高，以中性线断路最为严重，故在实际电路中，中性线上不能安装开关和保险丝。

4．三相负载的三角形联结

图4.8所示为负载的△形联结，从图中可以看出，负载端的线电压和相电压是相等的。

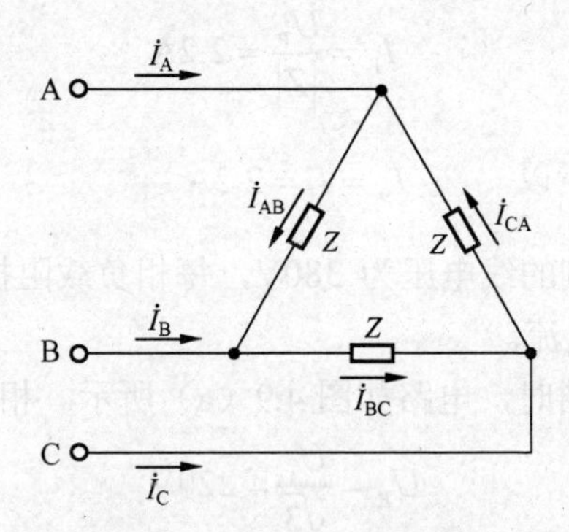

图 4.8 负载的△形联结

设其线电压为

$$\left.\begin{aligned}\dot{U}_{AB}&=U_1\angle 0^\circ\\ \dot{U}_{BC}&=U_1\angle -120^\circ\\ \dot{U}_{CA}&=U_1\angle 120^\circ\end{aligned}\right\}\tag{4.10}$$

负载的相电流为

$$\left.\begin{aligned}\dot{I}_{AB}&=\frac{\dot{U}_{AB}}{Z}=\frac{U_1}{|Z|}\angle -\varphi_Z=I_P\angle -\varphi_Z\\ \dot{I}_{BC}&=\frac{\dot{U}_{BC}}{Z}=\frac{U_1}{|Z|}\angle -120^\circ-\varphi_Z=I_P\angle -120^\circ-\varphi_Z\\ \dot{I}_{CA}&=\frac{\dot{U}_{CA}}{Z}=\frac{U_1}{|Z|}\angle 120^\circ-\varphi_Z=I_P\angle 120^\circ-\varphi_Z\end{aligned}\right\}\tag{4.11}$$

式（4.11）中，负载相电流的有效值为 $I_P=\frac{U_1}{|Z|}$，图 4.8 所示可求得各线电流为

$$\left.\begin{aligned}\dot{I}_A&=\dot{I}_{AB}-\dot{I}_{CA}=I_P\angle -\varphi_Z-I_P\angle 120^\circ-\varphi_Z=\sqrt{3}I_P\angle -\varphi_Z-30^\circ\\ \dot{I}_B&=\dot{I}_{BC}-\dot{I}_{AB}=\sqrt{3}I_P\angle -150^\circ-\varphi_Z\\ \dot{I}_C&=\dot{I}_{CA}-\dot{I}_{BC}=\sqrt{3}I_P\angle 90^\circ-\varphi_Z\end{aligned}\right\}\tag{4.12}$$

由此可以看出，三相负载△形联结时，如果相电流对称，则线电流也是对称的。线电流的有效值是相电流有效值的 $\sqrt{3}$ 倍，即 $I_1=\sqrt{3}I_P$。线电流在相位上滞后于相应的相电流 30°。

【例 4.1】 星形联结三相对称负载 $Z=100\angle 45^\circ\,\Omega$，线电压 $U_l=380\text{V}$，求负载相电压 U_P、线电流 I_1。

解：相电压 $$U_P=\frac{U_1}{\sqrt{3}}=220\text{V}$$

每相负载流过的电流 $$I_P = \frac{U_P}{|Z|} = 2.2\text{A}$$

因为负载是Y形联结，所以 $$I_P = I_l = 2.2\text{A}$$

【例 4.2】对称三相三线制的线电压为 380V，每相负载阻抗为 $Z=10\angle 53.1^\circ\,\Omega$，求负载Y形联结和△形联结时电路的电流。

解：（1）负载为Y形联结时，电路如图 4.9（a）所示。相电压的有效值为

$$U_P = \frac{U_l}{\sqrt{3}} = 220\text{V}$$

可以设想电源中点N与负载中点N'用短路线连接，设 $\dot{U}_A = 220\angle 0^\circ$ V

可得 $$\dot{I}_A = \frac{\dot{U}_A}{Z} = \frac{220\angle 0^\circ}{10\angle 53.1^\circ} = 22\angle -53.1^\circ\ \text{A}$$

根据对称关系可以知道其他两相电流分别为

$$\dot{I}_B = 22\angle(-53.1^\circ - 120^\circ) = 22\angle -173.1^\circ\ \text{A}$$

$$\dot{I}_C = 22\angle(-53.1^\circ + 120^\circ) = 22\angle 66.9^\circ\ \text{A}$$

（2）负载△形联结时，电路如图 4.9（b）所示。设 $\dot{U}_{AB} = 380\angle 0^\circ$ V

可得 $$\dot{I}_{AB} = \frac{\dot{U}_{AB}}{Z} = \frac{380\angle 0^\circ}{10\angle 53.1^\circ} = 38\angle -53.1^\circ\ \text{A}$$

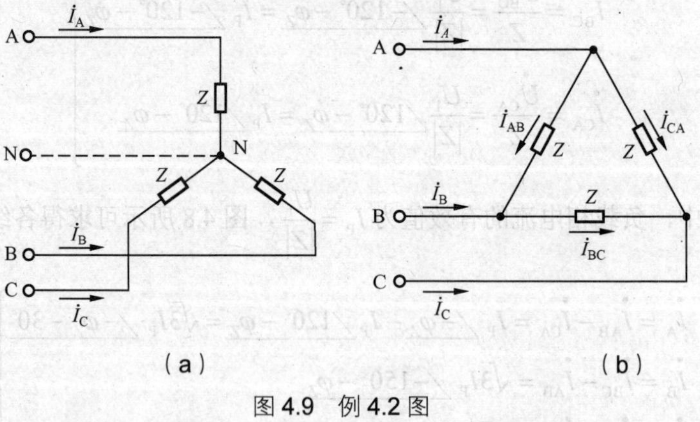

A　$\dot{I}_A$　Z　N　N　Z　Z　B　$\dot{I}_B$　C　$\dot{I}_C$

（a）

A　$\dot{I}_A$　$\dot{I}_{AB}$　Z　$\dot{I}_{CA}$　Z　B　$\dot{I}_B$　Z　$\dot{I}_{BC}$　C　$\dot{I}_C$

（b）

图 4.9　例 4.2 图

其他两相负载的电流分别为

$$\dot{I}_{BC} = 38\angle -173.1^\circ\ \text{A}$$

$$\dot{I}_{CA} = 38\angle 66.9^\circ\ \text{A}$$

由式（4.12）可得线电流为

$$\dot{I}_A = \sqrt{3}I_P\angle -\varphi_Z - 30^\circ = 38\sqrt{3}\angle 83^\circ\ \text{A}$$

$$\dot{I}_B = \sqrt{3}I_P \angle -\varphi_Z - 150^\circ = 38\sqrt{3} \angle -203.1^\circ \text{ A}$$

$$\dot{I}_C = \sqrt{3}I_P \angle -\varphi_Z + 90^\circ = 38\sqrt{3} \angle 36.9^\circ \text{ A}$$

【例 4.3】图 4.8 所示电路中，已知线电压 $u_{AB} = 220\sqrt{2}\sin(314t)\text{V}$，$Z=10\sqrt{2}\angle 60^\circ\Omega$，试求负载上的相电流和线电流。

解：3 个电流 $\dot{I}_A$、$\dot{I}_B$、$\dot{I}_C$ 为

$$\dot{I}_{AB} = \frac{\dot{U}_{AB}}{Z} = \left(\frac{220\angle 0^\circ}{10\sqrt{2}\angle 60^\circ}\right)\text{A} = 15.56\angle -60^\circ \text{ A}$$

$$\dot{I}_{BC} = \frac{\dot{U}_{BC}}{Z} = \left(\frac{220\angle -120^\circ}{10\sqrt{2}\angle 60^\circ}\right)\text{A} = 15.56\angle -180^\circ \text{ A}$$

$$\dot{I}_{CA} = \frac{\dot{U}_{CA}}{Z} = \left(\frac{220\angle 120^\circ}{10\sqrt{2}\angle 60^\circ}\right)\text{A} = 15.56\angle 60^\circ \text{ A}$$

此时 3 个线电流为

$$\dot{I}_A = \dot{I}_{AB} - \dot{I}_{CA} = (15.56\angle -60^\circ - 15.56\angle 60^\circ)\text{ A} = 15.56\sqrt{3}\angle -90^\circ \text{A}$$
$$\dot{I}_B = \dot{I}_{BC} - \dot{I}_{AB} = (15.56\angle -180^\circ - 15.56\angle -60^\circ)\text{A} = 15.56\sqrt{3}\angle 150^\circ \text{A}$$
$$\dot{I}_C = \dot{I}_{CA} - \dot{I}_{BC} = (15.56\angle 60^\circ - 15.56\angle -180^\circ)\text{A} = 15.56\sqrt{3}\angle 30^\circ \text{A}$$

4.5　三相功率

在三相电路中，不论负载是 Y 形联结或△形联结，总有功功率必定等于各相有功功率之和。当三相负载对称时，每相的有功功率是相等的。即

$$P_P = U_P I_P \cos\varphi_Z = U_1 \frac{I_1}{\sqrt{3}}\cos\varphi_Z$$

当对称负载 Y 形联结时，有

$$U_1 = \sqrt{3}U_P，\quad I_1 = I_P$$

当对称负载△形联结时，有

$$U_1 = U_P，\quad I_1 = \sqrt{3}I_P$$

因此，不论对称三相负载是 Y 形联结还是△形联结，三相负载的总有功功率为

$$P = P_P = 3U_P I_P \cos\varphi_Z = \sqrt{3}U_1 I_1 \cos\varphi_Z$$

即三相负载的总有功功率的计算公式是相同的。

同理，可得三相无功功率和视在功率为

$$Q = 3U_{\mathrm{P}}I_{\mathrm{P}}\sin\varphi_{\mathrm{Z}} = \sqrt{3}U_{\mathrm{l}}I_{\mathrm{l}}\sin\varphi_{\mathrm{Z}}$$

$$S = P_{\mathrm{P}} = 3U_{\mathrm{P}}I_{\mathrm{P}} = \sqrt{3}U_{\mathrm{l}}I_{\mathrm{l}}$$

【例 4.4】 有一台三相电动机，每相绕组的等效阻抗为 Z=16+j12Ω，对称三相电源的线电压为 U_{l}=380V，求（1）当电动机做 Y 形联结时的有功功率；（2）当电动机做△联结时的有功功率。

解：（1）当电动机做 Y 形联结时，有

$$U_{\mathrm{P}} = \frac{U_{\mathrm{l}}}{\sqrt{3}} = 220\mathrm{V}$$

$$I_{\mathrm{l}} = I_{\mathrm{P}} = \frac{U_{\mathrm{P}}}{|Z|} = \frac{220}{\sqrt{16^2+12^2}} = 11\mathrm{A}$$

$$P = \sqrt{3}U_{\mathrm{l}}I_{\mathrm{l}}\cos\varphi_{\mathrm{Z}} = \sqrt{3}\times 380\times 11\times\cos\arctan\frac{12}{16}$$

$$= \sqrt{3}\times 380\times 11\times 0.8 = 5.8\mathrm{kW}$$

（2）当电动机做△形联结时，有

$$U_{\mathrm{P}} = U_{\mathrm{l}} = 380\mathrm{V}$$

$$I_{\mathrm{l}} = \sqrt{3}I_{\mathrm{P}} = \sqrt{3}\times\frac{U_{\mathrm{P}}}{|Z|} = \frac{380}{\sqrt{16^2+12^2}} = 33\mathrm{A}$$

$$P = \sqrt{3}U_{\mathrm{l}}I_{\mathrm{l}}\cos\varphi_{\mathrm{Z}} = \sqrt{3}\times 380\times 33\times\cos\arctan\frac{12}{16}$$

$$= \sqrt{3}\times 380\times 33\times 0.8 = 17.4\mathrm{kW}$$

从上例有功功率的计算结果可看到，电动机做不同连接时所消耗的功率是不同的，做△形联结时消耗的功率等于做 Y 形联结时消耗的功率的 3 倍。在本例中，电源电压为线电压，电动机做 Y 形联结时消耗的功率较小，所以当电源电压为线电压时，电动机应做 Y 形联结；而当电源电压为相电压时，电动机应做△形联结。

小　结

由三相电源供电的电路，称为三相电路。对称三相电源的电压是频率相同、相位相差 120°的正弦电压。三相电源有 Y 形和△形两种联结方式，三相电源负载也有以上两种连接方式。由对称三相电源和对称三相负载组成的电路叫做三相电路。对称三相电路的计算依据是三相正弦电路的向量分析法和三相电路的对称性。

习　题

习题 4.1　将发电机的三相绕组连接成星形时，如果误将 U_2、V_2、W_1 连成一点（中性点），是否也可以产生对称三相电压？

习题 4.2 什么是单相负载、三相负载？三相交流电动机有三根电源线接到电源 L_1、L_2、L_3 的三端，称为三相负载，电灯有两根导线，为什么不称为两相负载，而称为单相负载？

习题 4.3 有一三相对称负载，其每相的电阻是 R=8Ω，X_L=6Ω。如果将负载连成星形接于线电压 U_l=380V 的三相电压上，试求相电压、相电流及线电流。

习题 4.4 有一台三相发电机，其绕组星形联结，每相额定电压为 220V，在一次实验中，用电压表测得相电压 $\dot{U}_A=\dot{U}_B=\dot{U}_C$=220V，而线电压 $\dot{U}_{AB}=\dot{U}_{CA}=220$V，$\dot{U}_{BC}=380$V，何种原因造成这种现象？

习题 4.5 对称三相电路如图 4.10 所示。若从 A 点到 N 点的电压为 $220\angle-30°$V，求 $\dot{U}_{BC}$。

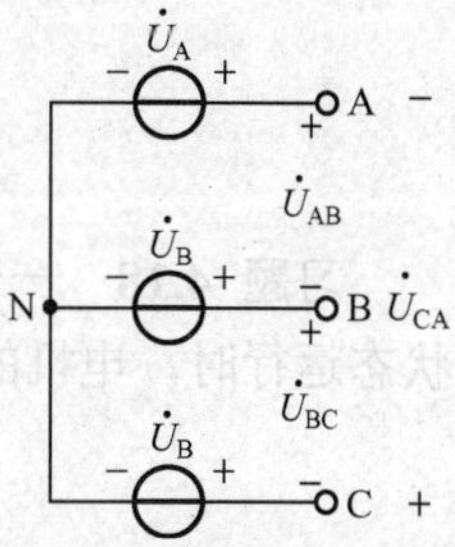

图 4.10 习题 4.5 图

习题 4.6 Y 形联结的发电机的线电压为 6 300V，试求每相电压；当发电机的绕组连接成△形时，问发电机的线电压是多少？

习题 4.7 在三相四线制电路中，电源电压 $\dot{U}_{AB}=380\angle0°$V，三相负载对称，为 $Z=10\angle60°$Ω，求各相电流。

习题 4.8 已知对称三相电路的星形负载阻抗 Z=(160+j80)Ω，线电压 U_l=380V。端线阻抗可以忽略不计，无中性线。求负载电流，并画出电路的相量图。

习题 4.9 已知对称负载作△形联结，若相电流 $\dot{I}_{CA}=5\angle60$A，求线电流 $\dot{I}_1$。

习题 4.10 三相 Y 形联结电源的相电压向量为 $U_A=220\angle30°$V，$U_B=220\angle150°$V 和 $U_C=220\angle-90°$V，问相序如何？

习题 4.11 Y 形联结对称负载每相阻抗 Z=(8+j6)Ω，线电压为 220V，试求各相电流，并计算三相总功率。设相序为 A-B-C。

习题 4.12 正相序三相对称电源向对称△供电，已知线电流 $\dot{I}_A=12\angle40°$A，试求负载的相电流 $\dot{I}_{AB}$、$\dot{I}_{BC}$ 和 $\dot{I}_{CA}$。

习题 4.13 对称△形联结负载，每相阻抗为(10+j7.54)Ω，与正序 Y 形电源相接，相电压 $\dot{U}_A=220\angle30°$V，试求负载的相电流和线电流。

习题 4.14 设三个理想电源如图 4.11 所示，它们的电压相量为 $\dot{U}_{ab}=U\angle0°$，$\dot{U}_{cd}=U\angle60°$，$\dot{U}_{ef}=U\angle-60°$，问这些电源应如何连接以组成：（1）Y 形联结对称三相电源；（2）△形联结对称三相电源。

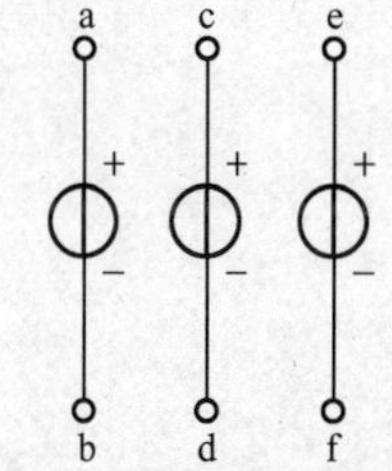

图 4.11 习题 4.14 图

习题 4.15 有一三相对称负载为 Y 形联结，其每相电阻 R=24Ω，感抗 X_L=18Ω，接在线电压为 380V 的三相电源上。求相电压、相电流、线电压及负载的 P、Q、S。

习题 4.16 对称三相电路的线电压 U_l=230V，负载阻抗 Z=(12+j16)Ω。求：

（1）Y 形联结负载时的线电流及吸收的总功率；

（2）△形联结负载时的线电流、相电流和吸收的总功率；

（3）比较（1）和（2）的结果能得到什么结论？

习题 4.17 如图 4.12 所示的对称三相负载，已知线电压 U_l=380V，负载阻抗 Z=(6+j8)Ω，求各相负载电流和负载总功率。

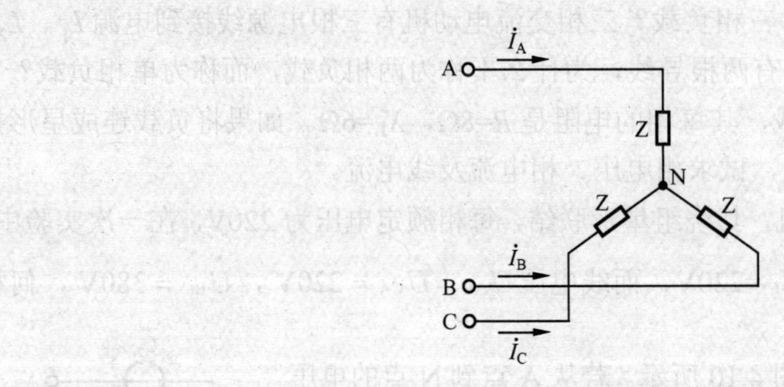

图 4.12　习题 4.17 图

习题 4.18　一台三相电动机，额定功率，U_N=3000V，$\cos\varphi_N$=0.85，η_N=0.82，试求额定状态运行时，电机的电流 I_N 为多少？电机的有功功率、无功功率及视在功率各为多少？

第5章 电路的暂态分析

本章首先介绍电路暂态过程的概念及其产生的原因，讨论储能元件——电容 C 和电感 L，重点分析 RC 和 RL 一阶线性电路的暂态过程。介绍零输入响应、零状态响应、暂态响应、稳态响应、全响应等重要概念。

5.1　概述

前面各章所讨论的是电路的稳定工作状态，所谓电路的稳定状态，是指当电源电压或电流恒定或做周期性变化时，电路中各部分的电压和电流也都是恒定的或按周期性规律变化的。电路的稳定状态简称为稳态。

实际电路中还会出现暂态现象，例如某些电路突然接通或断开时，电路中的各部分电压和电流经过一段短暂的时间才会稳定下来，那么电路为什么会发生暂态现象呢?这是因为电路中存在储能元件。在含有电容或电感等储能元件的电路中，组成电路的条件发生变化的，必将伴随着电容和电感中的电场能量和磁场能量的变化；由于储能元件所含能量是不能突变的（能量的突变意味着功率趋于无穷大，$p=\dfrac{\mathrm{d}w}{\mathrm{d}t}\Rightarrow\infty$，实际上不可能），所以含有储能元件的电路从一种稳定状态变化为另一种稳定状态，需要一个过渡过程，这个过程一般历时很短暂（比如几秒，甚至几毫秒、几纳秒），因此过渡过程被称为暂态过程或瞬态过程。

电路的暂态过程虽然很短暂，但却不可忽视，例如，在电路突然接通或断开的瞬间，电路中某些部分的电压或电流可能比稳定状态时大几倍甚至几十倍，极有可能将电路的元器件或电气设备损伤或毁坏。暂态过程也有有利的一面，例如，现代电子电路中，经常利用暂态现象产生脉冲信号、阶跃信号，还可以构成各种延时电路、滤波电路等。因此，电路的暂态分析非常重要。

储能元件电压与电流的约束关系为微分（或积分）关系，因而在电路分析中，它们也称为动态元件，含有动态元件的网络称为动态网络。线性动态网络由线性常系数微分方程来描述。只含有一个（或等效为一个）动态元件的线性网络，用一个常系数线性一阶微外方程来描述，这类电路统称为一阶电路。含有多个独立储能元件的电路称为高阶电路，电路状态需用高阶微分方程来描述。

分析暂态过程有许多方法，其中微分方程法（经典法）物理概念清晰；积分变换法（傅里叶变换、拉普拉斯变换）运算简单，在工程上有广泛的应用；卷积积分法适用于分析任意输入下电路的响应；状态变量法适用于分析复杂的暂态过程，便于利用计算机辅助分析。另外也可以方便用示波器直接观察分析各种暂态波形。

本章将介绍用微分方程法来分析电路的暂态过程。

5.2 换路定理及初始值的确定

电路的接通和切断以及电路的结构、参数或输入信号的突然改变统称为换路。

在动态电路中，若换路打破了电路原有的稳态，电路中的各部分电压、电流将被迫变化，以求达到新的稳态。但储能元件储存的能量不能突变，因此换路时，电路出现暂态过程。

分析电路暂态过程的基本方法是根据电路遵循的基本定律，按换路后的电路条件列出电压、电流的瞬时值微分方程并进行求解。对线性动态电路，它的微分方程是线性的，为了确定微分方程的唯一解，需要知道变量的初始条件，即换路后变量的初始值。因此，必须研究电路在换路前后瞬间的各电压、电流之间的关系，以便求出换路后的初始值。

在图 5.1（a）所示的 RC 电路中，开关 S 闭合前（或换路前）电路是断开的，电路中的电流为零。设电容 C 的电压 $u_C(0)$为零，则储能亦为零，当开关 S 闭合后，由 KVL 得

$$iR + u_C = U_S \tag{5.1}$$

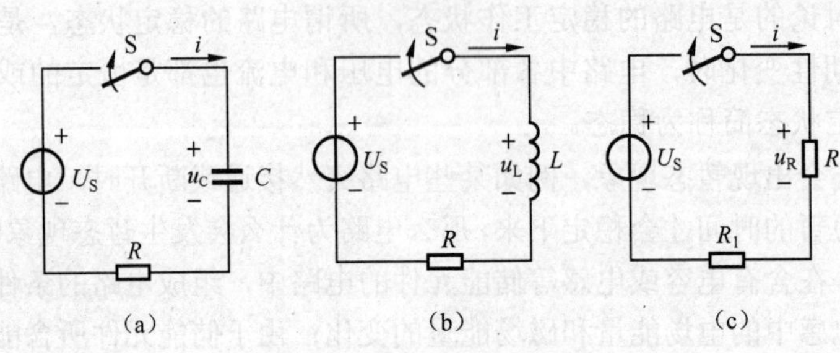

图 5.1 RC 和 RL 的电路

如果用 t=0₋表示换路前的终了时刻，在 $t=0_+$ 表示换路后的初始时刻，则电容在 $t=0_-$瞬间的储能为

$$W_C(0_-) = \frac{1}{2}Cu_C^2(0_-)$$

在 $t=0_+$瞬间的储能为

$$W_C(0_+) = \frac{1}{2}Cu_C^2(0_+)$$

令电容吸收能量的功率为 p，在时间区间$[0_-, 0_+]$内储能的增量为

$$W_C(0_+) - W_C(0_-) = \frac{1}{2}C[u_C^2(0_+) - u_C^2(0_-)] = \int_{0-}^{0+} p\mathrm{d}t \tag{5.2}$$

因为 p 为有限值，则得

$$\frac{1}{2}C[u_C^2(0_+) - u_C^2(0_-)] = p[0_+ - 0_-] = 0$$

所以换路瞬间能量未变 $u_C(0_+)=u_C(0_-)$，电容的电压不能突变。

同理，在图 5.1（b）所示的 RL 电路中，换路瞬间电感 L 储存的磁场的增量为

$$\nabla W_L = \frac{1}{2}Li_L^2(0_+) - \frac{1}{2}Li_L^2(0_-) = \frac{1}{2}L[i_L^2(0_+) - i_L^2(0_-)] = \int_{0_-}^{0_+} p\mathrm{d}t = p(0_+ - 0_-)$$

由于 p 为有限值，所以储存于磁场的能量未变，$i_L(0_+)=i_L(0_-)$，电感电流不能发生突变。所以，不论是什么原因引起的暂态过程，换路后的一瞬间，电容上的电压以及电感中通过的电流，都应与换路前一瞬间的值相等，而不能有跃变，换路以后就以此值作为初始值而连续变化，这就是换路定理，它是分析电路暂态过程的重要依据。

应当指出，在图 5.1（a）所示的 RC 电路中，由 KVL 知，在换路瞬间有

$$Ri(0_+)+u_C(0_+)=U_S$$

若 $u_C(0_-)=0$，则 $u_C(0_+)=0$，于是得换路瞬间的电流为

$$i(0_+) = \frac{U_S - u_C(0_+)}{R} = \frac{U_S}{R} \tag{5.3}$$

可见，电容电流在换路瞬间可以突变。

同理，在图 5.1（b）所示的 RL 电路中，在换路瞬间，$i_L(0_+)=i_L(0_-)=0$，电感电压 $u_L(0_+)=U_S-Ri(0_+)=U_S$，也可以突变。这从数学上是容易理解的，因为一个变量连续，并不意味着它的导数也一定连续。

特别是对一个原来没有储能的电容来说，在换路瞬间，由于 $u_C(0_+)=u_C(0_-)=0$，故换路的一瞬间，电容可看成短路。同样，对于一个原来没有储能的电感来说，在换路瞬间，由于 $i_L(0_+)=i_L(0_-)=0$，故换路瞬间，电感可看成开路。

在图 5.1（c）所示的电阻电路中，由于换路前 $i(0_-)=0$、$u_R(0_-)=0$，换路后，电阻的电流、电压关系遵从欧姆定律，即

$$i(0_+) = \frac{U}{R_1 + R}，\quad u_R(0_+) = \frac{U}{R_1 + R}R \tag{5.4}$$

可见，电阻元件的电压、电流可以突变。

将换路瞬间各电路元件电压、电流变化规律总结如下：

（1）$u_C(0_+)=u_C(0_-)$，$i_L(0_+)=i_L(0_-)$，不能突变。

（2）$u_L(0_+)$，$i_C(0_+)$，可以突变。

（3）$i_R(0_+)$，$u_R(0_+)$由欧姆定律决定，可以突变。

利用换路定理可以确定换路后 u_C，i_L 的初始值，并通过这两个初始值，依据基尔霍夫电压和电流定律以及欧姆定律确定电路中任意一条支路的电流和每个元件的电压的初始值。

【例 5.1】 在图 5.2 所示电路中，开关 S 闭合前电容电压 u_C 为零，在 $t=0$ 时合上 S，求各电流、电压的初始值。已知：$U_S=20\text{V}$，$R_1=5\Omega$，$R_2=10\Omega$。

解：因为开关 S 闭合前 u_C 为零，则 $u_C(0_-)=0$，由换路定理可得

$$u_C(0_+)=u_C(0_-)=0$$

$$u_2(0_+)=u_C(0_+)=0$$

$$i_2(0_+) = \frac{u_2(0_+)}{R_2} = 0$$

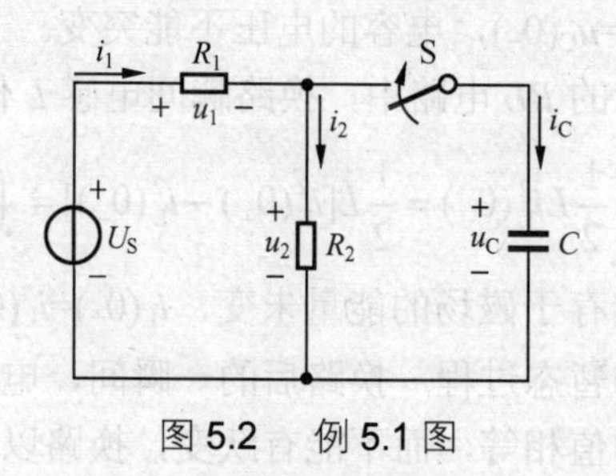

图 5.2　例 5.1 图

$$u_1(0_+)=U_S=20\text{V}$$

$$i_1(0_+)=\frac{u_1(0_+)}{R_1}=\frac{20}{5}=4\text{ A}$$

$$i_C(0_+)=i_1(0_+)-i_2(0_+)=(4-0)=4\text{A}$$

【例 5.2】在图 5.3（a）所示电路中开关 S 闭合已久，t=0 时开关断开，求电容电压和电感电流的初始值。

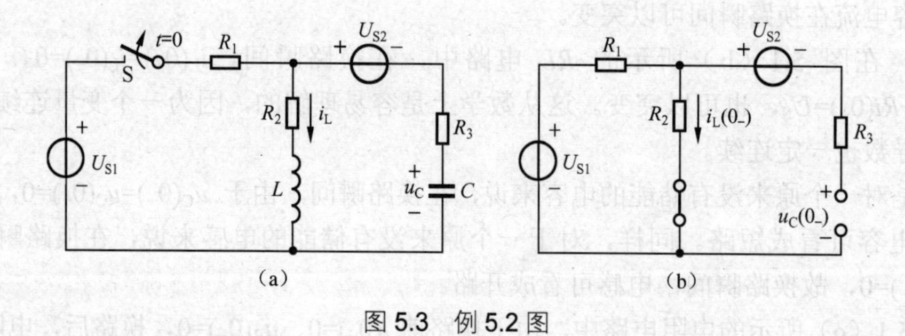

图 5.3　例 5.2 图

解：$t=0_-$ 时的电路如图 5.3（b）所示，电感相当于短路，电容相当于开路，由此可得

$$i_L(0_-)=\frac{U_{S1}}{R_1+R_2}$$

$$u_C(0_-)=\frac{U_{S1}}{R_1+R_2}R_2-U_{S2}=\frac{R_2U_{S1}-(R_1+R_2)U_{S2}}{R_1+R_2}$$

开关动作瞬间，此电路中的 u_L 及 i_c 均为有限值，根据 i_L 及 u_c 的连续性质可以求得

$$i_L(0_+)=i_L(0_-)=\frac{U_{S1}}{R_1+R_2}$$

$$u_C(0_+)=u_C(0_-)=\frac{R_2U_{S1}-(R_1+R_2)U_{S2}}{R_1+R_2}$$

5.3　一阶电路的零输入响应

电阻电路中的响应只能由外加电源（称为激励）产生。动态电路则不然，在无外加激励的情况下，依靠动态元件在初始时刻的储能也能在电路中产生电压与电流。零输入响应就是电路在无输入情况下仅由电容或电感中的初始储能引起的响应。本节将对这种无输入的一阶

电路进行分析。

5.3.1 RC 电路的零输入响应

图 5.4（a）所示电路中的开关 S 原来接在 1 端，电容电压已充电至 U_0。t=0 时开关迅速接至 2 端，于是已充电的电容脱离电压源而与电阻构成图 5.4（b）所示电路。由于 u_C 不能跃变，$u_C(0_+)=u_C(0_-)=U_0$，$u_R(0_+)=u_C(0_+)=U_0$，故电流从零跃变为 $\frac{U_0}{R}$。随后，电容逐渐放出能量，电压随之下降，电流相应地减小，当能量全部放出时，其电压、电流也都衰减到零，此时放电过程结束。下面通过数学分析找出放电过程中电压和电流的变化规律。若以 u_C 为变量，在图 5.4（b）所示电压、电流的参考方向下，根据 KVL 有

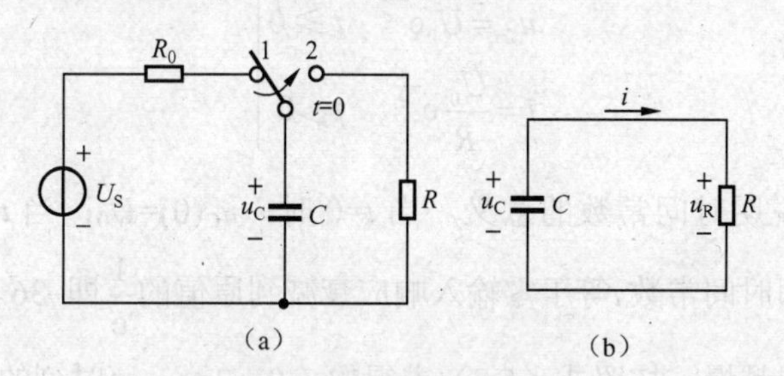

图 5.4 RC 电路的零输入响应

$$u_R - u_C = 0$$

式中

$$u_R = Ri = -RC\frac{du}{dt}$$

故电路方程为

$$RC\frac{du}{dt} + u_C = 0 \qquad (t \geqslant 0) \tag{5.5}$$

这是一个一阶常系数线性齐次微分方程，其通解为

$$u_C = Ke^{st}$$

代入式（5.5）可得特征方程

$$RCs + 1 = 0 \tag{5.6}$$

其解为

$$s = -\frac{1}{RC}$$

称为特征根或电路的固有频率。于是 u_C 为

$$u_C = Ke^{-\frac{t}{RC}}$$

式中 K 为一个常量，由初始条件确定。$t=0_+$时

$$u_C(0_+) = Ke^0 = K$$

又

$$u_C(0_+) = u_C(0_-) = U_0$$

因而

$$K = U_0$$

由此求得

$$\left.\begin{aligned} u_{\mathrm{C}} &= U_0 \mathrm{e}^{-\frac{t}{RC}} & t \geqslant 0 \\ i &= -C\frac{\mathrm{d}u_{\mathrm{C}}(t)}{\mathrm{d}t} = \frac{U_0}{R}\mathrm{e}^{-\frac{t}{RC}} & t > 0 \end{aligned}\right\} \tag{5.7}$$

这就是电容的初始能量在电路中引起的零输入响应。不难看出，这些电压、电流均按同一规律变化，变化的快慢，取决于 RC 的乘积。设 $\tau=RC$，由于 R 的单位为欧姆（Ω），C 的单位为法（F），故 τ 的单位为 $[\tau]=\Omega\mathrm{F}=\Omega\dfrac{\mathrm{C}}{\mathrm{V}}=\dfrac{\Omega\bullet\mathrm{A}}{\mathrm{V}}\mathrm{s}=\mathrm{s}$，即秒，就是说 τ 就有时间的量纲，称它为 RC 电路的时间常数。引入 τ 后，u_{C} 及 i 即可表示为

$$\left.\begin{aligned} u_{\mathrm{C}} &= U_0 \mathrm{e}^{-\frac{t}{\tau}} & t \geqslant 0 \\ i &= \frac{U_0}{R}\mathrm{e}^{-\frac{t}{\tau}} & t > 0 \end{aligned}\right\} \tag{5.8}$$

下面以 u_{C} 为例说明时间常数的意义。当 $t=0$ 时，$u_{\mathrm{C}}(0)=U_0$；当 $t=\tau$ 时，$u_{\mathrm{C}}(\tau)=U_0\mathrm{e}^{-1}=0.368U_0=36.8\%U_0$，即时间常数 τ 等于零输入响应衰减到原值的 $\dfrac{1}{\mathrm{e}}$ 即 36.8%所经历的时间。所以 τ 值越大，u_{C} 衰减得越慢。按照式（5.8）求得的 $t=0,\tau,2\tau,\cdots,\infty$ 时刻的 u_{C} 值如表 5.1 所示，根据这些数据所画出的 u_{C} 及 i 的波形如图 5.5 所示。可以看出，从理论上讲，放电过程需要延续无限长时间，但实际上只要经过 $(4\sim5)\tau$ 的时间就可以认为放电过程基本结束。

表 5.1　u_{C} 随时间而衰减

t	0	τ	2τ	3τ	4τ	5τ	6τ
u_{C}	U_0	$0.368U_0$	$0.135U_0$	$0.050U_0$	$0.018U_0$	$0.007U_0$	$0.002U_0$

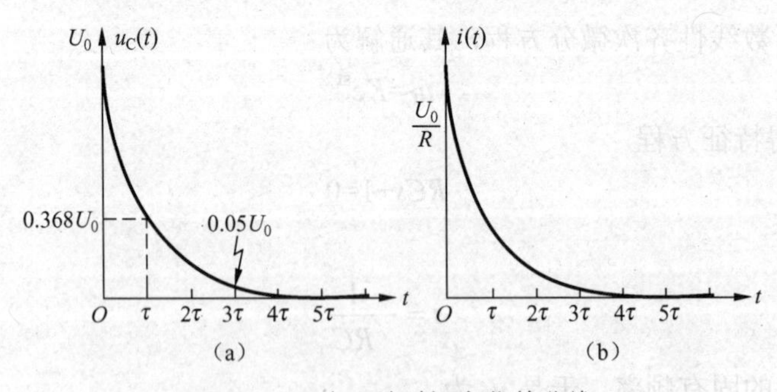

图 5.5　u_{C} 与 i 随时间变化的曲线

电容放电过程实质上是电场能量逐渐释放的物理过程。在此过程中，电容不断地放出能量为电阻所消耗，直至把电容所储存的电能放完。在整个过程中，消耗在电阻上的能量为

$$W_{\mathrm{R}}=\int_0^{\infty} i^2(t)R\mathrm{d}t=\int_0^{\infty}\left(\frac{U_0}{R}\mathrm{e}^{-\frac{t}{RC}}\right)^2 R\mathrm{d}t=\frac{1}{2}C{U_0}^2$$

恰好等于 0_+ 时刻电容中的储能，这是符合能量守恒的。

放电时间常数为 RC 可以这样理解，在一定电压下，电容 C 越大，储存电荷越多，放电

的时间越长；而 R 越大，放电电流越小，电荷放出变慢，放电时间也要加长。

【例 5.3】图 5.6（a）所示电路由电容和电阻构成。已知：$R_1=6\,\text{k}\Omega$，$R_2=8\,\text{k}\Omega$，R_3=3kΩ，C=5μF，$u_C(0_-)$=6V，t=0 时开关闭合，求 t≥0 时的电容电压及电流。

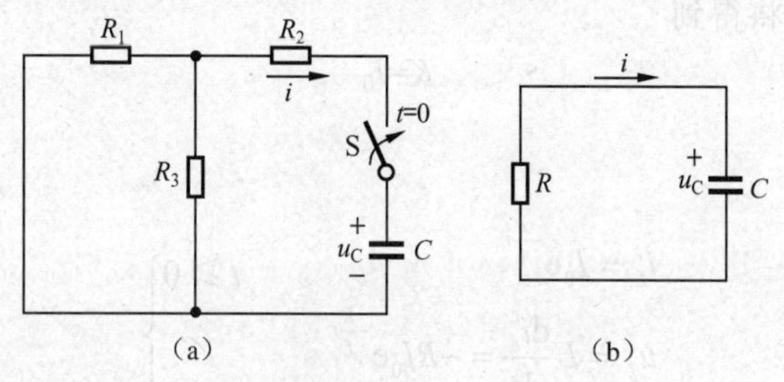

图 5.6 例 5.3 图

解：开关闭合瞬间 u_C 不能跃变，故

$$u_C(0_+)=u_C(0_-)=6\text{V}$$

换路后的电路如图 5.6（b）所示，图中

$$R=R_2+\frac{R_1R_3}{R_1+R_3}=(8+\frac{6\times3}{6+3})=10\,\text{k}\Omega$$

$$\tau=RC=10\times10^3\times5\times10^{-6}=0.05\text{s}$$

$$u_C=u_C(0_+)\text{e}^{-\frac{t}{\tau}}=6\text{e}^{-20t}\text{ V}\qquad(t\geqslant0)$$

$$i=C\frac{\text{d}u_C}{\text{d}t}=6\times5\times10^{-6}\times(-20)\text{e}^{-20t}\text{ A}$$

$$=-0.6\text{e}^{-20t}\text{ mA}\qquad(t>0)$$

5.3.2 *RL* 电路的零输入响应

图 5.7（a）所示电路换路前电感电流为 I_0，t=0 时开关 S 由 1 端接至 2 端，换路后的电路如图 5.7（b）所示。由于换路瞬间电流不能跃变，$i_L(0_+)=i_L(0_-)=I_0$。

电感的初始储能 $\frac{1}{2}LI_0^2$ 在电路中引起零输入响应。即换路后电感进入消磁过程，它不断地将磁场能量转移给电阻，随着时间的推移，磁场能量及电流都逐渐减小，直到电感放出全部储能为电阻所消耗，消磁过程结束，此时 i_L=0。

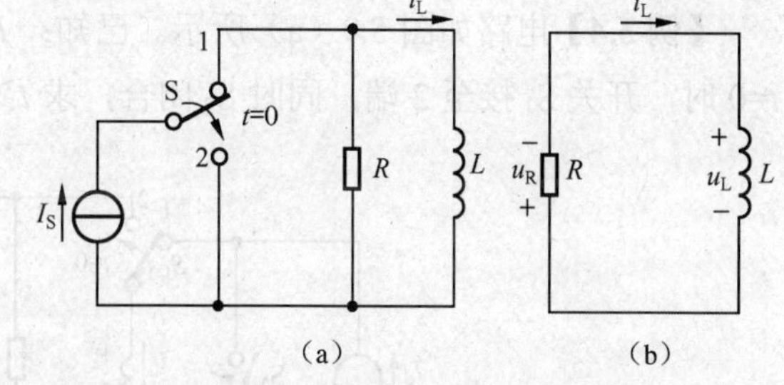

图 5.7 *RL* 电路的零输入响应

关于电压、电流的变化规律，可以通过数学分析解决，为此必须对图 5.7（b）所示电路列出微分方程。以 i_L 为变量，根据 KVL 及元件特征可以得到

$$L\frac{\text{d}i_L}{\text{d}t}+Ri_L=0$$

或

$$\frac{L}{R}\frac{\text{d}i_L}{\text{d}t}+i_L=0\qquad(t\geqslant0)\qquad(5.9)$$

该微分方程与式（5.5）相似，故其通解为

$$i_L = K e^{-\frac{R}{L}t} \qquad (t \geqslant 0)$$

代入初始条件 $i_L(0_+)=I_0$ 将得到

$$K=I_0$$

因而

$$\left.\begin{aligned} i_L &= I_0 e^{-\frac{R}{L}t} & t \geqslant 0 \\ u_L &= L\frac{di_L}{dt} = -RI_0 e^{-\frac{R}{L}t} & t > 0 \end{aligned}\right\} \tag{5.10}$$

其波形如图5.8所示。结果表明，RL 电路的零输入响应也是衰减的指数函数，各处电压、电流就有相同的变化规律，并取决于 $\frac{L}{R}$，以 τ 表示，其含义与 RC 电路中的 τ 一样。但这里的时间常数不是与 R 成正比，而是成反比。这是因为在相同电流下电阻越大，则其功率越大，即耗能越快（$R>0$）。

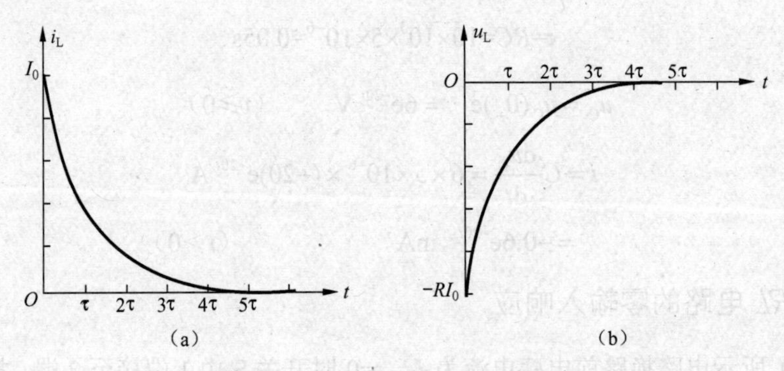

图5.8 i_L 与 u_L 随时间变化的曲线

【例5.4】电路如图5.9（a）所示。已知：$R_1 = 400\Omega, R_2 = R_3 = 200\Omega, L = 0.2\,\text{H}$，$I_S=0.1\text{A}$，$t=0$ 时，开关 S_1 接至2端，同时 S_2 闭合，求 $t \geqslant 0$ 的电感电流 i_L 及电压 u_L。

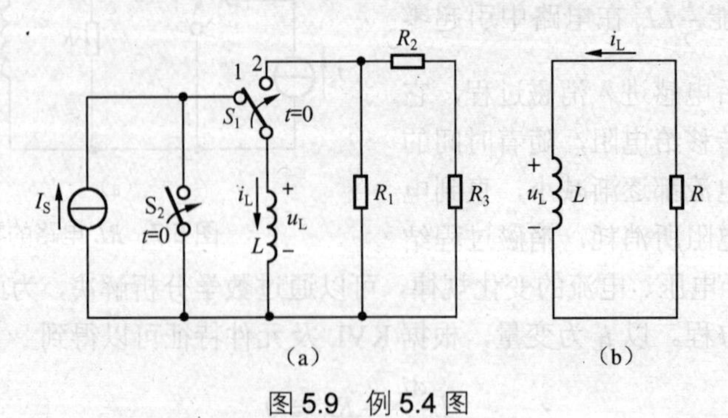

图5.9 例5.4图

解：开关动作瞬间，电感 i_L 不能跃变，故

$$i_L(0_+)= i_L(0_-)=0.1\text{A}$$

$t \geqslant 0$ 时的等效电路如图 5.9（b）所示，图中 R 为

$$R = \frac{R_1(R_2 + R_3)}{R_1 + R_2 + R_3} = \frac{400(200 + 200)}{400 + 200 + 200} = 200\Omega$$

$$\tau = \frac{L}{R} = \frac{0.2}{200} = 10^{-3}\text{s}$$

求得电感电流为

$$i_{\text{L}} = i_{\text{L}}(0_+)\text{e}^{-\frac{t}{\tau}} = 0.1\text{e}^{-10^3 t}\text{A} \qquad t \geqslant 0$$

$$u_{\text{L}} = L\frac{\text{d}i_L}{\text{d}t} = -0.2 \times 0.1 \times 10^3 \text{e}^{-10^3 t}$$

$$= -20\text{e}^{-10^3 t}\text{V} \qquad t > 0$$

最后指出：（1）零输入响应取决于电流的初始状态及电路特性。对于一阶电路，其响应为 $f(0_+)\text{e}^{-\frac{t}{\tau}}$ 形式。只要计算出 $f(0_+)$和时间常数τ就可以确定零输入响应。（2）一阶电路的时间常数τ取决于换路后的电路结构和元件参数，它体现了电路的固有性质。

5.4 一阶电路的零状态响应

初始状态为零，仅有外施激励在电路中引起的响应，称为零状态响应。外施激励可以是直流电压源或电流源，也可以是正弦电压源或电流源。

5.4.1 *RC* 电路的零状态响应

图 5.10 所示电路中，电容原先未带电，$u_{\text{C}}(0_-)=0$。$t=0$ 是开关 S 闭合，电容与直流电压源接通，形成 RC 与 U_{S} 的串联电路。$t>0$ 后，电压源将通过电阻向电容充电。由于换路瞬间 u_{C} 不能跃变，$u_{\text{C}}(0_+)=0$，输入电压全部加在电阻上，电流由零跃变为 $\frac{U_{\text{S}}}{R}$。随着时间的推移，电容电荷逐渐积累，电压随之上升，电流不断减小，直到 $u_{\text{C}}=U_{\text{S}}$，$i=0$，充电结束，电路进入稳态状态。以 u_{C} 为变量，由 KVL 列出图示电路在 $t \geqslant 0$ 是的微分方程为

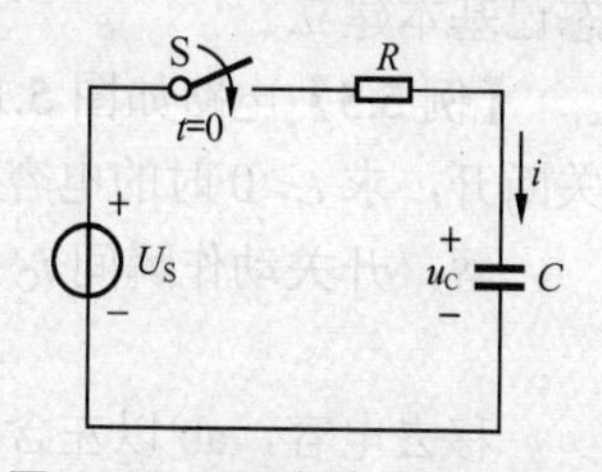

图 5.10 *RC* 电路的零状态响

$$RC\frac{\text{d}u_{\text{C}}}{\text{d}t} + u_{\text{C}} = U_{\text{S}} \qquad t \geqslant 0 \tag{5.11}$$

这是一个一阶常系数线性非齐次微分方程。由高等数学可知，其通解由两个部分组成

$$u_{\text{C}}=u_{\text{Ch}}+u_{\text{Cp}} \tag{5.12}$$

式中 u_{ch} 为相应齐次微分方程的通解，形式与零输入响应相同，即

$$u_{\text{Ch}} = K\text{e}^{st} = K\text{e}^{-\frac{t}{RC}} \qquad t \geqslant 0$$

u_{Cp} 为非齐次微分方程的任何一个特解。一般说来，它的模式可与输入函数相同。对于直流输入，它为常数，令

$$u_{\text{Cp}}=Q$$

把它代入式（5.11）中得

$$u_{Cp}=Q=U_S$$

因而
$$u_C=u_{Ch}+u_{Cp}=K\mathrm{e}^{-\frac{t}{RC}}+U_S \tag{5.13}$$

式中常数K由初始条件确定。$t=0_+$时，$u_C=K+U_S$，又因$u_C(0_+)=u_C(0_-)=0$，所以代入式（5.13）所得零状态响应为

$$K=-U_S$$

$$\left.\begin{aligned}u_C&=U_S(1-\mathrm{e}^{-\frac{t}{RC}}) \quad (t\geqslant 0)\\ i&=C\frac{\mathrm{d}u_C}{\mathrm{d}t}=\frac{U_S}{R}\mathrm{e}^{-\frac{t}{RC}} \quad (t>0)\end{aligned}\right\} \tag{5.14}$$

令$\tau=RC$，则上式可写成

$$\left.\begin{aligned}u_C&=U_S(1-\mathrm{e}^{-\frac{t}{\tau}}) \quad (t\geqslant 0)\\ i&=C\frac{\mathrm{d}u_C}{\mathrm{d}t}=\frac{U_S}{R}\mathrm{e}^{-\frac{t}{\tau}} \quad (t>0)\end{aligned}\right\} \tag{5.15}$$

其波形绘于图5.11中，式（5.15）表明，在RC充电过程中，u_c及i的变化规律也取决于时间常数$\tau=RC$。τ值越大，充电过程越长。若$\tau>0$，当$t\to\infty$时，$u_{Ch}=K\mathrm{e}^{-\frac{t}{\tau}}\to 0$，$u_C(\infty)=0+u_{Cp}=u_{Cp}$，电路进入稳定状态，因而

$$u_{Cp}=u_C(\infty)$$

工程上经过$(4\sim5)\tau$就可以认为充电已基本结束，稳定状态已基本建立。

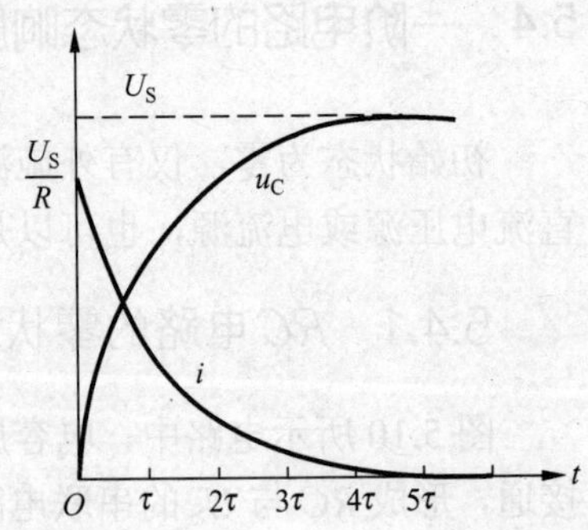

图5.11　u_c与i随时间变化的曲线

【例5.5】电路如图5.12所示。已知$u_C(0_-)=0$，$t=0$时开关断开，求$t\geqslant 0$时的电容电压u_C、电流i_C和i_1。

解：开关动作瞬间i_C为有限值，故

$$u_C(0_+)=u_C(0_-)=0$$

移去电容，ab以左含源单口网络的戴维宁等效电路如图5.12（b）所示。

图中开路电压为　　$U_{OC}=1\times120\text{V}=120\text{V}$

输出电阻　　$R_0=(120+180)\Omega=300\Omega$

因而时间常数　　$\tau=R_0C=300\times10^{-6}\text{s}=3\times10^{-4}\text{s}$

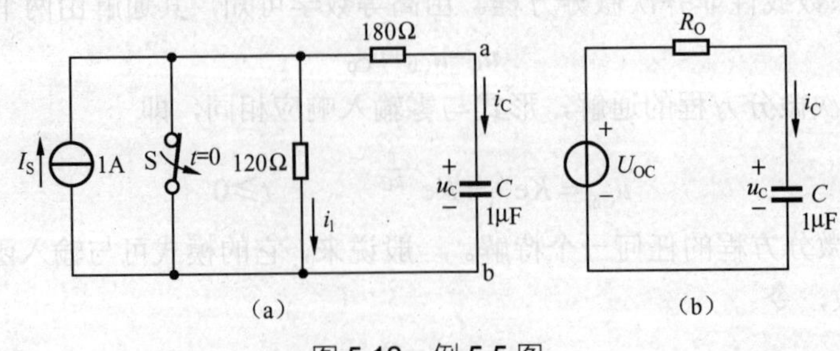

图5.12　例5.5图

电路达到新的稳定状态时，电容相当于开路，因而

$$u_C(\infty)=U_{OC}=120\text{V}$$

按照式（5.15）可得

$$u_C = U_{OC}(1-e^{-\frac{t}{\tau}}) = 120(1-e^{-\frac{1}{3}\times10^4 t})\ \text{V} \qquad (t\geqslant 0)$$

$$i_C = C\frac{du_C}{dt} = 10^{-6}\times120\times\frac{1}{3}\times10^4 e^{-\frac{1}{3}\times10^4 t}\ \text{A}$$

$$= 0.4e^{-\frac{1}{3}\times10^4 t}\ \text{A} \qquad t>0$$

$$i_1 = I_S - i_c = (1-0.4e^{-\frac{1}{3}\times10^4 t})\ \text{A} \qquad t>0$$

5.4.2　*RL* 电路的零状态响应

RL 电路的零状态响应的分析与 *RC* 电路相似。如图 5.13 所示电路，在换路前 $i_L(0_-)=0$，$t=0$ 时开关 S 断开。由于 i_L 不能跃变，$i_L(0_+)=0$，电流全部通过电阻 R，导致电感电压跃变为 RI_S，即

$$u_L(0_+) = L\frac{di_L(t)}{dt}\bigg|_{t=0_+} = RI_S \quad 或 \quad \frac{di_L(t)}{dt}\bigg|_{t=0_+} = \frac{RI_S}{L}。$$

图 5.13　*RL* 电路的零状态响应

显然，电流的变化率为正，表明电流 i_L 要增长。而总电流为一常量 I_S，所以，随着 i_L 的增长，i_R 将按 I_S-i_L 的变化规律逐渐减小，最后 I_S 全部流入电感，即 $i_L=I_S$，电路进入稳定状态。以 i_L 为变量，根据 KCL 列出图 5.13 所示电路的方程

$$\frac{L}{R}\frac{di_L}{dt} + i_L = I_S \qquad (t\geqslant 0) \tag{5.16}$$

与式（5.11）对比可得其解

$$i_L = i_{Lh} + i_{Lp} = Ke^{-\frac{R}{L}t} + I_S = Ke^{-\frac{t}{\tau}} + I_S \tag{5.17}$$

式中 $\tau=\frac{L}{R}$ 为该电路的时间常数。常数 K 由初始条件确定，即 $i_L(0_+)=i_L(0_-)=K+I_S=0$，由此可得

$$K=-I_S$$

于是

$$i_L = I_S(1-e^{-\frac{t}{\tau}}) \qquad (t\geqslant 0) \tag{5.18}$$

电感两端电压为

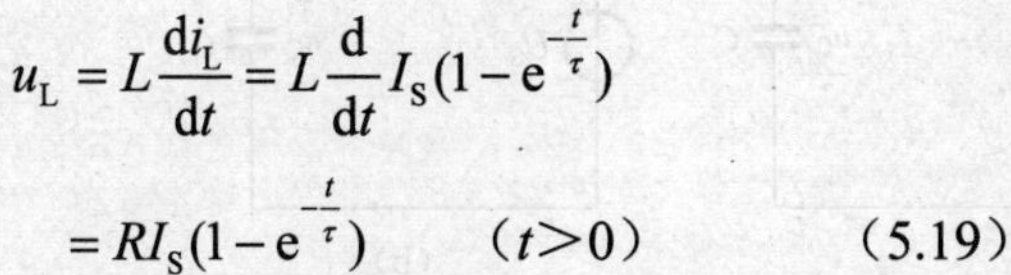

$$u_L = L\frac{di_L}{dt} = L\frac{d}{dt}I_S(1-e^{-\frac{t}{\tau}})$$

$$= RI_S(1-e^{-\frac{t}{\tau}}) \qquad (t>0) \tag{5.19}$$

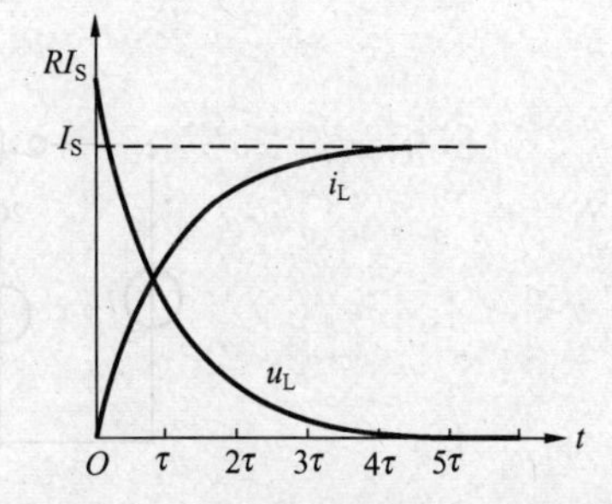

图 5.14　i_L 及 u_L 随时间变化的曲线

i_L 及 u_L 的波形如图 5.14 所示。

【例 5.6】在图 5.15 所示电路中，已知 $i_L(0_-)=0$，$t=0$ 时开关闭合，试求 $t\geqslant0$ 时的电感电流 i_L。设 $R_1=24\Omega$，$R_2=12\Omega$，$L=0.4\text{H}$，$U_S=36\text{V}$。

解：开关 S 闭合瞬间电感电压为有限值，故 i_L 不可跃变，即 ab 以左部分的诺顿等效电路如图 5.15（b）所示。图中

$$R_0=\frac{R_1R_2}{R_1+R_2}=\frac{24\times12}{24+12}\,\Omega=8\,\Omega$$

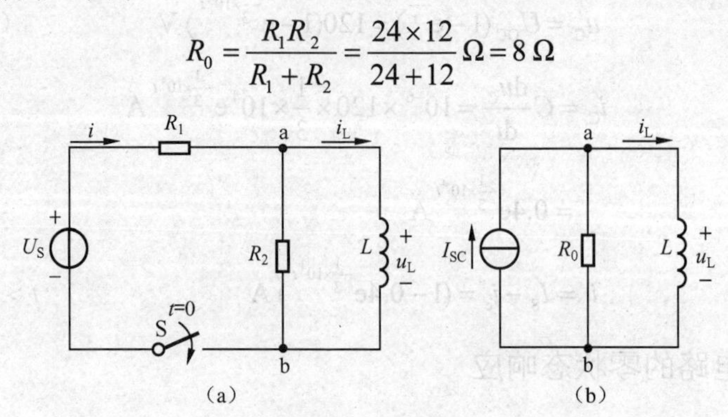

图 5.15　例 5.6 图

$$I_{SC}=\frac{U_S}{R_1}=\frac{36}{24}=1.5\text{ A}$$

时间常数 $\tau=\dfrac{L}{R_0}=\dfrac{0.4}{8}\text{s}=0.05\text{ s}$

由式（5.18）可得

$$i_L=1.5(1-e^{-20t})\text{A}\qquad(t\geqslant0)$$

5.5　一阶电路的全响应和三要素法

5.5.1　一阶电路的全响应

由初始状态和外施激励在电路中共同引起的响应称为全响应。

下面讨论 RC 串联电路在直流输入情况下的全响应。电路如图 5.16（a）所示，开关 S 接在 1 端为时已久，$u_C(0_-)=U_0$。$t=0$ 时开关接至 2 端，$t>0$ 时的电路如图 5.16（b）所示。现在计算电容电压的全响应。以 u_c 为变量，根据 KVL 列出方程

$$RC\frac{du_C}{dt}+u_C=U_S\qquad(t\geqslant0)\tag{5.20}$$

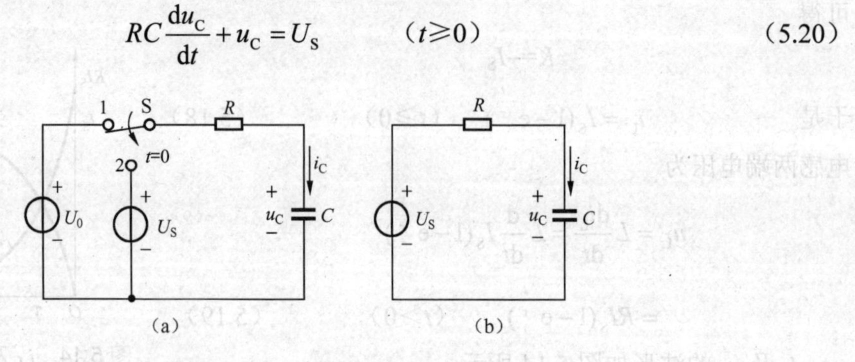

图 5.16　RC 电路中的全响应

其通解为

$$u_C = u_{Ch} + u_{Cp} = Ke^{-\frac{t}{RC}} + U_S$$

代入初始条件 $u_C(0_+)=u_C(0_-)=U_0$，可以得到

$$K+U_S=U_0$$

由此解得

$$K=U_0-U_S$$

于是

$$u_C = u_{Ch} + u_{Cp} = (U_0 - U_S)e^{-\frac{t}{RC}} + U_S$$

即

$$u_C = (U_0 - U_S)e^{-\frac{t}{\tau}} + U_S \qquad (t\geqslant 0) \qquad (5.21)$$

=固有响应+强制响应

=瞬态响应+稳态响应

式中第一项是相应齐次微分方程的通解 u_{ch}，称为电路的固有响应（分量）或自由响应（分量），其变化规律取决于电路结构和参数，与输入无关，而系数 K 则需由初始状态与输入共同确定。如果时间常数 $\tau>0$，固有响应 $(U_0 - U_S)e^{-\frac{t}{\tau}}$ 将随时间增长而按指数规律衰减到零，在这种条件下，称它为瞬态响应。

全响应的第二项是微分方程的特解 u_{cp}，其形式一般与输入形式相同，称为强制响应。若 $\tau>0$，当 $T\to\infty$（实际上只要 $t>(4\sim5)\tau$）时，$u_C = Ke^{-\frac{t}{\tau}} \to 0$，则 $u_C=u_{cp}$，即只剩下强制响应。在直流输入时，该强制响应称为直流稳态响应，在正弦输入时，强制响应称为正弦稳态响应。但若激励不是恒定的或周期性的，就无所谓稳态，不过有时仍有强制响应，如激励为时间的指数函数时就属于这种情况。

式（5.21）还可以改写为如下形式

$$u_C = U_0e^{-\frac{t}{\tau}} + U_S(1-e^{-\frac{t}{\tau}}) \qquad (t\geqslant 0) \qquad (5.22)$$

=零输入响应+零状态响应

式中第一项为初始状态单独引起的零输入响应，第二项时外施激励（直流输入）单独引起的零状态响应。也就是说电路的全响应等于零输入响应与零状态响应之和。这是线性动态电路的一个普遍规律，是叠加定理在线性动态电路中的体现。

全响应 u_C 按两种方式叠加的曲线，如图 5.17 所示。图中 u_{Ch} 表示固有响应，u_{Cp} 表示强制响应，u'表示零输入响应，u''表示零状态响应。全响应的分解可以简化电路的分析。例如，电力系统的大多数电路工作于正弦输入条件下，当瞬间响应在 $t>(4\sim5)\tau$（过渡时期）消失后，电流响应则完全由正弦稳态响应所决定。因此可以把电路分析的重点放在正弦稳态分析上。又如在电子和通信工程中，关心电路在任意波形信号作用下电路的响应，这时可以把分析工作的重点放在任意波形信号引起的零状态响应上。

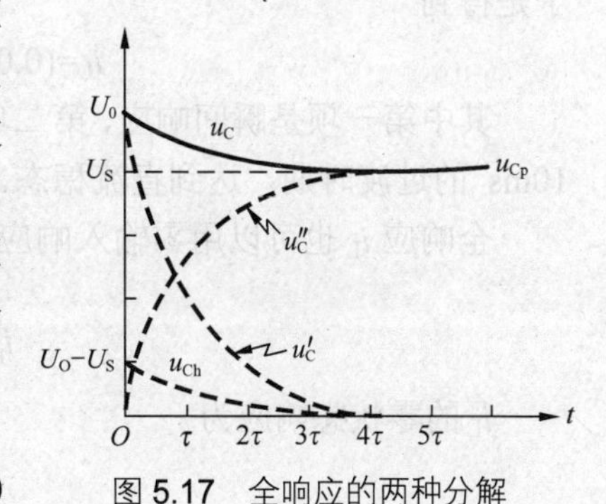

图 5.17 全响应的两种分解

【例 5.7】电路原处于稳态，$t=0$ 时开关断开。求 $t\geqslant 0$

时的电感电流和电感电压。

解：$t<0$ 时的电路如图 5.18（a）所示，R_1 被开关短接，电感电流的初始值为

$$i_L(0_-)=\frac{U_S}{R_2}=\frac{10}{40}\text{A}=0.25\text{A}$$

$t>0$ 时的电路如图 5.18（b）所示。这是一个典型的 RL 与电压源的串联电路，电路方程为

$$\frac{L}{R_1+R_2}\frac{\mathrm{d}i_L}{\mathrm{d}t}+i_L=\frac{U_S}{R_1+R_2}$$

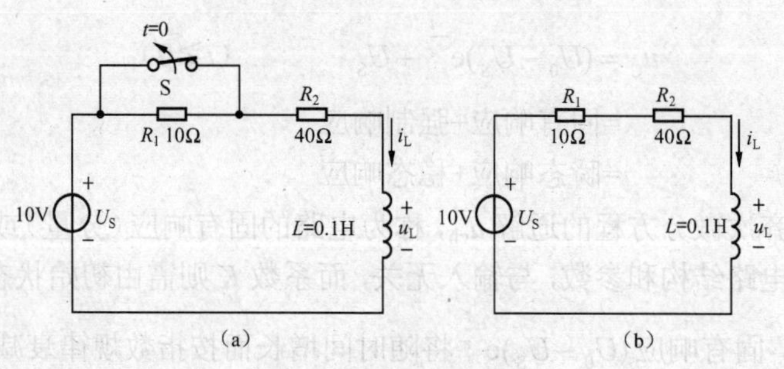

图 5.18　例 5.17 图

其解为

$$i_L(t)=i_{Lh}(t)+i_{Lp}(t)=K\mathrm{e}^{-\frac{t}{\tau}}+i_{Lp}(t)$$

式中

$$\tau=\frac{L}{R_1+R_2}=\frac{0.1}{10+40}\text{s}=0.002\text{ s}=2\text{ms}$$

$$i_{Lp}=\frac{U_S}{R_1+R_2}=\frac{10}{10+40}\text{ A}=0.2\text{A}$$

所以

$$i_L=K\mathrm{e}^{-\frac{t}{\tau}}+0.2\text{ A}\qquad(t\geqslant 0)$$

代入初始条件

$$i_L(0_+)=i_L(0_-)=0.25\text{A}$$

于是得到

$$i_L=(0.05\mathrm{e}^{-500t}+0.2)\text{A}\qquad(t\geqslant 0)$$

其中第一项是瞬间响应，第二项是稳态响应。电路在开关断开后，经过 $t>(4\sim5)\tau$ 即 8～10ms 的过渡时期，达到直流稳态。

全响应 i_L 也可以用零输入响应加零状态响应的方法来得到。$i_L(t)$的零输入响应为

$$i_L^{'}=i_L(0_+)\mathrm{e}^{-\frac{t}{\tau}}=0.25\mathrm{e}^{-500t}\text{ A}$$

i_L 的零状态响应为

$$i_L'' = i_{Lp}(1-e^{-\frac{t}{\tau}}) = 0.2(1-e^{-500t})\,A$$

故全响应为

$$i_L = i_L' + i_L'' = [0.25e^{-500t} + 0.2(1-e^{-500t})]\,A$$
$$=\left(0.05e^{-500t}+0.2\right)A \qquad (t\geqslant 0)$$

电感电压的全响应为

$$u_L = L\frac{di}{dt} = -2.5e^{-500t}\,V \qquad (t>0)$$

【例 5.8】电路如图 5.19（a）所示。开关 S_1 接在 1 端为时已久。$t=0$ 时，开关接至 2 端，同时 S_2 断开。试求 $t\geqslant 0$ 时的 u_C、i_C 和 i_2。

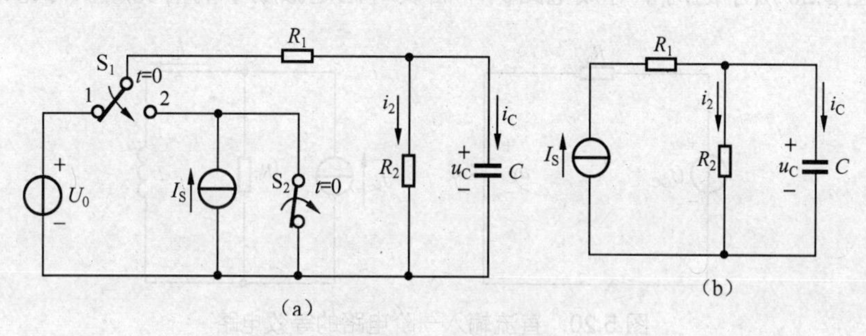

图 5.19　例 5.8 图

解：由 $t<0$ 求解电容电压的初始值为

$$u_C(0_-) = \frac{R_2}{R_1+R_2}U_0$$

$t>0$ 时的电路如图 5.19（b）所示。经应用诺顿定理简化后，则变成 R_2C 与电流源 I_S 并联的典型电路。因此可得

$$u_{Cp}=R_2I_S$$
$$\tau=R_2C$$

于是

$$u_C = u_{Ch} + u_{Cp} = Ke^{-\frac{t}{R_2C}} + R_2I_S$$

代入初始条件得

$$u_C(0_+) = u_C(0_-) = \frac{R_2}{R_1+R_2}U_0 = K + R_2I_S$$

求得常数 K

$$K = \frac{R_2}{R_1+R_2}U_0 - R_2I_S$$

最后得到

$$u_C = (\frac{R_2}{R_1+R_2}U_0 - R_2I_S)e^{-\frac{t}{R_2C}} + R_2I_S \qquad t\geqslant 0$$

$$i_C = C\frac{du_C}{dt} = (I_S - \frac{U_0}{R_1+R_2})e^{-\frac{t}{R_2C}} \qquad t>0$$

$$i_2 = \frac{U_C}{R_2} = (\frac{U_0}{R_1+R_2} - I_S)e^{-\frac{t}{R_2C}} + I_S \qquad t>0$$

5.5.2 三要素法

前面讨论了求解一阶电路全响应的一般方法。本小节将导出仅含一个储能元件的直流一阶电路全响应的一般表达式，并在此基础上介绍三要素法。

含一个储能动态元件的线性一阶电路，无论多么复杂，总可以把动态元件单独分离出来，其余部分为一个含源线性电阻二端网络。该含源二端网络若能用戴维宁或诺顿等效电路代替，则可得到如图5.20所示的两个等效电路。下面仅对恒定激励下的情况加以讨论。

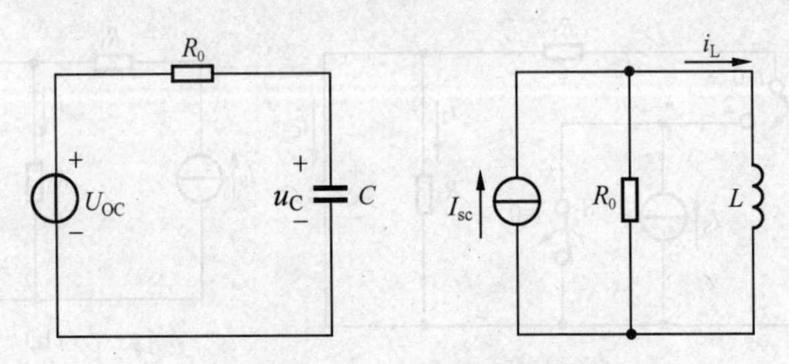

图5.20　直流输入一阶电路的等效电路

若用$f(t)$表示电容电压或电感电流，上述两个电路的微分方程均可表示为如下形式

$$\tau\frac{df(t)}{dt} + f(t) = A \qquad t>0$$

式中，$\tau=R_0C$或$\tau=\frac{L}{R_0}$；$A=U_{OC}$或$A=I_{SC}$。其通解为

$$f(t) = f_h(t) + f_p(t) = Ke^{-\frac{t}{\tau}} + A$$

如果$\tau>0$，在直流输入情况下，则有

$$f_p(t) = A = f(\infty)$$

因而

$$f(t) = Ke^{-\frac{t}{\tau}} + f(\infty)$$

代入初始条件$f(0_+)$，则可求得

$$K = f(0_+) - f(\infty)$$

于是

$$f(t) = [f(0_+) - f(\infty)]e^{-\frac{t}{\tau}} + f(\infty) \quad (t>0) \tag{5.23}$$

或

$$f(t) = f(\infty) + [f(0_+) - f(\infty)]e^{-\frac{t}{\tau}}$$

其中

$$\tau = R_0 C \quad 或 \quad \tau = \frac{L}{R_0}$$

这就是恒定激励下一阶电路中电容电压或电感电流的一般表达式。应用叠加定理可以证明：上述一阶电路中任一响应的表达式与式（5.23）完全相同。根据该式画出的波形曲线如图 5.21 所示。由此可见，直流激励下一阶电路的任一响应总是从初始值 $f(0_+)$ 开始，按指数规律衰减或增长到 $f(\infty)$ 的。由这一规律可知，只要能分别计算出某电压或电流的初始值 $f(0_+)$，稳态值 $f(\infty)$ 和电路的时间常数 τ，即可确定其全响应。这种求解直流一阶电路全响应的方法称为三要素法。

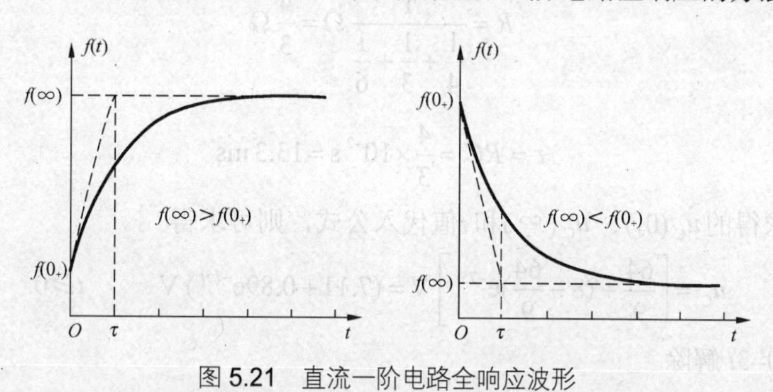

图 5.21 直流一阶电路全响应波形

三要素法的关键是正确地求出三要素。u_C 和 i_L 的初始值求解问题已在前面解决。至于其他变量，可在求出 $u_C(0_+)$ 或 $i_L(0_+)$ 之后，把电容或电感分别以 $U_S=u_C(0_+)$ 的电压源或 $I_S=i_L(0_+)$ 的电流源来代替，作出 $t=0_+$ 时的计算电路，从中求出所需在 0_+ 时的值。对于直流输入而言，稳态电路为一电阻电路。利用前面学的方法，即可求得稳态值。

【例 5.9】图 5.22 所示电路原处于稳态状定，$t=0$ 时开关 S 闭合。求 $t \geqslant 0$ 时的电容电压 u_C 和电流 i，并绘波形图。

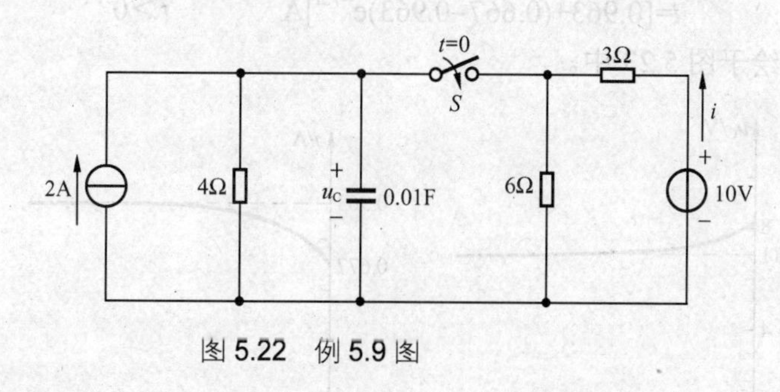

图 5.22 例 5.9 图

解：（1）求 $u_C(0_+)$。

换路前电路已处于稳态状态，电容相当于开路，故电容电压为

$$u_C(0_-)=2\times4=8\text{V}$$

由于开关动作瞬间 u_C 不能跃变，故

$$u_C(0_+)= u_C(0_-)=8\text{V}$$

（2）求 $u_C(\infty)$。

换路后电路处于新的稳态时，电容相当于开路，其余部分为电阻电路，$u_C(\infty)$可用叠加定理求解，其方程为

$$u_C(\infty)=\frac{1}{\frac{1}{4}+\frac{1}{6}+\frac{1}{3}}\times 2+\frac{\frac{4\times 6}{4+6}}{\frac{4\times 6}{4+6}+3}\times 10=\frac{64}{9}\text{ V}$$

（3）求τ。

再换路后的电路中，把理想电流源及理想电压源分别以开路和短路代替，从电容两端看进去的等效电阻为

$$R=\frac{1}{\frac{1}{4}+\frac{1}{3}+\frac{1}{6}}\ \Omega=\frac{4}{3}\ \Omega$$

$$\tau=RC=\frac{4}{3}\times 10^{-2}\text{ s}=13.3\text{ ms}$$

（4）把所求得的$u_C(0_+)$、$u_C(\infty)$和τ值代入公式，则可求得

$$u_C=\left[\frac{64}{9}+(8-\frac{64}{9})e^{-75t}\right]\text{V}=(7.11+0.89e^{-75t})\text{ V}\qquad t\geqslant 0$$

再由$u_C=10-3i$解除

$$i(0_+)=\frac{10-uc(0+)}{3}=\frac{10-8}{3}=0.667\text{ A}$$

$$i(\infty)=\frac{10-u_C(\infty)}{3}=\frac{10-\frac{64}{9}}{3}\text{ A}=0.963\text{ A}$$

$$\tau=\frac{4}{3}\times 10^{-2}\text{s}$$

$$i=[0.963+(0.667-0.963)e^{-75t}]\text{A}\qquad t>0$$

u_C和i的波形绘于图5.23中。

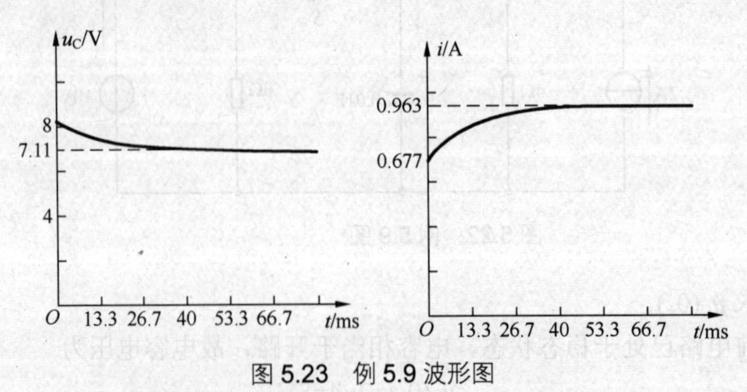

图5.23　例5.9波形图

【例5.10】图5.24所示电路中电感电流$i_L(0_-)=0$，$t=0$时S_1合上，经过0.1s，再合上S_2，同时断开S_1。若以S_1合上时刻为计时起点，求电流i_L，并绘波形图。

解：S_1闭合后，电路中的电流为零状态响应。其中$i_L(0_+)=i_L(0_-)=0$

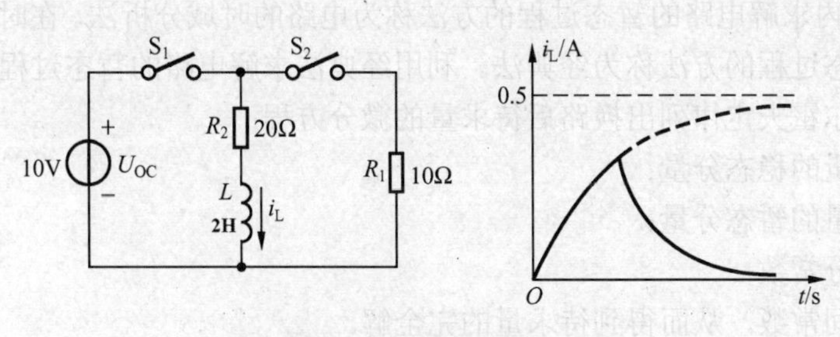

图 5.24 例 5.10 图

$$i_L(\infty)=\frac{U_{OC}}{R_2}=\frac{10}{20}=0.5\text{A}$$

$$\tau_1=\frac{L}{R_2}=\frac{2}{20}=0.1\text{s}$$

得出

$$i_L=0.5(1-e^{-10t})\ \text{A} \qquad (t\geqslant 0)$$

t=0.1s 时

$$i_L(0.1_-)=0.5(1-e^{-10\times 0.1})\ \text{A}=0.316\ \text{A}$$

t>0.1s 时，S_1 断开，S_2 闭合，此后电路处于零输入状态。由于 i_L 不能跃变，所以

$$i_L(0.1_+)=i_L(0.1_-)=0.316\text{A}$$

$$i_L(\infty)=0$$

$$\tau_2=\frac{L}{R_1+R_2}=\frac{2}{10+20}=\frac{2}{30}\text{s}$$

将各量代入公式中可得

$$i_L=i_L(0.1_+)e^{-\frac{t-0.1}{\tau_2}}=0.316e^{-15(t-0.1)}\ \text{A} \qquad (t\geqslant 0.1\text{s})$$

图 5.24（b）所示为 i_L 随时间变化的曲线。

小　结

1．电路从一个稳定状态变化到另一个稳定状态的过程，称为暂态过程。

2．引起电路稳定状态改变的电路变化，称为换路。

换路定理：设 t=0 时电路发生换路，则：

对于电容有 $u_C(0_+)=u_C(0_-)$，电容电压不能跃变；

对于电感有 $i_L(0_+)=i_L(0_-)$，电感电流不能跃变。

3．初始值的确定：利用换路定理，求出 t=0_时的电容电压、电感电流，再利用电路的基本定律，求出电路中其他变量的初始值。电路在发生换路时，如初始值和稳态值不相等，电路就会发生暂态过程，电压和电流按指数规律由初始值过渡到稳态值，根据初始值和稳态值差值大小的不同，它们可以是指数增长也可以是指数衰减。

4. 在时间域内求解电路的暂态过程的方法称为电路的时域分析法。在时域中借助微分方程分析电路的暂态过程的方法称为经典法。利用经典法求解电路的暂态过程的一般步骤是：

（1）利用基尔霍夫定律列出换路后待求量的微分方程；

（2）求待求量的稳态分量；

（3）求待求量的暂态分量；

（4）确定积分常数；

（5）确定时间常数，从而得到待求量的完全解。

5. 全响应即可以看作为零输入响应与零状态响应之和，又可以看作为稳态分量和暂态分量之和，这两种方式仅是分析方法不同，所反映的物理意义是一样的。

6. 暂态过程进行的快慢与时间常数τ有关，τ大，暂态过程慢；τ小，暂态过程快。

RC 电路：$\tau=RC$

RL 电路：$\tau=\dfrac{L}{R}$

电路的时间常数是由电路的结构和参数决定的，与外加的激励电源无关，一个电路具有唯一的时间常数。

7. 三要素法：一阶线性电路的暂态过程的一般形式为

$$f(t)=f(\infty)+[f(0_+)-f(\infty)]\mathrm{e}^{-\frac{t}{\tau}}$$

式中，$f(t)$为待求量；$f(\infty)$为待求量的稳态值；$f(0_+)$为待求量的初始值；τ 是电路的时间常数。

习 题

习题 5.1 如图 5.25（a）、（b）所示电路中开关 S 接在 1 端处于稳态，在 $t=0$ 时开关接至 2 端，试求电压、电流的初始值。

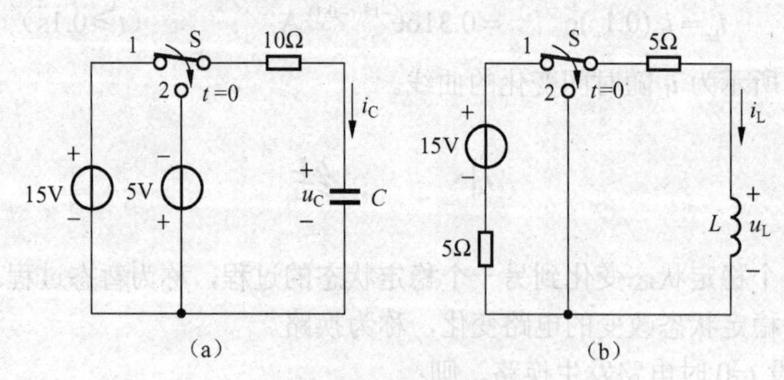

图 5.25　习题 5.1 图

习题 5.2 如图 5.26 所示电路在换路前都处于稳态，试求换路后其中电流 i 的初始值 $i(0_+)$。

习题 5.3 如图 5.27 所示电路中，开关闭合已久，t=0 时断开，试求 $t\geqslant0$ 的电容电压 u_C 和电流 i。

习题 5.4 如图 5.28 所示电路中，已知 $i_L(0_-)$=0.1A，t=0 时开关从 1 端接至 2 端，试求 $t\geqslant0$ 时的电流 i_L 和 i。

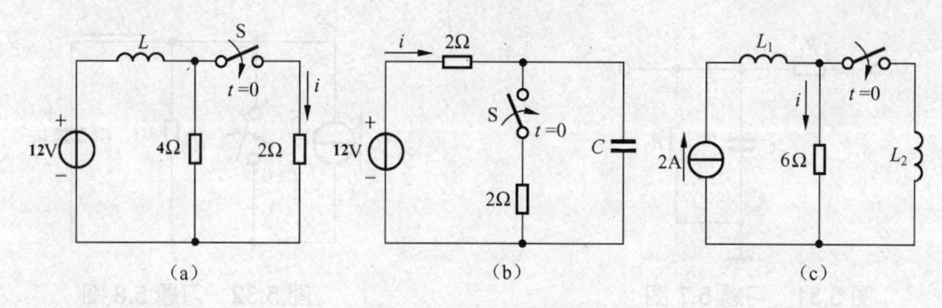

图 5.26　习题 5.2 图

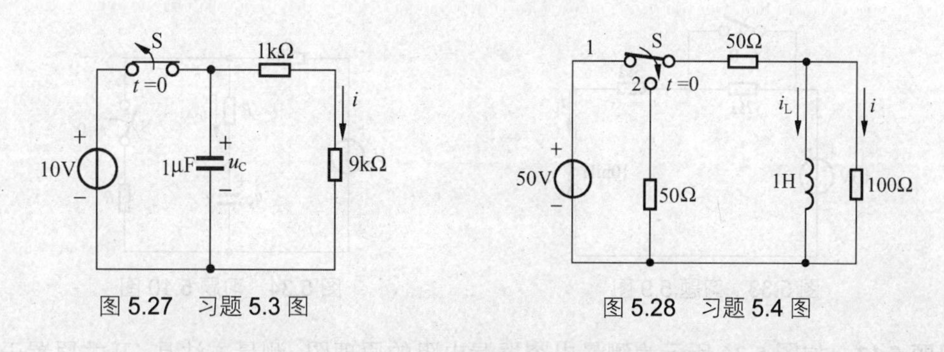

图 5.27　习题 5.3 图　　图 5.28　习题 5.4 图

习题 5.5　电路如图 5.29 所示，t=0 时开关闭合，试求 $t \geqslant 0$ 时的电流 i_4。

习题 5.6　电路如图 5.30 所示，开关闭合前电路已处于稳态，试求开关闭合后电容电压 u_C。

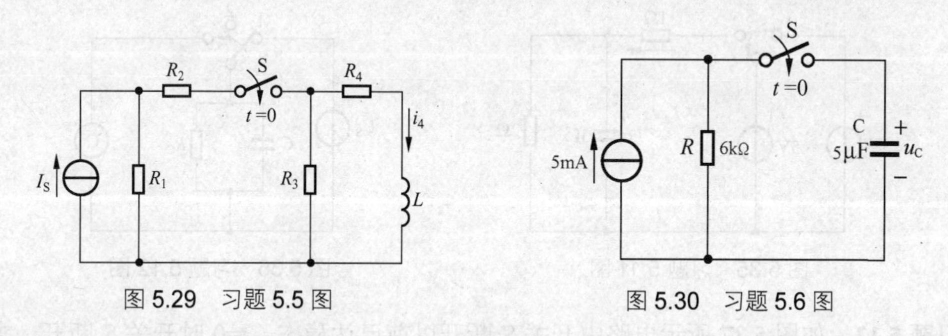

图 5.29　习题 5.5 图　　图 5.30　习题 5.6 图

习题 5.7　如图 5.31 所示电路为一延时电路。已知 R_1=30kΩ，R_2=50kΩ，C=300μF，U_S=20V，t=0 时电源$-U_S$接入，试求当 u_C=−4.5V 时需要多少时间。

习题 5.8　如图 5.32 所示。已知 I_S=20mA，R=2kΩ，（1）为了使 u_C 的固有响应为零，u_C 的初始值为多大？（2）若 C=1μF，$u_C(0)$=20V，试求 $t=2\times10^{-4}$s 时的 i_C，（3）若 $u_C(0)$=−10V，欲使 $t=10^{-3}$s 时 u_C 为零，试问 C 应为多少？

习题 5.9　在如图 5.33 所示电路中，开关动作前电路已处于稳定状态，t=0 时开关闭合，试求 $t=\dfrac{1}{300}$ s 时的电流 i_L。

习题 5.10　图 5.34 所示电路原处于稳定状态，t=0 时开关闭合，试求 $t \geqslant 0$ 时的电容电压 u_C 和电流 i_C。

习题 5.11　如图 5.35 所示电路，开关闭合于 1 端为时已久，t=0 时接至 2 端，求 $t \geqslant 0$ 时的电容电压 u_C 和电流 i。

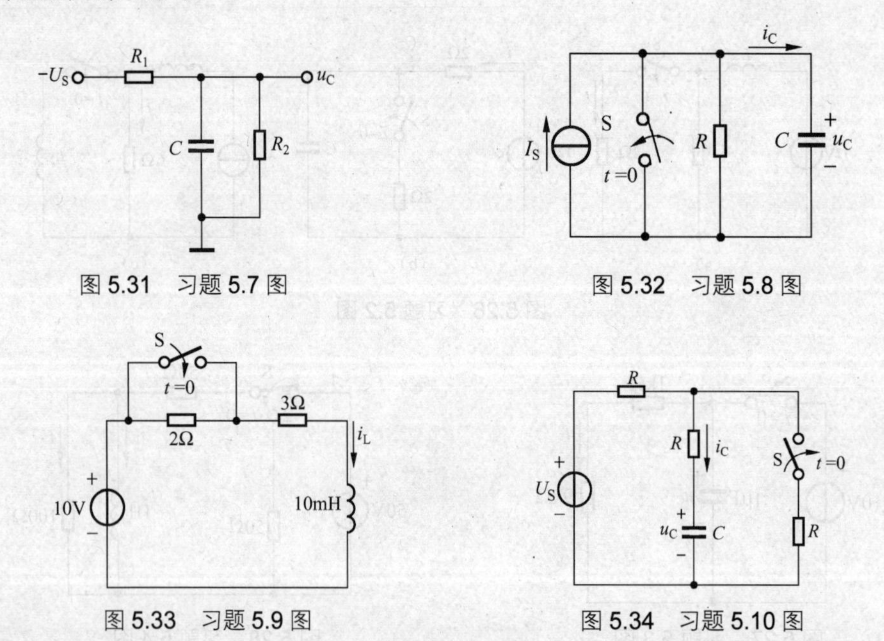

图 5.31　习题 5.7 图

图 5.32　习题 5.8 图

图 5.33　习题 5.9 图

图 5.34　习题 5.10 图

习题 5.12　如图 5.36 所示为测量电容器漏电阻的原理图。测量方法是：开关原置于 1 端，对电容其充电，充电结束后开关由 1 端移向 2 端，经 10s 后将开关再合向 3 端。由冲击检流计 G 测得电容上的剩余电荷 q=11.4C。已知 C=0.1μF，U_S=123V。求电容的漏电阻 R_C。

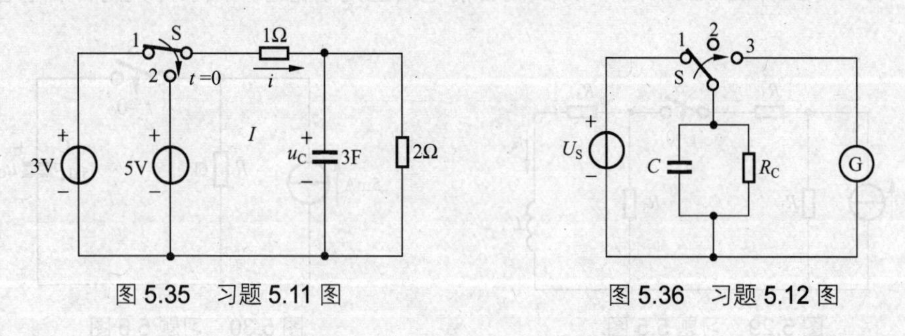

图 5.35　习题 5.11 图

图 5.36　习题 5.12 图

习题 5.13　如图 5.37 所示电路中开关 S 断开以前已达稳态，t=0 时开关 S 断开。求 t≥0 时的 i_C。

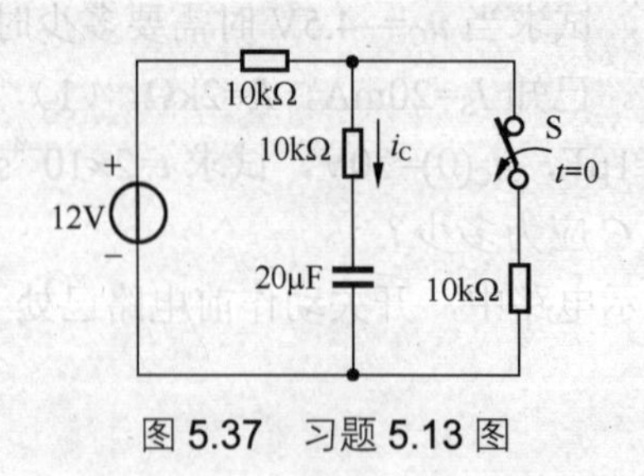

图 5.37　习题 5.13 图

第6章 电机与电器

前几章主要讨论了电路的基本分析与计算。本章介绍常用的电工设备（如变压器、电动机和各种低压电器）的工作原理和使用方法。这些电工设备不仅涉及电路的分析问题，同时还涉及磁路的问题，只有同时掌握电路和磁路的基本理论，才能对电工设备做全面的分析。

6.1 磁路与变压器

在电工设备中常用磁性材料做成一定形状的铁芯，通常把线圈绕在铁芯上。当线圈中通过电流时，产生的磁通绝大部分通过铁芯构成的闭合路径。这种人为造成的磁通的闭合路径，称为磁路。图 6.1（a）和图 6.1（b）分别为四极直流电机和交流接触器的磁路。磁通经过铁芯（磁路的主要部分）和空气隙（有的磁路中没有空气隙）而闭合。

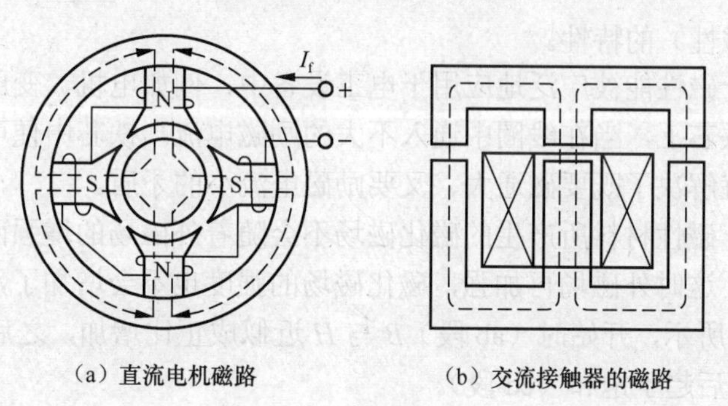

（a）直流电机磁路　　（b）交流接触器的磁路

图 6.1　磁路举例

6.1.1 磁路的基本知识

1．磁路的基本物理量

（1）磁感应强度 B。磁感应强度 B 又称为磁通密度，是表示磁场内某点磁场强弱及方向的物理量。它是一个矢量，磁场的方向与励磁电流的方向有关，可用右手螺旋定则来判定。如果磁场内各点的磁感应强度的大小相等，方向相同，这样的磁场称为均匀磁场。在国际单位制中，磁感应强度 B 的单位是特［斯拉］（T）。

（2）磁通 Φ。磁感应强度 B（如果不是均匀磁场，则取 B 的平均值）与垂直于磁场方向

的面积 S 的乘积，称为该面积的磁通Φ，即

$$\Phi = BS \quad 或 \quad B = \frac{\Phi}{S} \tag{6.1}$$

磁通Φ的单位是韦［伯］（Wb）。

（3）磁导率μ。磁导率μ是表示物质磁性能的物理量，用来表示物质导磁能力大小的物理量。磁导率μ的单位是亨[利]每米（H/m）。自然界的物质按磁导率的大小可分为非磁性材料和磁性材料。

物质的磁性能常用其μ与真空磁导率μ_0的比值μ_r来衡量，μ_r称为相对磁导率，即

$$\mu_r = \frac{\mu}{\mu_0} \quad 或 \quad \mu = \mu_r \mu_0 \tag{6.2}$$

式（6.2）中，μ_0是真空的磁导率，$\mu_0 = 4\pi \times 10^{-7}$ H/m，是一个常数。

（4）磁场强度 H。磁场强度 H 是为了方便计算不同磁性材料磁场时所引用的一个物理量，也是矢量。磁场强度只与产生磁场的电流以及这些电流的分布情况有关。磁场强度的单位是安[培]每米（A/m）。

磁场强度 H 与磁感应强度 B 的关系为

$$H = \frac{B}{\mu} \quad 或 \quad B = \mu H \tag{6.3}$$

2．磁性材料的磁性能

磁性材料主要是指铁、镍、钴及其合金以及铁氧体等，其磁导率很高，是制造变压器、电机等各种电工设备的主要材料。分析磁路首先要了解磁性材料的磁性能。

（1）高导磁性。磁性材料的磁导率很高，$\mu_r \gg 1$，可达数百乃至数万，这就使它们具有被强烈磁化（呈现磁性）的特性。

磁性物质的这一磁性能被广泛地应用于电工设备中，例如电机、变压器等的线圈都绕在用铁磁材料做成的铁芯上，当在线圈中通入不大的励磁电流，铁芯中便可产生足够大的磁通和磁感应强度，这就解决了既要磁通大、又要励磁电流小的矛盾。

（2）磁饱和性。磁性材料所产生的磁化磁场不会随着外磁场的增强而无限增强，当外磁场增大到一定值时，这时外磁场再加强，磁化磁场的强度也不会增加了，这表明磁化已经达到饱和值。如图 6.2 所示，开始时（ab 段）B 与 H 近似成正比增加，之后，随着 H 的增加缓慢下来（bc 段），最后趋于饱和（cd 段）。

由图 6.2 可见，磁性材料的 B 与 H 不成正比，所以μ不是常数。在 ab 段最高，此后随磁饱和程度的增加而降低。

（3）磁滞性。当铁芯线圈中通有交流电时，铁芯就受到交变磁化。在电流变化一次时，磁感应强度 B 随磁场强度 H 而变化的关系如图 6.3（磁滞回线）所示。由图 6.3 可见，当 H 已减到 0 时，B 并未回到 0，这种磁感应强度 B 的变化总是滞后于磁场强度 H 的现象称作磁性材料的磁滞性。图 6.3 中的曲线描述了磁性材料的这种特性，故称其为磁滞回线。

由图 6.3 可知，当磁场强度由 H_m 减小到 0 时，B 并未回到 0，此时的 B_r 称为剩磁感应强度，简称剩磁。对剩磁要一分为二，有时它是有害的，如当工件在平面磨床上加工完毕后，由于电磁吸盘有剩磁，还将工件吸住，为此，要通入反向去磁电流，去掉剩磁，才能将工件取下。当磁场强度为$-H_c$时，B=0，H_c称为矫顽磁力。

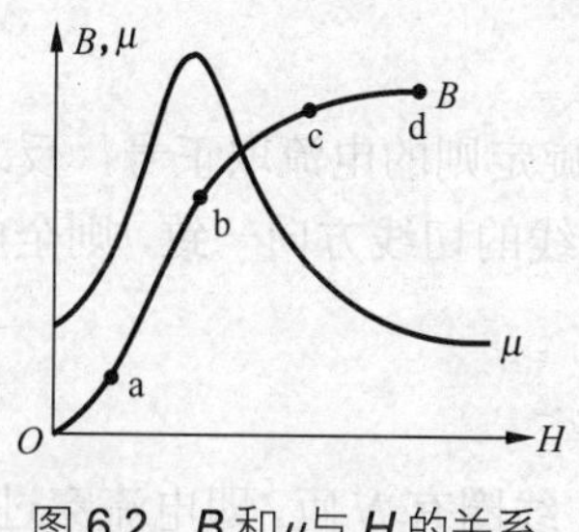

图 6.2 B 和μ与 H 的关系

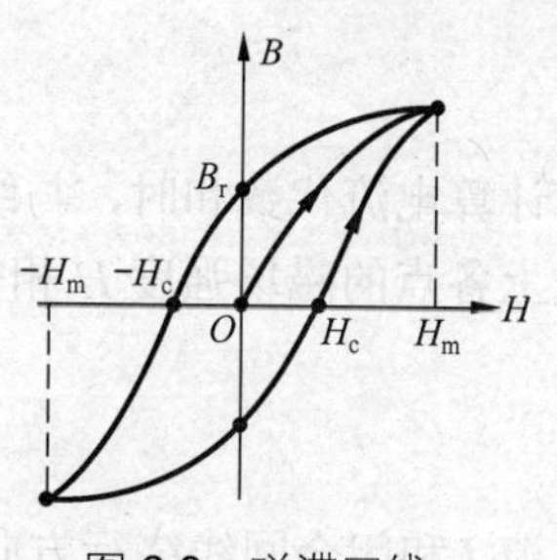

图 6.3 磁滞回线

由于磁滞现象的存在，磁性材料在交变磁化过程中会产生磁滞损耗，使铁芯发热。磁滞损耗的大小与磁滞回线的面积成正比。

根据磁滞性的不同，可将磁性材料分为软磁性材料和硬磁性材料。软磁性材料的磁滞回线较窄，剩磁和矫顽磁力都较小，如图 6.4（a）所示，所以在交流励磁时磁滞损耗较小，如硅钢等都属于软磁性材料，常用来制造变压器、交流电机等各种交流电工设备。

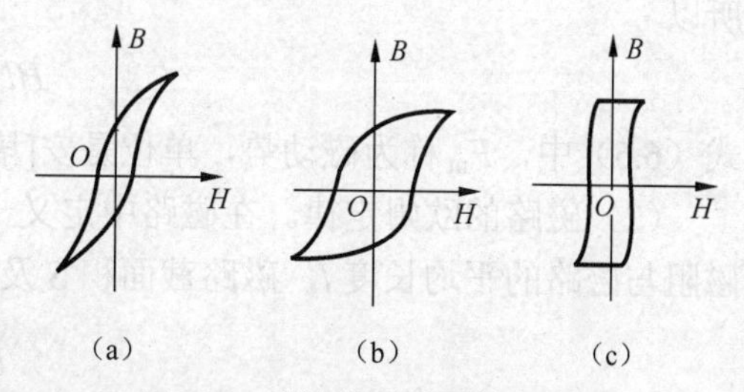

图 6.4 磁性物质的磁性能曲线

硬磁性材料的特点是磁滞回线较宽，剩磁和矫顽磁力都较大，如图 6.4（b）所示。需要有较强的外磁场才能被磁化，但去掉外磁场后磁性不易消失，如碳钢、钴钢、铝镍钴合金等都属于硬磁性材料，适用于制造永久磁铁，如永磁式扬声器及小型直流电机中的磁极等。

此外，有些硬磁性材料，如镁锰铁氧体、坡莫合金等，具有矩形磁滞回线，如图 6.4（c）所示，故它们具有较小的矫顽力和较大的剩磁，稳定性较好，目前广泛应用在电子技术、计算机技术中，可用作记忆元件、开关元件和逻辑元件。

另外，当如图 6.5（a）所示的整块铁芯中通过变磁通时，在垂直于磁通方向的铁芯截面中会产生感应电动势，因而产生感应电流，也称涡流，如图 6.5（b）所示。

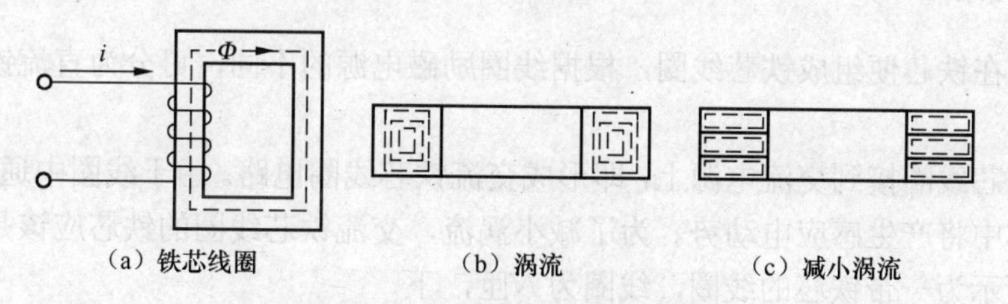

图 6.5 涡流及减小涡流的措施

涡流在铁芯中流动会使铁芯发热，由涡流而引起的损耗叫涡流损耗。在交流励磁时为了减小涡流损耗，通常将铁芯做成叠片状以减小涡流的路径，如图 6.5（c）所示，故变压器、电动机等的铁芯都做成叠片状。

3. 磁场的基本定律

（1）全电流定律。全电流定律是计算磁场的基本定律，在磁场中沿任何闭合回线，磁场强度的矢量的线积分等于穿过该闭合回线所包围面积电流的代数和，即

$$\oint H\mathrm{d}l = \sum I \tag{6.4}$$

这里，计算电流代数和时，与绕行方向符合右手螺旋定则的电流取正号，反之取负号。当闭合回线上各点的磁场强度 H 相等且其方向与闭合回线的切线方向一致，则全电流定律可简化为

$$Hl = \sum I \tag{6.5}$$

由于电流 I 和闭合回线绕行方向符合右手螺旋定则，线圈有 N 匝，即电流穿过回线 N 次，因此

$$\sum I = NI = F_{\mathrm{m}}$$

所以

$$Hl = NI = F_{\mathrm{m}} \tag{6.6}$$

式（6.6）中，F_{m} 称为磁动势，单位是安[培]（A）。

（2）磁路的欧姆定律。在磁路中定义一个对应的物理量磁阻 R_{m}，它对磁通起阻碍作用，磁阻与磁路的平均长度 l，磁路截面积 S 及磁路材料的磁导率有关。

$$R_{\mathrm{m}} = \frac{l}{\mu S}$$

给磁路加磁动势 F_{m} 后，产生磁通 Φ，磁路的磁动势、磁通及磁阻之间的关系为

$$\Phi = \frac{F_{\mathrm{m}}}{R_{\mathrm{m}}} = \frac{NI}{R_{\mathrm{m}}} \tag{6.7}$$

将 Φ 比作电流 I，F_{m} 比作电动势 E，则式（6.7）类似于电路中的欧姆定律，故称为磁路欧姆定律。

6.1.2 铁芯线圈电路

1. 电磁关系

把线圈绕在铁芯便组成铁芯线圈，根据线圈励磁电源的不同，可分为直流铁芯线圈和交流铁芯线圈。

将交流铁芯线圈接到交流电源上，即形成交流铁芯线圈电路。由于线圈中通过交流电流，在线圈和铁芯中将产生感应电动势。为了减小涡流，交流铁芯线圈的铁芯应该是叠片状。

图 6.6 所示为一带铁芯的线圈，线圈为 N 匝，下面来讨论其中的电磁关系。当外加交流电压 u 时，线圈中便产生交流励磁电流 i。磁动势 Ni 产生的磁通绝大部分通过铁芯而闭合，这部分磁通称为主磁通 Φ；此外还有很小的一部分磁通主要通过空气或其他非导磁媒介质而闭合，这部分磁通称为漏磁通 Φ_{σ}。在交流铁芯线圈电路中，由磁动势 Ni 产生两部分交变磁通，即主磁通 Φ 和漏磁通 Φ_{σ}。图中两个电动势与主磁通 Φ 参考方向之间符合右手螺旋定则。

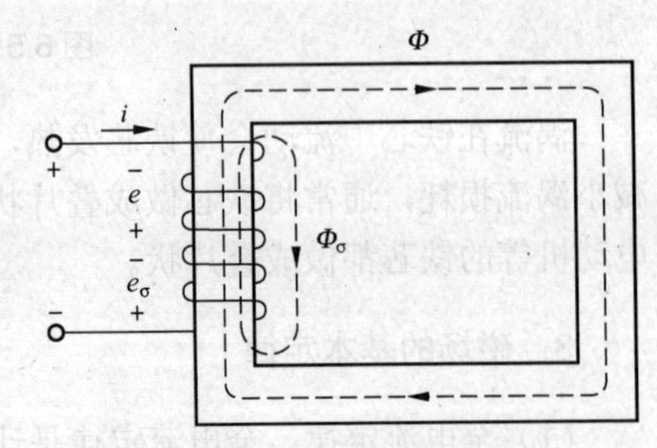

图 6.6　交流铁芯线圈电路

由电磁感应定律可知，主磁感应电动势为

$$e=-N\frac{\mathrm{d}\Phi}{\mathrm{d}t}$$

漏磁感应电动势为

$$e_{\sigma}=-N\frac{\mathrm{d}\Phi_{\sigma}}{\mathrm{d}t}$$

由基尔霍夫电压定律可得铁芯线圈的电压方程式为

$$e+e_{\sigma}+u=Ri \tag{6.8}$$

式（6.8）中 R 为线圈电阻。由于线圈电阻上的电压为 Ri、漏磁电动势 e_{σ}与主磁电动势 e 相比较都非常小，故可忽略不计，故式（6.8）可写成

$$u=-e \tag{6.9}$$

设 $\Phi=\Phi_{\mathrm{m}}\sin\omega t$，则有

$$e=-N\frac{\mathrm{d}\Phi}{\mathrm{d}t}=-\omega N\Phi_{\mathrm{m}}\cos\omega t=\omega N\Phi_{\mathrm{m}}\sin(\omega t-90^{\circ}) \tag{6.10}$$

其中，Φ_{m} 为主磁通最大值，N 为线圈匝数。由式（6.10）可见，主磁感应电动势的有效值为

$$E=\frac{N\Phi_{\mathrm{m}}\omega}{\sqrt{2}}=4.4fN\Phi_{\mathrm{m}} \tag{6.11}$$

由式（6.9）可知 $U\approx E$，所以在忽略线圈电阻与漏磁通的条件下，主磁通的幅值 Φ_{m} 与线圈外加电压有效值 U 的关系为

$$U\approx E=4.4fN\Phi_{\mathrm{m}} \tag{6.12}$$

式（6.12）表明，当线圈匝数 N 及电源频率 f 一定时，主磁通的幅值 Φ_{m} 由励磁线圈外加的电压有效值 U 确定，反映了交流铁芯线圈电路的基本电磁关系，它是分析计算交流磁路的重要依据。式（6.12）是一个重要的公式。

2．功率损耗

交流铁芯线圈中的功率损耗有两部分，一部分是线圈电阻上的功率损耗 $\Delta P_{\mathrm{cu}}=I^2R$，称为铜损，使导线发热；另一部分是铁芯中的功率损耗 ΔP_{Fe}，称为铁损，使铁芯发热。铁损是由于通入交流产生交变磁化而产生，包括磁滞损耗 ΔP_{h} 和涡流损耗 ΔP_{e}。为了减小磁滞损耗，应选择软磁性材料做铁芯。为了减小涡流损耗，交流铁芯线圈的铁芯都做成叠片状。交流铁芯线圈总的功率损耗可表示为

$$\Delta P=\Delta P_{\mathrm{cu}}+\Delta P_{\mathrm{Fe}}=I^2R+\Delta P_{\mathrm{h}}+\Delta P_{\mathrm{e}} \tag{6.13}$$

由上述分析可知，交流铁芯线圈的等效电路模型应该是电感 L 与电阻 R_0（包括 R_{Fe} 和 R）。

许多电器是以交流铁芯线圈或直流铁芯线圈为基础做成的。在使用这些电器时，要特别注意不要加错电压。例如，若将交流铁芯线圈接到与其额定电压值相等的直流电压上，则感抗以及与 ΔP_{Fe} 对应的等效电阻 R_{Fe} 将不存在，所以线圈电流为 U/R（一般 R 远小于 X_{L} 和 R_{Fe}）将很大，以至烧坏线圈。

6.1.3 变压器

变压器是电力系统输电与配电的主要设备，也是测量、控制及通信等装置的重要元件。随

着科学技术的发展，电能的利用深入到生产、生活的各个领域，变压器也获得极为广泛的应用。

1．变压器分类

如果按照用途对变压器分类，主要有以下3类：

（1）电力变压器。用在电力系统中传输和分配电能，是用途最广、产量最大的一类。这种变压器容量大，电压高。

（2）特种电源变压器。用来获得工业生产中特殊要求的电源，如整流变压器（交、直流变换），电炉变压器（电、热能变换），高压试验变压器（获得试验用高电压），中频变压器（1 000Hz～8 000Hz交流系统中使用）等。

（3）专用变压器。供特殊和专门用途使用的一类，如电子、电信、自控系统中使用的电源变压器、阻抗匹配变压器、脉冲变压器等；又如供电气测量用的电流互感器（测量大电流）、电压互感器（测量高电压）；再如专供焊接电源用的电焊变压器等。

对变压器还可按相数分为单相、三相、多相；按绕组数分为双绕组、三绕组、多绕组；按绝缘方式分为干式、油浸式，油浸式变压器还可按冷却方式分为自然冷却、风冷、水冷、强迫油循环等多种形式。

2．变压器的结构

变压器由铁芯和绕组两部分组成。铁芯变压器的磁路部分，多用厚度 0.35～0.55mm 的硅钢片叠成。按其结构不同可分为心式与壳式两种，如图6.7所示。图6.7（a）所示为心式变压器，其绕组套在铁芯柱上，多用于大容量变压器。图6.7（b）所示为壳式变压器，铁芯把绕组包围在中间，有分支磁路。常用于小容量的变压器中。

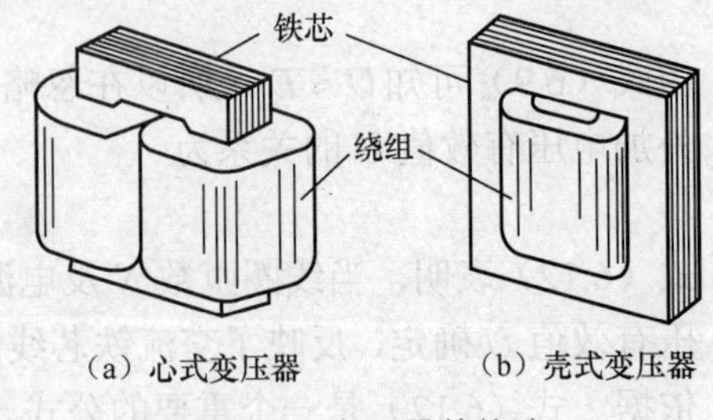

图6.7　变压器的构造

3．变压器的工作原理

图6.8所示为变压器的原理图，它由闭合铁芯和绕在铁芯上的两个绕组构成，接电源的绕组称为一次绕组（原绕组），匝数为 N_1；接负载的绕组称为二次绕组（副绕组），匝数为 N_2。图6.9所示为变压器的电路符号，变压器的名称用T表示。

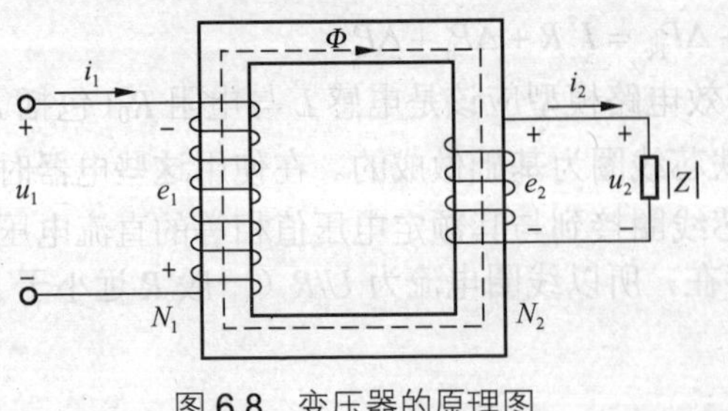

图6.8　变压器的原理图

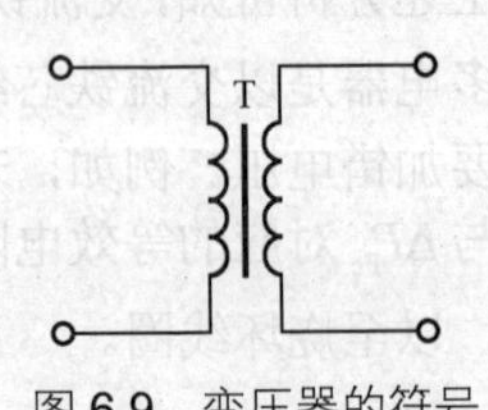

图6.9　变压器的符号

（1）空载运行和电压变换。把变压器的一次绕组接上交流电压 u_1，而二次绕组开路（即不接负载），如图6.10所示，这种状态称为空载运行。此时，二次绕组电流 I_2=0，电压为开

路电压 U_{20}，一次绕组通过电流为 I_{10}，此电流称为空载电流，空载电流比额定电流小很多，约为额定电流的3%～8％。

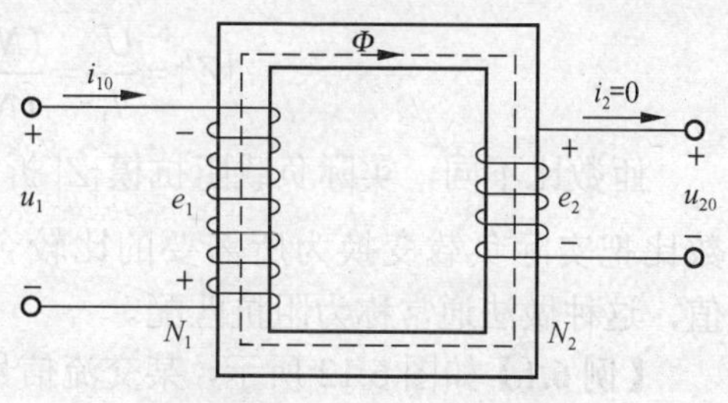

图6.10　变压器的空载运行

设主磁通为 $\Phi=\Phi_m\sin\omega t$，一次绕组和二次绕组感应电动势的有效值分别为

$$E_1=4.4fN_1\Phi_m$$

$$E_2=4.4fN_2\Phi_m$$

由于采用铁磁性材料作磁路，漏磁很小，可以忽略。空载电流很小，一次绕组上的压降也可以忽略。一次绕组、二次绕组的端电压近似等于一次绕组、二次绕组电动势，即 $U_1\approx E_1$、$U_2\approx E_2$。所以一次绕组、二次绕组的电压之比为

$$\frac{U_1}{U_2}\approx\frac{E_1}{E_2}=\frac{4.4fN_1\Phi_m}{4.4fN_2\Phi_m}=\frac{N_1}{N_2}=K \tag{6.14}$$

式（6.14）中，K 称为变压器的变比，即一次绕组、二次绕组的匝数比。可见，当电源电压 U_1 一定时，只要改变匝数比，就可得出不同的输出电压 U_2。

（2）负载运行和电流变换。变压器的二次绕组接上负载，称为负载运行。此时，二次绕组中的电流为 I_2，一次绕组电流由 I_{10} 增加为 I_1，如图6.11（a）所示。一次绕组、二次绕组的电阻和铁芯的磁滞损耗、涡流损耗都会损耗一定的能量，但该能量通常远小于负载消耗的能量，可以忽略。这样，可以认为变压器输入功率等于负载消耗的功率，即

$$U_1I_1=U_2I_2$$

由此可以得出

$$\frac{I_1}{I_2}=\frac{U_2}{U_1}=\frac{N_2}{N_1}=\frac{1}{K} \tag{6.15}$$

由式（6.15）可知，当变压器负载运行时，一次绕组、二次绕组电流之比等于其匝数之比的倒数。改变一次绕组、二次绕组的匝数就可以改变一次绕组、二次绕组电流的比值，这就是变压器的电流变换作用。

（3）阻抗变换作用。前面介绍变压器具有电压变换和电流变换作用，此外，变压器还有阻抗变换的作用，以实现阻抗匹配，即负载上能获得最大功率。如图6.11（a）所示，变压器一次绕组接电源 u_1，二次绕组接负载阻抗模 $|Z|$，对于电源来说，用图6.11（b）中的虚线内的等效阻抗 $|Z'|$ 来等效代替图6.11（a）中的变压器T和 $|Z|$。所谓等效，就是它们从电源吸收的电流和功率相等，等效阻抗模可由下式计算得出

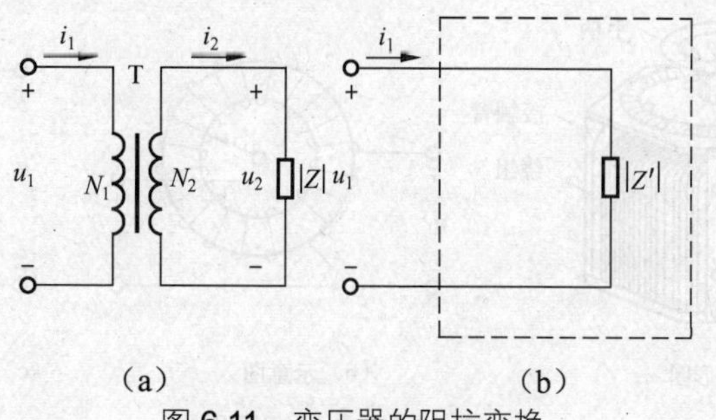

图6.11　变压器的阻抗变换

$$|Z'| = \frac{U_1}{I_1} = \frac{(N_1/N_2)U_2}{(N_2/N_1)I_2} = \frac{N_2}{N_1}|Z| = K^2|Z| \tag{6.16}$$

匝数比不同，实际负载阻抗模$|Z|$折算到一次侧的等效阻抗$|Z'|$也不同。可以用不同的匝数比把实际负载变换为所需要的比较合适的数值，这种做法通常称为阻抗匹配。

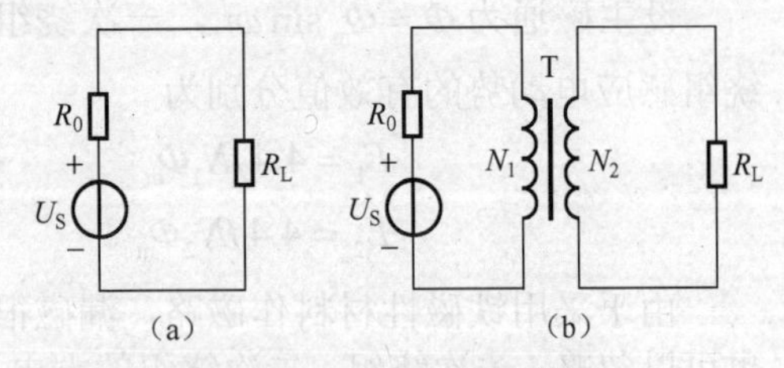

图 6.12　例 6.1 的电路图

【例 6.1】 如图 6.12 所示，某交流信号源的电压 U_s=120V，其内阻 R_0=800Ω，负载电阻 R_L=8Ω，试求：

（1）若将负载与信号直接连接，负载上获得的功率是多大？

（2）当 R_L 折算到一次侧的等效电阻 $R_L' = R_0$ 时，求变压器的匝数比和信号源输出的功率。

解：（1）通过图 6.12（a），可得负载上的功率为

$$P = I^2R_L = \left(\frac{U_S}{R_0 + R_L}\right)^2 R_L = \left(\frac{120}{800+8}\right)^2 \times 8 = 0.176\text{W}$$

（2）通过图 6.12（b），可知变压器的匝数比为

$$\frac{N_1}{N_2} = \sqrt{\frac{R_L'}{R_L}} = \sqrt{\frac{800}{8}} = 10$$

信号源的输出功率为

$$P = \left(\frac{U_S}{R_0 + R_L'}\right)^2 R_L' = \left(\frac{120}{800+800}\right)^2 \times 800 = 4.5\text{W}$$

由此例可知变压器的匝数比匹配后，负载上获得的功率大了许多。

4．常用变压器及额定值

（1）自耦变压器。如果一次绕组、二次绕组共用一个绕组，使低压绕组成为高压绕组的一部分，就称为自耦变压器。与普通变压器相比，自耦变压器用料少，重量轻，尺寸小，但由于一次绕组与二次绕组之间既有电的联系又有磁的联系，故不能用于要求一次侧、二次侧隔离的场合。同时，使用时应特别注意它的高压和低压侧不能接反。

（2）自耦调压器。在实际应用中为了得到连续可调的交流电压，可将自耦变压器的铁芯做成圆形。副边抽头做成滑动的触头，可自由滑动。如图 6.13 所示，当用手柄转动触头时，就改变二次绕组匝数，从而调节输出电压的大小，这种变压器称为自耦调压器。

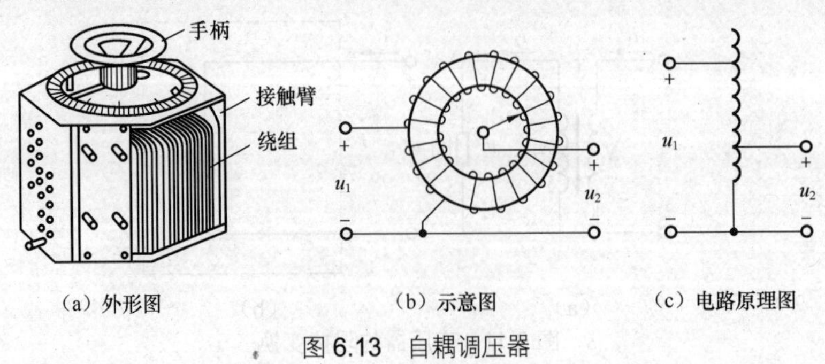

图 6.13　自耦调压器

（3）使用自耦变压器、自耦调压器的注意事项。

① 一次绕组、二次绕组不能对调使用，否则可能会烧坏绕组，甚至造成电源短路；

② 接通电源前，应先将滑动触头调到零位，接通电源后再慢慢转动手柄，将输出电压调至所需值。

（4）三相电力变压器。在电力系统中，用来变换三相交流电压，输送电能的变压器称为三相电力变压器，如图6.14所示，它有3个铁芯柱，各绕一相一次绕组、二次绕组。由于三相一次绕组所加的电压是对称的，因此二次绕组电压也是对称的，为了散去工作时产生的热量，通常铁芯和绕组都浸在装有绝缘油的油箱中，通过油管将热量散发出去，考虑到油的热胀冷缩，故在变压器油箱上安置一个储油柜和油位表，此外还装有一根防爆管，一旦发生故障，产生大量气体时，高压气体将冲破防爆管前端的薄片而释放出来，从而避免发生爆炸。

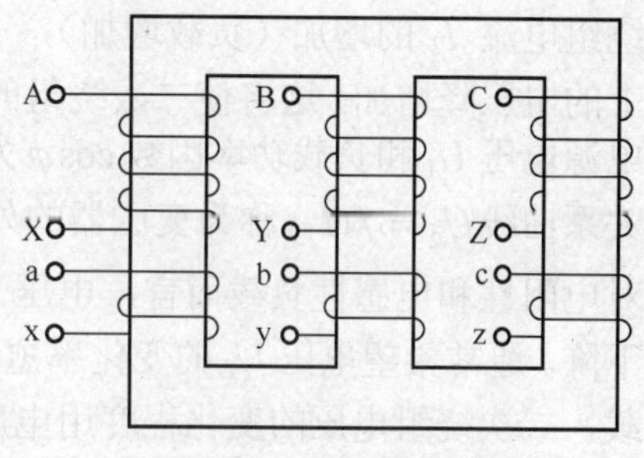

图6.14　三相变压器

三相变压器的一次绕组和二次绕组可以根据需要分别接成星形或三角形，三相电力变压器的常见连接方式有Y/Y_0联结（星形联结有中线）和 Y/△联结（星形三角形联结），如图6.15 所示。其中Y/Y_0联结常用于车间配电变压器，这种接法不仅给用户提供了三相电源，同时还提供了单相电源，通常在动力和照明混合供电的三相四线制系统中，就是采用这种连接方式的变压器供电的。Y/△连接的变压主要用在变电站做降压或升压。

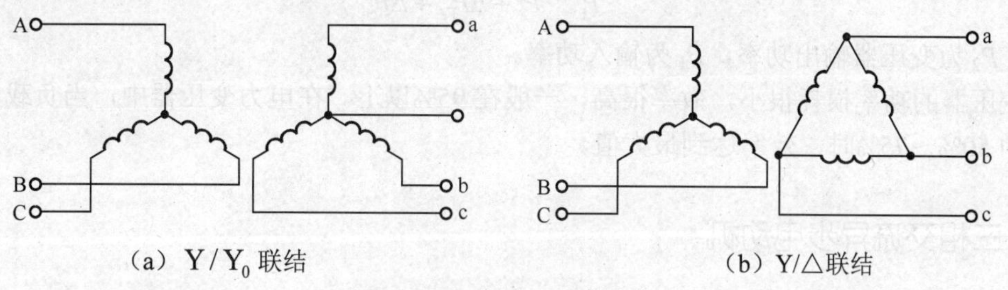

（a）Y/Y_0联结　（b）Y/△联结

图6.15　三相变压器的连接

（5）变压器的额定值。变压器的额定值有以下几种。

① 额定电压U_{1N}、U_{2N}。原边额定电压U_{1N}是根据绕组的绝缘强度和允许发热所规定的应加在一次绕组上的正常工作电压的有效值；副边额定电压U_{2N}，在电力系统中是指变压器原边施加额定电压时的二次空载的电压有效值。

② 额定电流I_{1N}、I_{2N}。一次绕组和二次绕组额定电流I_{1N}和I_{2N}是指变压器在连续运行时，一次绕组、二次绕组允许通过的最大电流的有效值。

③ 额定容量S_N。S_N是指变压器二次绕组额定电压和额定电流的乘积，即二次绕组的额定功率

$$S_N = U_{2N} I_{2N} \tag{6.17}$$

额定容量反映了变压器所能传送电功率的能力，但不要把变压器的实际输出功率与额定容量相混淆。例如，一台变压器额定容量$S_N = 1\,000\text{kV}\cdot\text{A}$，如果负载的功率因数为1，它能输出的最大有功功率为1 000kW；如果负载功率因数为0.7，则它能输出的最大有功功率为$P = 1\,000 \times 0.7\text{kW}$。变压器在实际使用时的输出功率取决于二次绕组所接负载的大

小和性质。

④ 额定频率f_N。f_N是指变压器应接入的电源频率，我国电力系统的标准频率为50Hz。

（6）变压器的外特性。当电源电压U_1不变时，随着二次绕组电流 I_2 的增加（负载增加），一次绕组、二次绕组阻抗上的电压降增加，这将使二次绕组的端电压U_2发生变化，当电源电压U_1和负载功率因数$\cos\varphi$为常数时，U_2和I_2的变化关系曲线$U_2 = f(I_2)$称为变压器的外特性，如图6.16所示。对电阻性和电感性负载而言，电压 U_2 随着电流 I_2 的增加而下降。通常希望电压U_2的变化率愈小愈好，从空载到额定负载，二次绕组电压的变化程度用电压变化率ΔU来表示，即

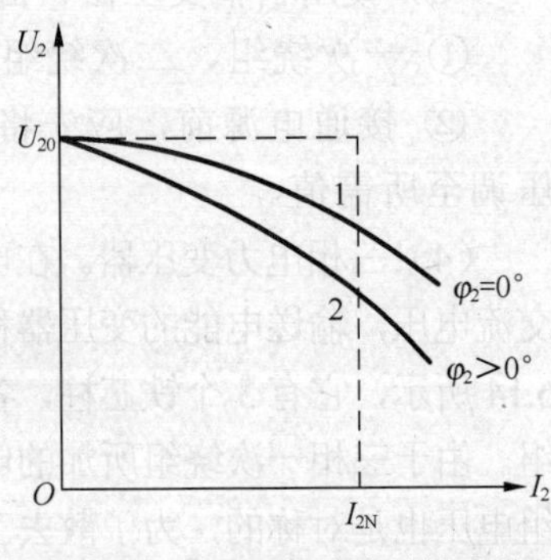

图6.16　变压器的外特性曲线

$$\Delta U = \frac{U_{20} - U_2}{U_{20}} \times 100\% \tag{6.18}$$

在一般变压器中，由于其电阻和漏磁感抗很小，电压变化率也很小，约5%左右。

（7）变压器的功率损耗与效率。变压器功率损耗包括铁芯中的铁损ΔP_{Fe}和绕组中的铜损ΔP_{cu}两部分。铁损的大小与铁芯内磁感应强度的最大值 B_m 有关，与负载大小无关；而铜损则与负载大小有关（正比于电流平方）。变压器的效率常用下式确定

$$\eta = \frac{P_2}{P_1} = \frac{P_2}{P_2 + \Delta P_{Fe} + \Delta P_{cu}} \tag{6.19}$$

式中，P_2为变压器输出功率，P_1为输入功率。

变压器的功率损耗很小，效率很高，一般在95%以上。在电力变压器中，当负载为额定负载的50%～75%时，效率达到最大值。

6.2 三相交流异步电动机

根据电磁感应原理进行机械能与电能互换的旋转机械称为电机。其中将机械能转换为电能的电机称为发电机，将电能转换为机械能的电机称为电动机。由于生产过程的机械化，电动机作为拖动生产机械的原动机，在现代生产中有着广泛的应用。

电动机是实现能量转换的电磁装置。电动机分为交流电动机和直流电动机两大类，交流电动机又有同步和异步之分。异步电动机按转子结构可分为鼠笼式和绕线式。三相异步电动机具有结构简单、工作可靠、价格便宜、维护方便等优点，因而被广泛应用于机床、起重机、运输机等。单相异步电动机多用于家电、电动工具等。本节重点讨论三相异步电动机，详细介绍三相异步电动机的结构、工作原理、特性和使用。

6.2.1 三相异步电动机的构造和转动原理

1. 三相异步电动机的结构

三相异步电动机由定子和转子两个基本部分组成。图6.17所示为一台笼型电动机拆散后的状况。

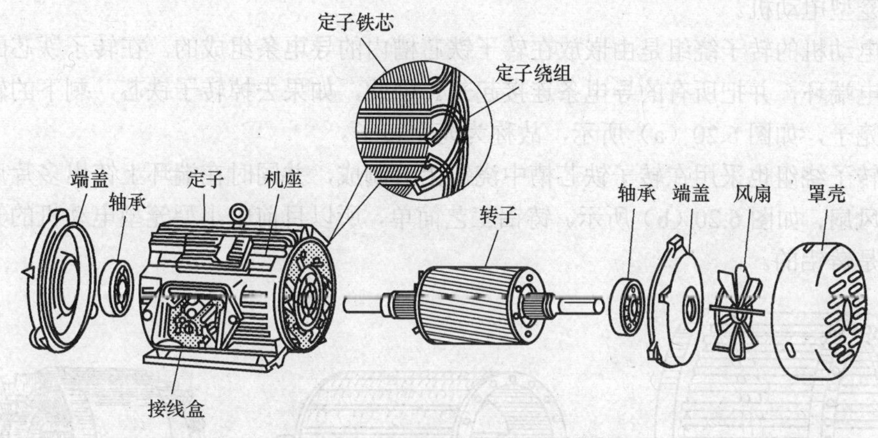

图 6.17 三相异步电动机的结构

（1）三相异步电动机定子结构。异步电动机的定子主要由机座、定子铁芯和定子绕组构成。机座用铸钢或铸铁制成，定子铁芯用涂有绝缘漆的硅钢片叠成并固定的机座中。在定子铁芯的内圆上有均匀分布的槽用来放置定子绕组，如图 6.18 所示。定子绕组由绝缘导线绕制而成。三相异步电动机具有三相对称的定子绕组，称为三相绕组。

三相定子绕组每一相都有两个出线头，这些出线头引出来和机座外侧的接线盒的 6 个端子 U_1、U_2、V_1、V_2、W_1、W_2 相连接。同一字母表示同一相绕组，下标 1 表示首端、2 表示末端，如 U_1、U_2 分别为同一相绕组的首端和末端。如图 6.19（a）所示，使用时可采用星形或三角形两种联结，究竟采用何种联结方式取决于电源线电压和电动机每相绕组的额定电压，如电源线电压 380V、电动机每相绕组额定电压 380V，则三相定子绕组应采用三角形联结，如图 6.19（b）所示；如电源线电压 380V、电动机每相绕组额定电压 220V，则三相定子绕组应采用星形联结，如图 6.19（c）所示。

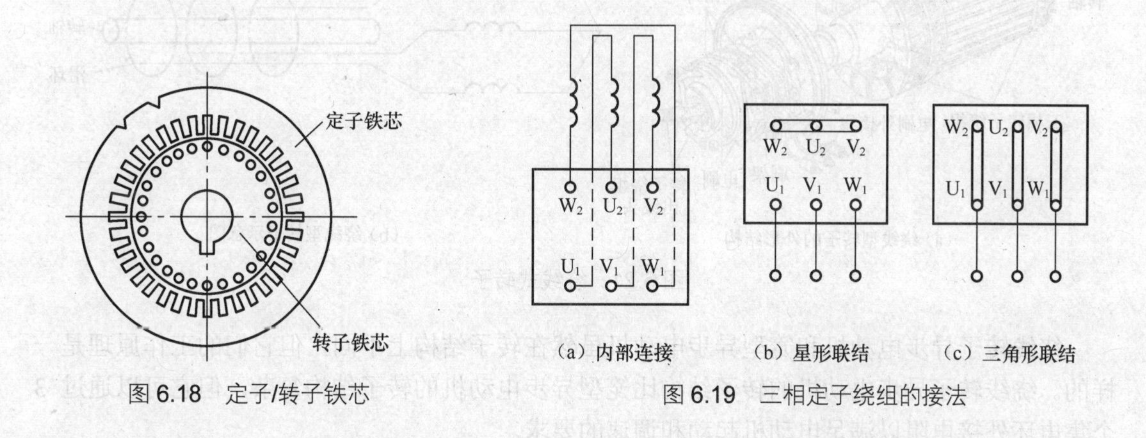

图 6.18 定子/转子铁芯

图 6.19 三相定子绕组的接法

（2）三相异步电动机转子结构。异步电动机的转子主要由转轴、转子铁芯和转子绕组构成。转子铁芯用硅钢片叠成圆柱形，并固定在转轴上。铁芯外圆周上有均匀分布的槽，如图 6.18 所示。这些槽用来放置转子绕组。

异步电动机转子绕组按结构不同可分为绕线型和笼型两种。前者称为绕线转子电动机，后者称为笼型电动机。

笼型电动机的转子绕组是由嵌放在转子铁芯槽内的导电条组成的。在转子铁芯的两端各有一个导电端环，并把所有的导电条连接起来。因此，如果去掉转子铁芯，剩下的转子绕组很像一个笼子，如图 6.20（a）所示，故称为笼型转子。

笼型转子绕组也采用在转子铁芯槽中浇铸铝液制成，并同时在端环上铸出多片风叶作为冷却用的风扇，如图 6.20（b）所示。铸铝工艺简单，所以目前中小型笼型电动机的笼型转子绕组很多是铸铝的。

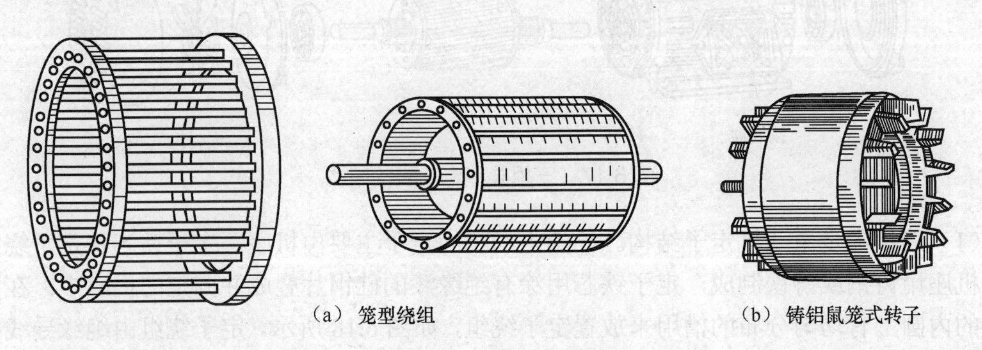

（a） 笼型绕组　　（b） 铸铝鼠笼式转子

图 6.20　鼠笼式转子

绕线转子异步电动机的转子结构如图 6.21（a）所示。它的转子绕组也是对称的三相绕组，且接成星形。三相绕组的末端连在一起，首端分别接到三个彼此绝缘的集电环上。集电环固定在电动机转轴上和转子一起旋转，并与安装在端盖上的电刷滑动接触来和外部的可变电阻相连，如图 6.21（b）所示。集电环和转轴之间也相互绝缘。

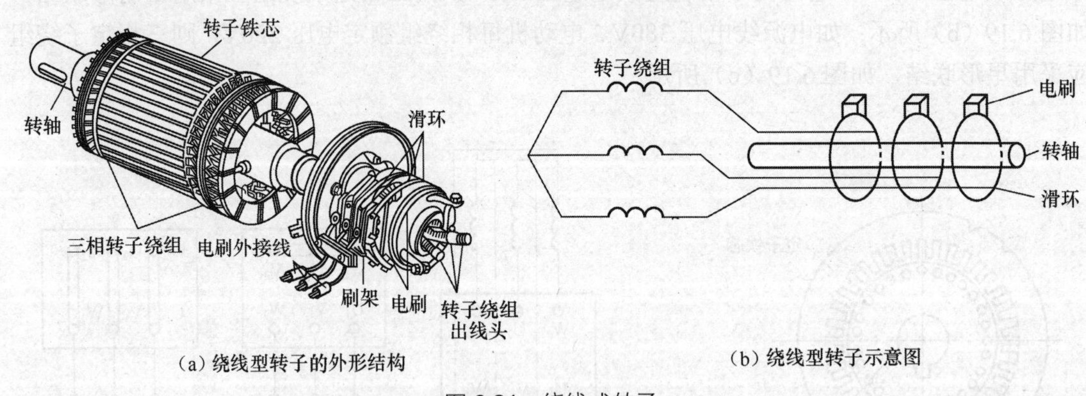

(a) 绕线型转子的外形结构　　(b) 绕线型转子示意图

图 6.21　绕线式转子

绕线转子异步电动机和笼型异步电动机虽然在转子结构上不同，但它们的工作原理是一样的。绕线转子异步电动机的转子结构比笼型异步电动机的转子结构复杂，但它可以通过 3 个集电环外接电阻以满足电动机起动和调速的要求。

2．三相异步电动机的工作原理

三相异步电动机接上电源就会转动，这是什么道理呢？下面来做个演示，如图 6.22 所示，装有手柄的蹄形磁铁极间放有一个可以自由转动的笼型转子，磁极和转子之间没有机械联系。

当摇动磁极时，发现转子跟着磁极一起转动，摇得快，转子也转得快；摇得慢，转子转动得也慢，反摇，转子马上反转。

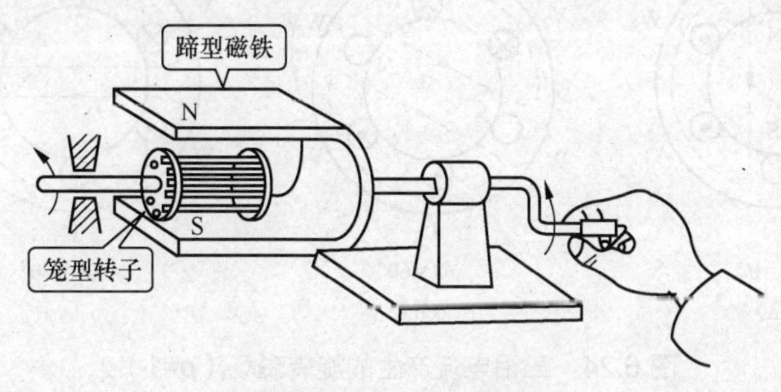

图 6.22 异步电动机模型

从这个演示实验中得出两点启示：第一，有一个旋转磁场；第二，转子跟着磁场旋转。因此，在三相异步电动机中，只要有一个旋转磁场和一个可以自由转动的转子就可以了。

（1）旋转磁场的产生。在三相异步电动机定子铁芯中放有三相对称绕组，U_1U_2、V_1V_2、W_1W_2。设将三相绕组设置成星形，如图 6.23（a）所示，接在三相电源上，绕组中便通入三相对称正弦电流为

$$i_{L1} = I_m \sin \omega t$$

$$i_{L2} = I_m \sin(\omega t - 120^\circ)$$

$$i_{L3} = I_m \sin(\omega t + 120^\circ)$$

其波形如图 6.23（b）所示。

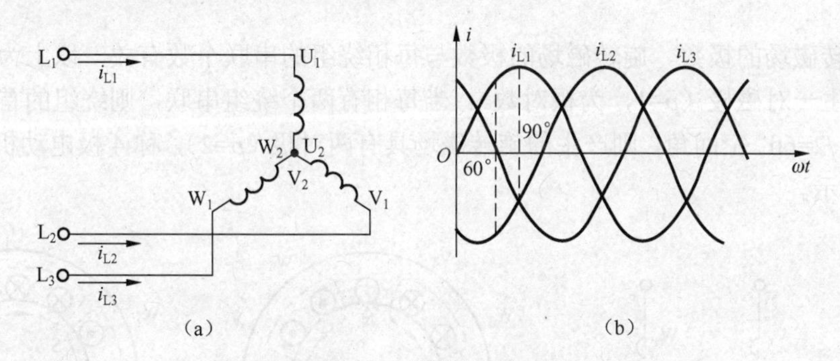

图 6.23 三相对称正弦电流

设在正半周时，电流从绕组的首端流入，尾端流出。在负半周时，电流从绕组的尾端流入，首端流出。取各个不同的时刻，分析定子绕组中电流产生合成磁场的变化情况，用以判断它是否为旋转磁场。

在 $\omega t = 0^\circ$ 时，定子绕组中电流方向如图 6.24（a）所示，此时 i_{L1} 为正半周，其电流从首端流入，尾端流出，i_{L2} 为负半周，电流从尾端流入，首端流出。可由右手螺旋定则判断合成磁场的方向。同理可得出 $\omega t = 60^\circ$（见图 6.24（b））和 $\omega t = 90^\circ$（见图 6.24（c））时的合成磁场方向，由图可以看出，当定子绕组中通入三相电流后，它们产生的合成磁场随电流的变化在空间不断地旋转着。

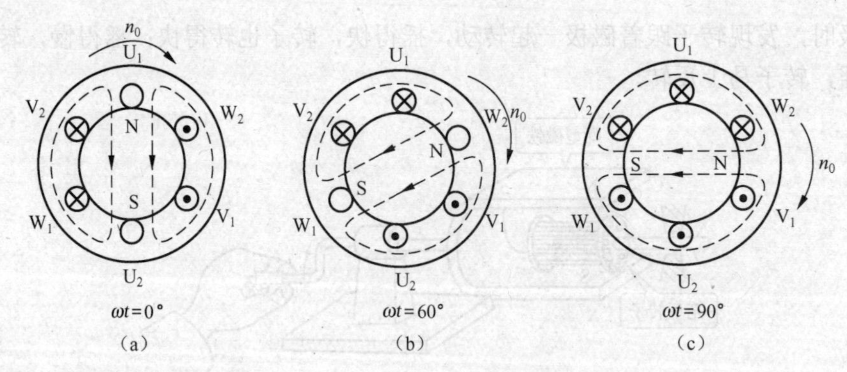

图 6.24　三相电流产生的旋转磁场（p=1）

（2）磁场的方向。只要将同三相电源连接的三根导线中的任意两根的一端对调位置，如将电动机三相定子绕组的 V_1 端改与电源 L_3 相连，W_1 与 L_2 相连，则旋转磁场就反转，如图 6.25 所示。

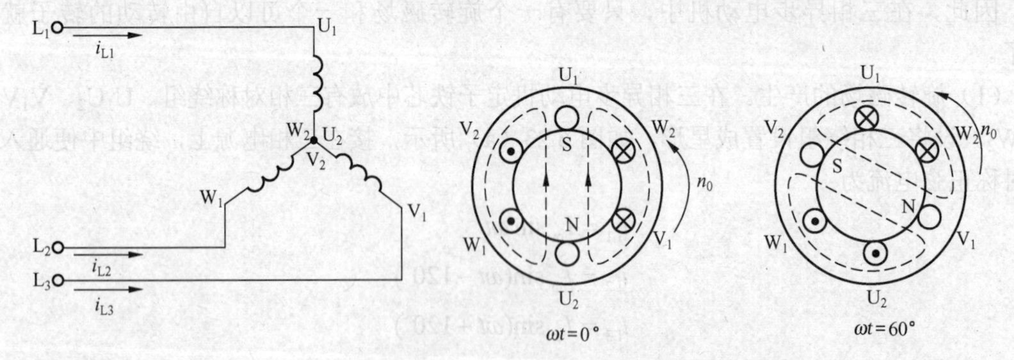

图 6.25　旋转磁场的反转

（3）旋转磁场的极数。旋转磁场的极数与每相绕组的串联个数有关，以上为每相有一个绕组，能产生一对磁极（p=1，为极对数）。当每相有两个绕组串联，则绕组的首端之间的相位差为 120° /2=60° 空间角，则产生的旋转磁场具有两对极（p=2），称 4 极电动机，如图 6.26 和图 6.27 所示。

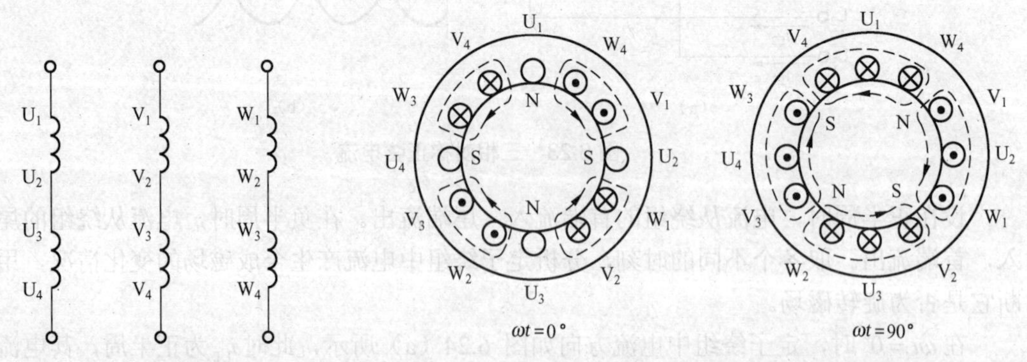

图 6.26　产生 4 极旋转磁场的定子绕组　　图 6.27　三相电流产生的旋转磁场（p=2）

同理，每相有 3 个绕组串联（p=3 时，6 极电动机），绕组首端之间相位差为 120°/3=40° 空间角。

（4）旋转磁场的转速（同步转速 n_0）。旋转磁场的转速决定于磁极数。在一对磁极的情况下，当电流从 $\omega t=0^\circ$ 到 $\omega t=60^\circ$ 时，磁极也旋转了 $\omega t=60^\circ$，设电源的频率为 f_1，即电流每

秒交变 f_1 次或每分交变 $60f_1$ 次，则旋转磁场的转速为 $n_0=60f_1$，转速的单位为转/分（r/min），在两对磁极的情况下，当电流从 $\omega t=0°$ 到 $\omega t=60°$ 经历了 60° 时，而磁场在空间仅旋转了 30°，当电流交变一周时，磁场转过半周，比 p=1 的情况转速慢了一半，即 $n_0=60f_1/2$，同理，在三对磁极的情况下，$n_0=60f_1/3$。

由此可知，当旋转磁场有 p 对磁极时，其旋转磁场的转速为

$$n_0 = 60f_1/p \tag{6.20}$$

我国工频 f_1=50Hz，由式（6.20）可得出对应于不同极对数 p 的旋转磁场转速 n_0（转每分），如表 6.1 所示。

表 6.1　极对数与旋转磁场转速 n_0 的关系

p	1	2	3	4	5	6
n_0(r/min)	3000	1500	1000	750	600	500

（5）电动机的转动原理。三相异步电动机的转动原理如图 6.28 所示。

当旋转磁场按顺时针方向旋转时，其转子导条将切割磁力线（此时转子由于惯性不能马上随旋转磁场一起旋转），导条中就产生电动势，电动势的方向由右手螺旋定则确定，在电动势的作用下，闭合的导条有电流，这个电流又受旋转磁场作用而产生电磁力 F，电磁力 F 的方向可用左手螺旋定则确定。由电磁力产生电磁转矩而使转子转动起来。当旋转磁场反转时，电动机也反转。

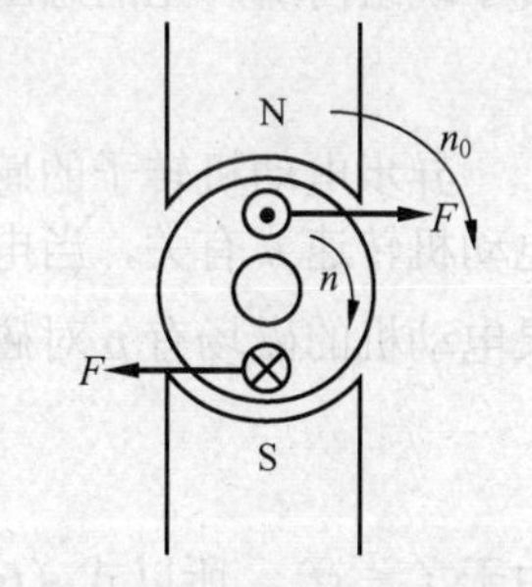

图 6.28　转子转动的原理图

3．转差率

电动机转子的转向与旋转磁场相同。但转子的转速 n 不能与旋转磁场的转速相同，即 $n<n_0$，如果两者相等，则转子与旋转磁场之间就没有相对运动了，所以转子导条就不再切割磁力线，转子电动势和转子电流及电磁力和电磁转矩就不存在了。这样，转子就不会继续以 n_0 的转速旋转，因此转子转速与旋转磁场转速之间必须要有差值，这就是异步电动机名称的由来。旋转磁场的转速 n_0 常称为同步转速。

用转差率 s 来表示转子转速 n 与磁场转速 n_0 相差的程度，即

$$s = \frac{n_0 - n}{n_0} \tag{6.21}$$

转差率是异步电动机的一个重要物理量，转子转速越接近同步转速，转差率越小。由于三相异步电动机的额定转速与同步转速相近，所以它的转差率很小。通常，异步电动机在额定负载时的转差率约为 1%～9%。

若起动时（n=0，s=1）转差率最大，若同步时（$n=n_0$，s=0）转差率最小。

【例 6.2】有一台三相异步电动机，其额定转速 n=1475r/min，试求电动机的极数和额定负载时的转差率 s_N，电源频率 f_1=50Hz。

解：由于电动机的额定转速接近而略小于同步转速，因此可判断 n_0=1 000r/min，与此对应的极对数为 p=2，因此额定负载时的转差率为

$$s_N = \frac{n_0 - n}{n_0} = \frac{(1500-1475)}{1500} = 1.6\%$$

6.2.2 三相异步电动机的电磁转矩和机械特性

电动机的转矩 T 是由磁通 Φ 与转子电流 I_2 作用产生的。电动机的机械特性是指电动机的转速 n 与电动机转矩 T 之间的关系，即 $n=f(T)$。机械特性是电动机的重要特性，因为不同的生产机械要求用不同的机械特性的电动机拖动。

1．三相交流异步电动机的磁通 Φ 与转子电流 I_2

电动机的转矩 T 由转子电流 I_2 与电动机内磁通 Φ 作用而产生，因此，转矩 T 的大小与磁通 Φ 及转子电流 I_2 有关。异步电动机的定子、转子电磁间的关系与变压器类似。置于定子铁芯的定子绕组类似于变压器的一次绕组，而转子绕组相当于变压器二次绕组，当定子绕组接入电源，产生的磁通最大值 Φ_m 由定子相电压 U_1 决定，即

$$\Phi_m \approx \frac{U_1}{4.44 f_1 N_1} \tag{6.22}$$

转子绕组内所产生的感应电动势（有效值）为

$$E_2 = 4.44 f_2 N_2 \Phi_m \tag{6.23}$$

异步电动机转子的感应电动势的频率为 f_2 而不是定子电流频率 f_1。转子频率 f_2 的大小与电动机转速 n 有关，当电动机以转速 n 运转时，转子与旋转磁场间的转速差为（n_0-n），如果电动机的磁场有 p 对磁极，则转子感应电动势 e_2 的频率 f_2 为

$$f_2 = \frac{(n_0-n)}{60}\times p = \frac{(n_0-n)}{n_0}\times\frac{n_0}{60}\times p = sf_1 \tag{6.24}$$

由于 $f_2=sf_1$，所以式（6.23）又可写成为

$$E_2 = 4.44 s f_1 N_2 \Phi_m \tag{6.25}$$

设

$$E_{20} = 4.44 f_1 N_2 \Phi_m$$

E_{20} 为对应于 s=1（即或 n=0）时，转子内所产生的感应电动势值。式（6.25）又可写成

$$E_2 = sE_{20} \tag{6.26}$$

由于转子电动势 E_2 的频率 f_2 与转差率 s 有关，因此，转子绕组的电抗 $X_2=2\pi f_2 L_2$ 与转差率 s 也有关系，即

$$X_2 = 2\pi f_2 L_2 = s(2\pi f_1 L_2) = sX_{20} \tag{6.27}$$

而

$$X_{20} = 2\pi f_1 L_2$$

转子电路电流为

$$I_2 = \frac{E_2}{\sqrt{R_2^2+X_2^2}} = \frac{sE_{20}}{\sqrt{R_2^2+(sX_{20})^2}} \tag{6.28}$$

式（6.28）中的 R_2 为转子绕组的电阻。

转子电路的功率因数为

$$\cos\varphi_2 = \frac{R_2}{\sqrt{R_2^2+X_2^2}} = \frac{R_2}{\sqrt{R_2^2+(sX_{20})^2}} \tag{6.29}$$

异步电动机转子电流 I_2 和转子电路的功率因数 $\cos\varphi_2$ 都是转差率 s 的函数，由式（6.28）和式（6.29）可得 I_2、$\cos\varphi_2$ 随 s 改变的关系曲线，如图 6.29 所示，一般三相异步电动机在 s=1 时转子电流 I_{20} 的值，约为额定转速下电流 I_{2N} 的（4～7）倍。转子电路功率因数 $\cos\varphi_2$ 在 s=0 时，$\cos\varphi_2=1$；s=1 时，$\cos\varphi_2$ 为 0.2～0.3 左右。

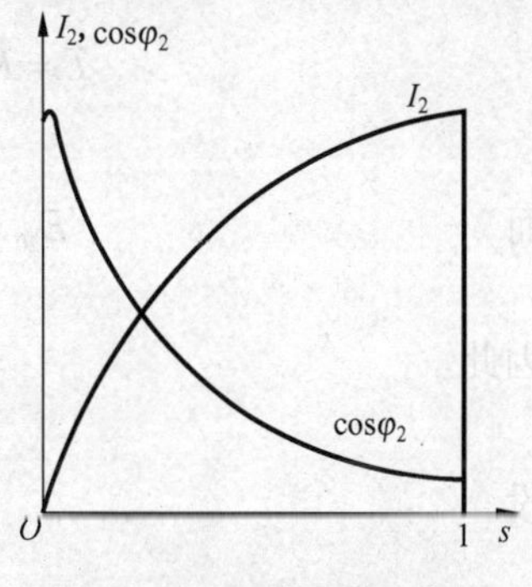

图 6.29 I_2 和 $\cos\varphi_2$ 与转差率 s 的关系

【例 6.3】一台 4 极（p=2）的异步电动机，额定转速为 n_N=1 440r/min，转子电阻 $R_2=0.02\Omega$，感抗 $X_{20}=0.08\Omega$，电动势 E_{20}=20V，电源频率 f_1=50Hz。求电动机在起动时及额定转速下转子电流 I_2 和转子电流 i_2 的频率 f_2。

解：转子电流

$$I_2=\frac{sE_{20}}{\sqrt{R_2^2+(sX_{20})^2}}$$

电动机起动时，转差率 s=1，所以此时转子电流为

$$I_{2st}=\frac{sE_{20}}{\sqrt{R_2^2+(sX_{20})^2}}=\frac{20}{\sqrt{(0.02)^2+(0.08)^2}}\approx 242.5\text{A}$$

4 极的异步电动机，同步转速为 $n_0=1\,500\text{r/min}$，因此，电动机在额定转速下的转差率

$$s=\frac{n_0-n_N}{n_0}=\frac{1\,500-1\,440}{1\,500}=4\%$$

在额定转速时，这台电动机的转子电流 I_{2N} 和转子电流频率 f_2 分别为

$$I_{2N}=\frac{s_N E_{20}}{\sqrt{R_2^2+(s_N X_{20})^2}}=\frac{0.04\times 20}{\sqrt{(0.02)^2+(0.04\times 0.08)^2}}\approx 39.5\text{A}$$

$$f_2=s_N f_1=0.04\times 50=2\text{Hz}$$

起动时转子的电流值比额定转速下转子电流值大了 6 倍。

2．转矩公式

三相交流异步电动机的转矩 T 与磁通最大值 Φ_m、电流 I_2 及转子电路功率因数 $\cos\varphi_2$ 有关。转矩公式可表示为

$$T=K\Phi_m I_2\cos\varphi_2\,(\text{N}\bullet\text{m}) \tag{6.30}$$

由于

$$\Phi_m\approx\frac{U_1}{4.44 f_1 N_1}$$

$$I_2=\frac{sE_{20}}{\sqrt{R_2^2+(sX_{20})^2}}$$

和

$$\cos\varphi_2=\frac{R_2}{\sqrt{R_2^2+(sX_{20})^2}}$$

所以，转矩 T 又可表示为

$$T=K\frac{U_1}{4.44f_1N_1}\cdot\frac{sE_{20}}{\sqrt{R_2^2+(sX_{20})^2}}\cdot\frac{R_2}{\sqrt{R_2^2+(sX_{20})^2}}$$

而

$$E_{20}=4.44f_1N_2\Phi_m=4.44f_1N_2\frac{U_1}{4.4f_1N_1}=\frac{N_2}{N_1}U_1$$

因此

$$T=K\frac{N_2}{4.44f_1N_1^2}\cdot\frac{sR_2}{R_2^2+(sX_{20})^2}\cdot U_1^2$$

设

$$C_T=K\frac{N_2}{4.44f_1N_1^2}$$

在f_1一定时，C_T为一常数，称为电动机常数，得

$$T=C_T\cdot\frac{sR_2}{R_2^2+(sX_{20})^2}\cdot U_1^2 \tag{6.31}$$

由式（6.31）可看出，当电压U_1一定时，转矩T是转差率s的函数。式（6.31）还表明异步电动机的转矩与定子电压 U_1 的平方成比例，因此，异步电动机的转矩对定子电压变动敏感，如电源电压10%的波动，电动机的转矩就有约20%的波动，电压波动越大，转矩的波动就越大。

3．机械特性

在一定的电源电压 U_1 和转子电阻 R_2 之下，转矩与转差率的关系曲线$T=f(s)$或转速与转矩的关系曲线$n=f(T)$称为电动机的机械特性曲线。$T=f(s)$曲线可根据式（6.30）并参照图6.29得出，如图6.30所示。

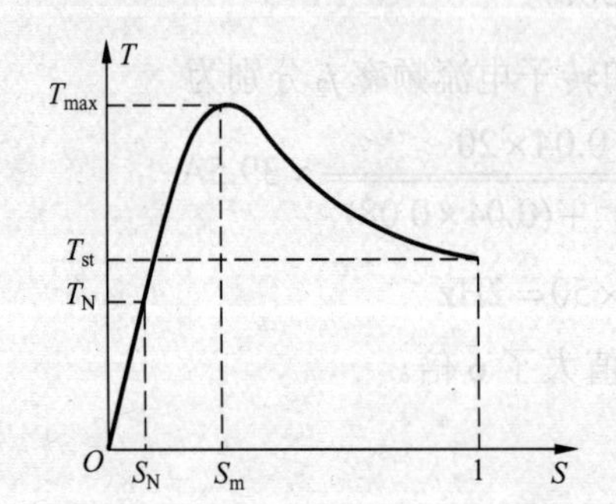

图6.30　三相异步电动机的 T=f(s)曲线

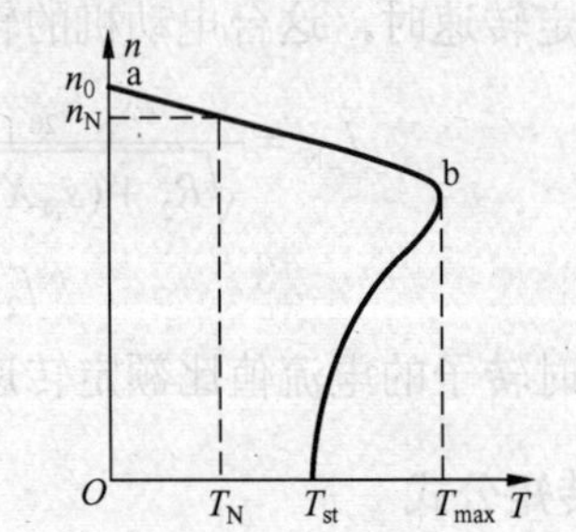

图6.31　三相异步电动机的 n=f(T)

图6.31所示的$n=f(T)$曲线可从图6.30得出，具体方法是，只需将$T=f(s)$曲线顺时针方向转过90°，再将表示T的横轴移下即可。研究机械特性的目的是为了分析电动机的运行性能。在机械特性曲线上，要研究讨论3个转矩。

4．三个重要转矩

（1）额定转矩。额定转矩是电动机在等速运行时，电动机的电磁转矩T必须与机械负载转矩 T_2 及空载转矩 T_0 相平衡。即$T=T_2+T_0$，由于空载转矩 T_0 很小，常可忽略不计，所以

$$T=T_2+T_0\approx T_2 \tag{6.32}$$

并由此得

$$T_N \approx T_2 = \frac{P_N}{\frac{2\pi n_N}{60}} = 9550\frac{P_N}{n_N}(\mathrm{N \cdot m})$$

式中，P_N是电动机轴上输出的机械功率（kW），n_N是电动机的额定转速（r/min），得到的额定转矩单位为（N·m）。

当电动机的负载转矩增加时，在最初瞬间，电动机的电磁转矩 $T<T_2$，所以它的转速开始下降，随着转速的下降，电磁转矩增加，电动机在新的稳定状态下运行，这时的转速较前为低，但是，如图 6.31 所示，曲线 ab 比较平坦，当负载在空载与额定负载之间变化时，电动机的转速变化不大，这种特性称为硬的机械特性，三相异步电动机的这种硬特性在应用中适用于一般金属的切削加工。

（2）最大转矩。从机械特性曲线上看，转矩有一个最大值，称为最大转矩或临界转矩，对应于最大转矩的转速差，由$\frac{\mathrm{d}T}{\mathrm{d}s}=0$求得$s_m=\frac{R_2}{X_{20}}$（取正值），即

$$s_m=\frac{R_2}{X_{20}} \tag{6.33}$$

将s_m代入式（6.31）中得最大转矩为

$$T_{max}=C_T \cdot \frac{U_1^2}{2X_{20}} \tag{6.34}$$

当负载转矩T_2超过最大转矩T_{max}时，电动机就带不动负载了，发生了所谓闷车现象。闷车后电动机的电流迅速升高到额定电流的 6～7 倍，电动机会严重过热以至烧坏。另一方面，也说明电动机最大负载转矩可以接近最大转矩，如果过载时间较短，电动机不至于马上过热，是允许的。通常用$\lambda = T_{max}/T_N$表示电动机的过载能力，称为过载系数。

一般三相异步电动机的过载系数为 1.8～2.2，在选用电动机时，要考虑可能出现的最大负载转矩，然后根据所选电动机的过载系数计算出最大转矩，它必须大于最大负载转矩。

（3）起动转矩。电动机起动时（n=0，s=1）的转矩称为起动转矩，将s=1 代入式（6.31）中，得出起动转矩为

$$T_{st}=K\frac{R_2U_1^2}{R_2^2+X_{20}^2} \tag{6.35}$$

由上式可知，T_{st}与U_1^2和R_2^2有关，当电源电压降低时，起动转矩会明显降低。

6.2.3 三相异步电动机的使用

1. 三相异步电动机的铭牌数据

电动机除了由制造厂随机提供的说明书外，在机壳上固有一块铭牌，上面标明电动机的型号、额定值和有关技术数据。电动机按铭牌所规定的条件和额定值运行时就叫额定运行状态。如一台型号为 Y90L-4 的三相异步电动机，Y 表示系列号，90 代表机座中心高，L 代表铁芯长度代号，4 表示极数。铭牌上的额定值有以下几种。

（1）额定容量 P_N，指轴上输出的机械功率。

（2）额定电压 U_N，指电动机外施电源电压。

（3）额定电流 I_N，指电机的母线电流。

（4）额定转速 n_N，指电动机在额定运行状态下运行时转子的转速。

（5）额定频率 f_N，我国规定工频为 50Hz。

2．电动机的选择

（1）容量的选择。电力系统的经济可靠运行，电动机的选择是一个很重要的问题。如果电动机的容量选择过大，则利用不充分，效率和功率因数较低，但投资大，很不经济。如果电动机的容量选择过小，电机过载运行，长期过载会造成电机损坏，造成经济损失。

下面介绍 3 种生产机械所用容量的经验公式：

$$\text{车床：} P = 36.5D^{1.54} \tag{6.36}$$

$$\text{立式车床：} P = 20D^{0.88} \tag{6.37}$$

式中，D 表示工件最大直径（m），P 表示电动机最大容量（kW）。

$$\text{龙门铣床：} P = \frac{1}{166}B^{1.15} \tag{6.38}$$

式中，B 表示工作台宽度（mm）。

（2）电压的选择。对于交流电动机的额定电压的选择，中小型的一般为 380V，大型的一般为 3 000V，6 000V，10 000V。

（3）转速的选择。通常情况下转速公式为

$$n = \frac{P}{CD^2 l} \tag{6.39}$$

式中，C 表示电动机常数，与电动机的电磁参数有关，l 表示电枢的有效长度，D 表示电动机的电枢直径。

3．电动机的起动

异步电动机接入电源，若电动机的起动转矩 T_{st} 大于负载转矩 T_2，使异步电动机的转速从静止状态加速到额定转速，整个过程称为起动。

异步电动机起动时，其转速 n=0，转差率 s=1，由于转子电流约为额定电流的 5～7 倍，因而使电动机定子的电流在起动时为额定电流的 5～7 倍。但由于电动机起动时间不长（小型电动机只有 1～3s），虽然起动电流是额定电流的数倍，但只要不是频繁起动，从发热角度考虑电动机是可以承受的。当异步电动机频繁起动或电动机容量较大时，起动电流在短时间内会在线路上造成较大的电压降落，使负载端的端电压降低，影响附近的负载的正常工作。另外异步电动机的起动转矩 T_{st} 不大，它与额定转矩之比值约为 1.0～2.2。如果起动转矩过小，不能在满载下起动。

为了减小异步电动机的起动电流，有时也为了提高或减小起动转矩，需采用适合的起动方法。由于异步电动机的转子有两种结构型式，因此，这两种电动机起动的方法有所不同，鼠笼式异步电动机的起动有直接起动和降压起动，绕线式异步电动机则采用转子串接电阻起动等方法。

（1）鼠笼式异步电动机的起动。

① 直接起动。直接起动是利用闸刀开关或接触器将电动机定子绕组直接接到具有额定电

压的交流电源上，这种起动方法称为直接起动或全压起动。

鼠笼式异步电动机能否直接起动与供电变压器的容量大小有关。当电动机由单独的变压器供电时，在频繁起动的情况下，只要电动机的容量不超过变压器容量的20%，而不经常起动时，电动机容量不超过变压器容量的30%，这两种情况都允许电动机全压起动。若电动机与照明负载共用一台变压器时，允许全压起动的电动机最大容量，以电动机起动时电源电压降低不超过额定电压的5%为原则。

② 降压起动。鼠笼式异步电动机若要求限制它的起动电流，可采用降压起动来降低起动电流。鼠笼式异步电动机降压起动可以使起动电流减小，但同时电动机的起动转矩也减小，所以这种起动方法只适用于对起动转矩要求不高的生产机械。常用的降压起动方法有星形—三角形（Y-△）换接起动和自耦降压起动。

星形—三角形（Y-△）换接起动：这种起动方法只适用于定子绕组运行时为三角形（△）联结的电动机。起动时将定子绕组接成星形（Y），等到转速接近额定转速时再接成三角形。这样，在起动时就把定子绕组上的电压降到正常工作时电压的$\frac{1}{\sqrt{3}}$，由图6.32所示可知，星形起动时$I_{lY}=I_{PY}=\frac{U_1/\sqrt{3}}{|Z|}$，三角形接法起动时$I_{l\triangle}=I_{P\triangle}=\sqrt{3}\frac{U_1}{|Z|}$，所以$\frac{I_{lY}}{I_{l\triangle}}=\frac{1}{3}$，即降压起动电流为直接起动时的电流的$\frac{1}{3}$。

星形—三角形（Y-△）换接起动接线图如图6.33所示，起动时将开关Q_2合于下边电动机接成星形联结，然后将Q_1接入电源，电动机星形联结起动，待电动机转速达到一定值时再将开关Q_2快速合于下边，使电动机改为三角形联结。

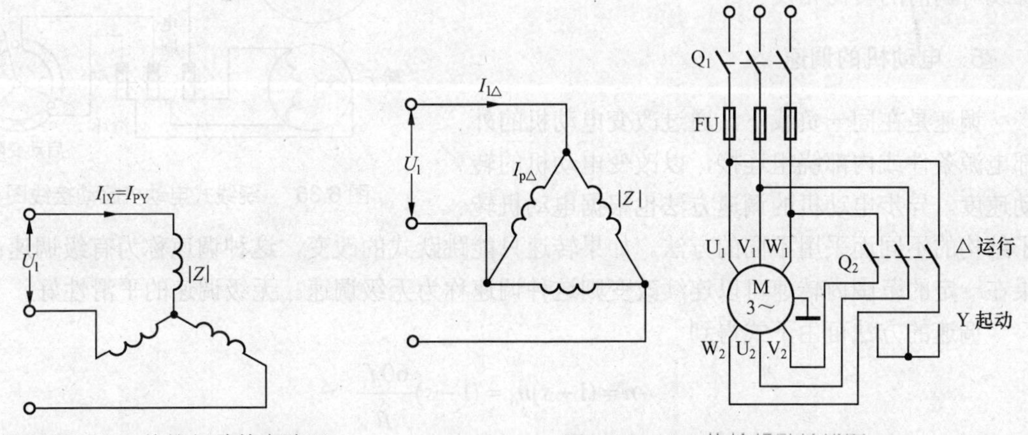

图6.32 Y-△换接起动的电路图　　图6.33 Y-△换接起动接线图

采用星形—三角形（Y-△）方法起动可使电动机的起动电流降至全压（直接）起动时的1/3，但起动转矩也降至直接起动时的1/3。

自耦降压起动：自耦降压起动是利用三相自耦变压器将电动机在起动过程中的端电压降低，其接线图如图6.34所示。起动时，先把开关Q_2合于起动位置，当转速接近额定转速时，将开关Q_2合于工作位置，切除自耦变压器。

为满足不同需要自耦变压器的二次侧备有 3 个抽头，分别输出电源电压的55%、64%或70%，供使用者选择。根据对起动转矩的要求而选用。自耦降压起动适用于容量较大的或正常运行时为星形联结不能采用星形—三角形换接起动的鼠笼式异步电动机。

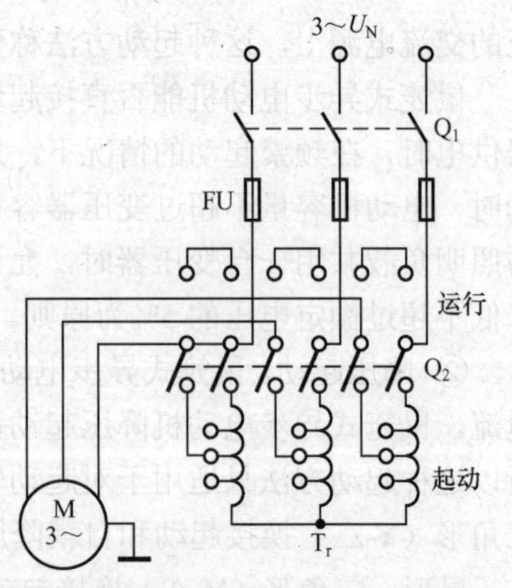

图 6.34　自耦变压器启动控制原理图

（2）绕线式异步电动机的起动。绕线式异步电动机的起动，只要在转子电路中接入大小适当的起动电阻，就可达到减小起动电流的目的，同时起动转矩也提高了。绕线式异步电动机起动接线图如图 6.35 所示。因转子电路串入附加电阻之后，转子电流比未串电阻前大大下降，因此，对起动较频繁且要求起动电流小又要求起动转矩高的机械（如起重机械等）通常采用绕线式异步电动机拖动。

4．电动机的反转

三相交流异步电动机转子的转动方向与旋转磁场的转动方向相同。旋转磁场的转向取决于定子绕组通入的三相电流的相序。因此，要改变三相交流异步电动机的转动方向很容易，只要将电动机接向电源的三根电源线中的任意两根对调一下，这时旋转磁场方向改变，电动机的转向与电源线对调前的转向相反。

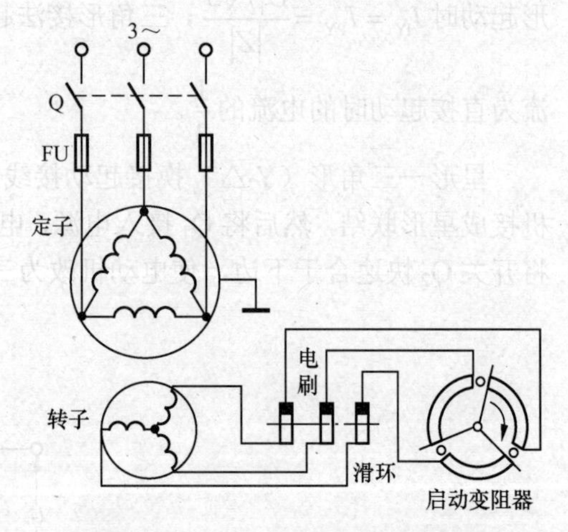

图 6.35　绕线式电动机起动接线图

5．电动机的调速

调速是在同一负载下，通过改变电动机的外部电源条件或内部绕组连接，以改变电动机的转动速度。异步电动机的调速方法也根据电动机转子结构的不同而采用不同的方法。如果转速只能跳跃式的改变，这种调速称为有级调速；如果在一定的范围内转速可以连续改变则这种调速称为无级调速。无级调速的平滑性好。

调速的方法可由下式得到

$$n=(1-s)n_0=(1-s)\frac{60f_1}{p}$$

由此式可知，改变电动机的转速有 3 种方法：改变电源频率 f_1、改变极对数 p 和改变转差率 s。鼠笼式异步电动机采用电源频率 f_1 和改变极对数 p 调速，绕线式异步电动机采用改变转差率 s 调速。

（1）变频调速。通过改变异步电动机电源频率 f_1 的方法实现调速，称为变频调速。由于电力电子技术的发展，目前可制造出各种规格，频率能够连续调节的大功率三相电源供变频调速电动机使用。

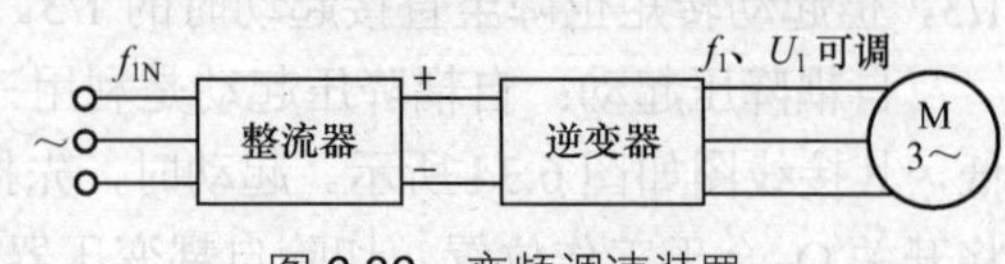

图 6.36　变频调速装置

图 6.36 所示为变频调速装置，其中电动机

的额定频率 f_{1N} 称为基频，电动机进行变频调速时，可以从基频向下调，也可从基频向上调。整流器先将频率为 f_{1N} 的三相交流电变换为直流电，再由逆变器变换为频率可调、电压有效值可调的三相交流电。

这两种调频的控制要求有所不同。频率调节的范围一般为 0.5～320Hz。

通常，变频调速有下列两种方式。

① 在 $f_1 < f_{1N}$，即低于基频调速，应保持 $\frac{U_1}{f_1}$ 的比值不变，此时电动机的转矩近似不变，称为恒转矩调速。

② 在 $f_1 > f_{1N}$，即高于基频调速，应保持 U_1 的不变，此时电动机的功率近似不变，称为恒功率调速。

（2）变极调速。通过改变异步电动机定子绕组的接线方式可以改变异步电动机的极对数实现调速，称为变极调速。因为极对数是成倍的变化，所以只能是有级调速。

如图 6.37 所示，图中只画出 U 相绕组的线圈，定子每相绕组由两个线圈构成。当两个线圈串联时，如图 6.37（a）所示，极对数 $p=2$；当两个线圈并联时，如图 6.37（b）所示，极对数 $p=1$；从而实现调速。

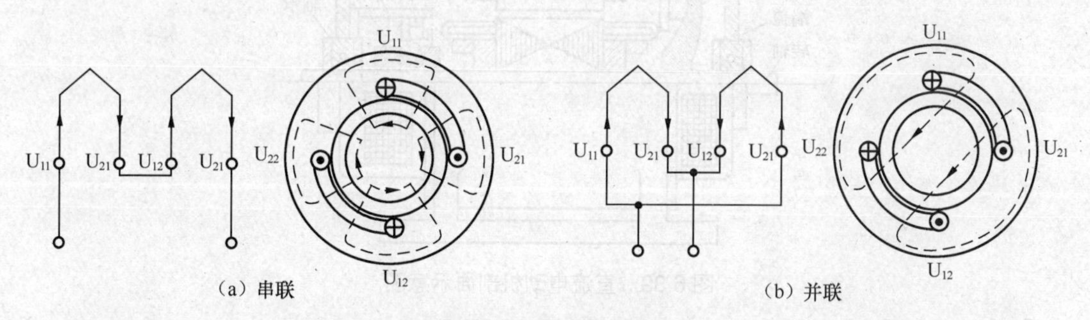

图 6.37　变极调速

能够用改变极对数的方法调节转速的电动机，称为多速电动机。这种电动机的定子有几套绕组或绕组有多个抽头引至电动机外部，通过在外部改变连接方法改变电动机的极对数。多速电动机可以做到二速、三速、四速等。我国 YD 系列电动机是多速电动机。

（3）变转差率调速。这种调速方法只适用于绕线式异步电动机。在绕线式异步电动机的转子电路中接入一个调速电阻，改变转子电路的电阻，从而实现调速的目的。这种调速方法的优点是设备简单，但低速时负载稍有变化，转速变化较大。常用于起重设备中。

6.3 直流电动机

6.3.1 直流电动机的构造和工作原理

1. 直流电动机的构造

直流电动机构造如图 6.38 和图 6.39 所示。

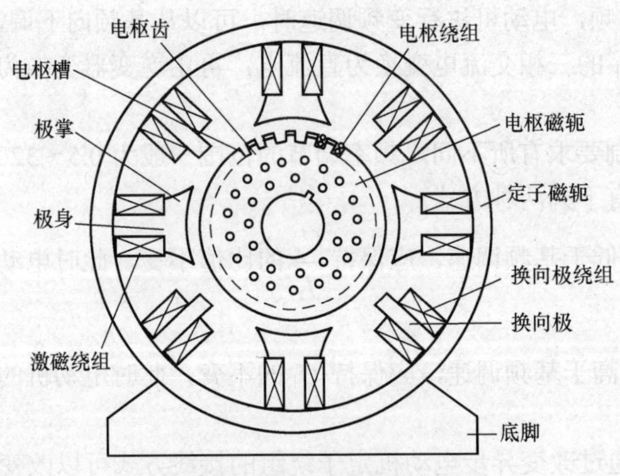

图6.38　直流电动机结构示意图

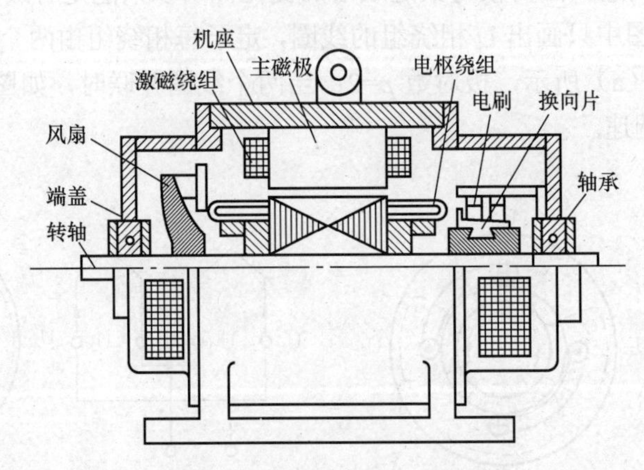

图6.39　直流电动机剖面示意图

直流电动机由定子（固定部分）和转子（转动部分）两大部分所组成。定子的作用是用来产生磁场和作电动机本身的机械支撑，它包括主磁极、换向极、机座、端盖、轴承等，静止的电刷装置也固定在定子上。转子上用来感应电势和通过电流从而实现能量转换的部分称为电枢，它包括电枢铁芯和电枢绕组。电枢铁芯固定在转轴上，转轴两端分别装有换向器、风扇等。人们习惯将直流电动机的转子称为电枢。

（1）主磁极。主磁极用以生产气隙磁场，以便电枢绕组在此磁场中转动而感应电势。产生磁场可以有两种方法，其一是，采用永久磁铁作主磁极，这样的电动机称为永磁直流电动机，绝大部分的微小型直流电动机都采用这种方法；其二是，由励磁绕组通以直流电流来建立磁场，几乎所有的中、大型直流电动机的主磁极都采用这种方法。对于第二种方法，主磁极包括主磁极铁芯和套在铁芯上的励磁绕组两部分。主磁极铁芯靠近电枢的扩大部分称为极掌（或极靴）。为了降低在电枢旋转时极掌表面可能引起的涡流损耗，主磁极铁芯一般用1～1.5mm厚的低碳钢板冲片叠压而成，并用铆钉将两铁片紧固成一整体。极掌与电枢表面形成的气隙，通常是不均匀的。主磁极绕组是用圆截面或矩形截面的绝缘铜导线绕制成的集中绕组。为了节约用铜，有的电动机主磁极绕组用铝线绕制。整个主磁极用螺栓固定在机座上。由于电动机的N极和S极只能成对出现，故主磁极的极数一定是偶数，而且沿机座内圆周按N、S、N、S…交替地排列极性相异的磁极。

（2）机座。机座的主体部分作为磁极间磁的通路，这部分称为磁轭。机座同时又用来固定主磁极、换向极和端盖，并借底脚把电动机固定在安装电动机的基础上。机座一般用铸钢铸成或用厚钢板焊接而成，以保证良好的导磁性能和机械性能。对于换向要求较高的电动机，有时也采用薄钢板叠成的机座。

（3）电枢铁芯和电枢绕组。电枢铁芯用作电机磁的通路及嵌置电枢绕组。为了减少涡流损耗，电枢铁芯一般用 0.5mm 或 0.35mm 厚的涂有绝缘漆的硅钢片叠压而成。每片冲片上冲有嵌放绕组的矩形槽或梨形槽和一些通风孔，如图 6.40 所示。对于容量较大的电动机，为了加强冷却，把电枢铁芯沿轴向分成数段，段与段之间空出约 10mm 作为径向通风道。

电枢绕组用以感应电势和通过电流，使电机实现机电能量转换。电枢绕组由许多用绝缘导线绕成的线圈组成。各线圈以一定规律焊接到换向器上而连接成一个整体。小型电动机的电枢绕组用圆截面导线绕制并嵌置在梨形槽中，较大容量的电动机则用矩形截面导线绕制而嵌置在开口槽中。线圈与铁芯之间以及上、下层线圈之间都必须妥善地绝缘。为了防止电机转动时线圈受离心力而甩出，在槽口加上槽楔予以固定。有些小容量直流电动机的电枢绕组敷设在没有槽的电枢铁芯表面，用玻璃丝带绑扎，并用热固性树脂粘固成一个整体，这种电动机称为无槽电动机。

（4）换向器和电刷装置。换向器的作用对发电机而言，是将电枢绕组内感应的交流电势转换成电刷间的直流电势。对电动机而言，则是将从电源输入的直流电流转换成电枢绕组内的交变电流，并保证每个磁极下电枢导体内电流的方向不变，以产生方向不变的电磁转矩。换向器由许多彼此互相绝缘的换向片构成，它有多种结构形式，图 6.41 所示为常用的结构形式。这种形式的换向片下部为燕尾形，借助于 V 形钢制套筒和 V 形环把它固定，并用螺旋压圈紧固成一整体。片与片之间用云母垫片绝缘。

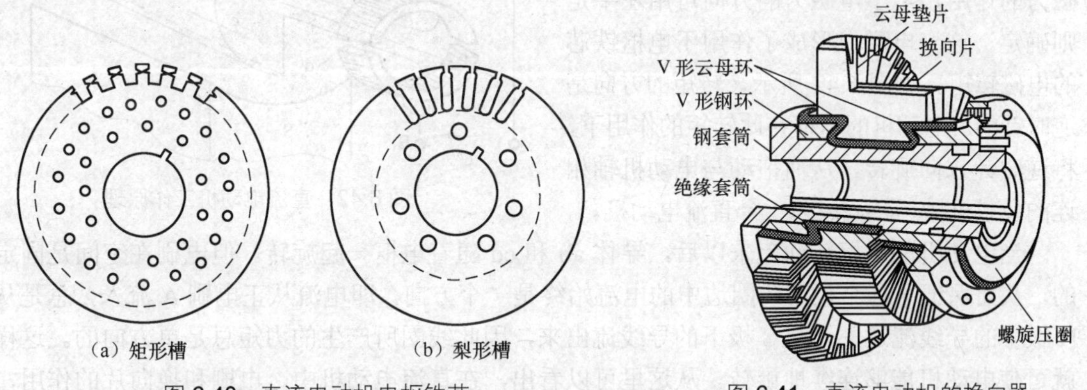

图 6.40 直流电动机电枢铁芯

图 6.41 直流电动机的换向器

电刷的作用有两个。其一是，把转动的电枢与外电路相连接，使电流经电刷流入电枢或从电枢流出；其二是，它与换向器配合而获得直流电压。电刷装置由电刷、刷握、刷杆座、汇流条等部件构成。电刷放在刷握的刷盒中，由弹簧机构把它压在换向器表面上。刷握固定在刷杆上。每一刷杆装置由若干个刷握构成一电刷组。电刷组的组数（也叫刷杆数）与主极的极数相等。刷杆座的位置也是可以调整的。调整刷杆座的位置，就同时调整了各电刷组在换向器上的位置。同极性的各刷杆用汇流条连在一起并引到电动机出线盒的接线柱上，或将其先与换向极绕组串联之后再引到出线柱上。

（5）换向极。换向极是用来改善换向的，其结构也由铁芯和套在上面的绕组构成，类似于主磁极。由于电枢电流的存在，它也会在电动机气隙中产生磁场，此磁场的方向与主磁场方向相互垂直，使得电动机气隙合成磁场发生畸变，从而使换向器上片间电压分布不均，造成换向困难。换向极的作用就是消除电枢磁场的影响，其绕组与电枢绕组相串联，工作时其产生的磁场与电枢产生的磁场大小相等、方向相反，从而起到消除或削弱电枢反应的作用。

小型电动机的换向极铁芯用整块钢制成。由于换向极绕组与电枢绕组串联，要通过较大电流而用截面大的矩形截面导线绕制而成，其匝数较少。换向极装在两相邻主极之间，用螺杆固定在机座上。换向极的数目一般与主极的极数相等。在小功率的直流电机中，有时换向极的数目只有主极的一半，或不装换向极。

最后必须指出，在静止的主磁极和转动的电枢之间有一空气隙，空气隙对电动机的运行性能有着很大的影响。空气隙的大小，随着电动机容量的不同而不同。小型电动机的空气隙约为1～3mm，大型电动机的空气隙可达2mm。空气隙的量值虽小，但由于其磁阻较大，因而在电动机的磁路系统中占有很重要的地位。

2．直流电动机的工作原理

图 6.42 所示为直流电动机工作原理模型。在电刷A、B两端接上直流电源U，电刷A接至电源的正极，电刷B接至电源的负极。则线圈中有电流流过，其方向如图6.42中箭头所示。位于磁场中的载流导体必将受到电磁力的作用，至于电磁力的方向可用左手定则确定。这一电磁力形成了作用于电枢铁芯的电磁转矩。如图6.42所示，转矩的方向是逆时针的。电动机的电枢在此转矩的作用下，将逆时针方向旋转，从而拖动与电动机轴相连的负载机械运转，成为一台直流电动机。

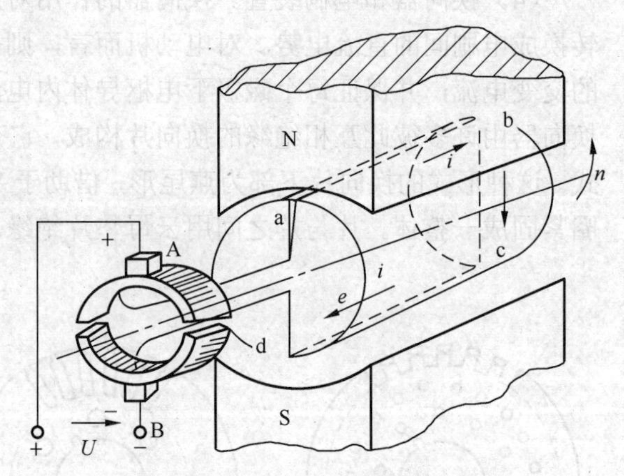

图6.42　直流电动机工作原理

当电动机的电枢转动起来以后，导体ab和cd随着电枢一起旋转。但电刷在空间是固定的，从而保证了各个极下线圈边中的电流始终是一个方向，即电流从正电刷A流入，总是从N极下的导线流进去，从S极下的导线流出来，因此线圈所产生的力矩总是单方向的。这样就可使电动机能够连续地旋转。从这里可以看出，在直流电动机中，电刷和换向片的作用，正好与直流发电机相反，它是将电源输入的直流电流转换成线圈中流过的交变电流。

6.3.2　他励电动机

他励电动机的励磁绕组与电枢绕组之间无电的联系，由独立的电源单独给励磁绕组和电枢绕组供电，如图6.43所示。

永磁直流电动机也可看作他励直流电动机，因为它的主磁场与电枢电压无关。一般直流控制系统所用的直流电动机主要是他励电动机，下面以他励电动机为例介绍直流电动机的机械特性。

1．他励电动机的固有机械特性

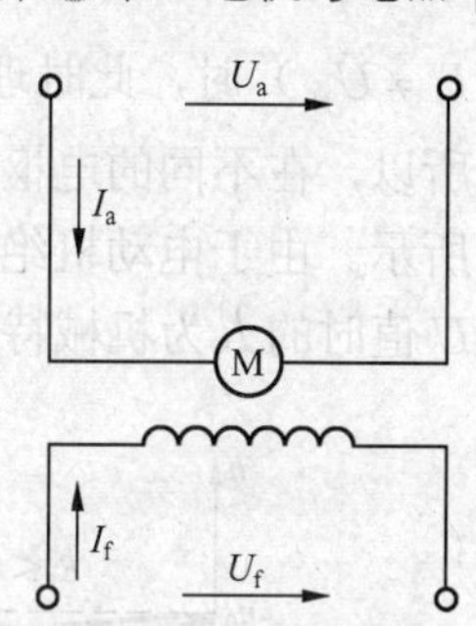

图6.43 他励电动机

电动机的机械特性有固有特性和人为特性之分。固有特性又称为自然特性，它是指在额定条件下的$n=f(T)$，对于他励电动机，就是在额定电压 U_N 和额定磁通ϕ_N 下，电枢电路内不外接任何电阻时的$n=f(T)$。他励电动机的固有特性可以根据电动机的铭牌数据来绘制。当$U=U_N$，$\phi=\phi_N$时，且K_e、K_t、R_a都为自然数，$n=f(T)$是一条直线。只要确定其中的两个点就能画出这条直线，一般就用理想空载点（0，n_0）和额定运行点（T_N，n_N）近似地作出直线。通常在电动机铭牌上给出了额定功率 P_N、额定电压U_N、额定电流I_N等，由这些已知数据就可求出R_a、$K_e\phi_N$、n_0、T_N，其计算步骤如下。

（1）计算电枢电阻R_a：通常电动机在额定负载下的铜耗$I_a^2R_a$约占总损耗$\sum\triangle P_N$的50%～75%。因为$\sum\triangle P_N$=输入功率−输出功率$=U_NI_N-P_N=U_NI_N-\eta_NU_NI_N=(1-\eta_N)U_NI_N$，即

$$I_a^2R_a=(0.50\sim0.75)(1-\eta_N)U_NI_N \tag{6.40}$$

式中，$\eta_N=P_N/(U_NI_N)$是额定运行条件下电动机的效率，且此时$I_a=I_N$，故得

$$R_a=(0.50\sim0.75)\left(1-\frac{P_N}{U_NI_N}\right)\frac{U_N}{I_N} \tag{6.41}$$

（2）求$K_e\phi_N$：额定运行条件下得反电势$E_N=K_e\phi_Nn_N=U_N-I_NR_a$，故

$$K_e\phi_N=\left(U_N-I_NR_a\right)/n_N \tag{6.42}$$

（3）求理想空载转速

$$n_0=U_N/\left(K_e\phi_N\right) \tag{6.43}$$

（4）求额定转矩

$$\{T_N\}_{\text{N.m}}=\frac{\{P_N\}_\text{W}}{\{\omega\}_{\text{rad/s}}}=9.55\frac{\{P_N\}_\text{W}}{\{n_N\}_{\text{r/min}}} \tag{6.44}$$

2．他励电动机的人为机械特性

人为地改变其中的可变参数，就可以改变电机的机械特性，这样得到的机械特性称为人为机械特性。分别改变供电电压U、励磁磁通ϕ、电枢电路内电阻时就可以得到3种不同的机械特性。下面分别介绍这3种人为机械特性。

（1）电枢回路中串电阻时的人为机械特性。当$U=U_N$，$\phi=\phi_N$时，电枢回路中串接附加电阻R_{ad}，若以$R_{ad}+R_a$代替式R_a，就可以在电枢回路中串接附加电阻的人为机械特性方程式，即

$$n=\frac{U_N}{K_e\phi_N}-\frac{R_{ad}+R_a}{K_eK_t\phi_N^2}T \tag{6.45}$$

它与固有机械特性方程式比较可看出，当U和ϕ函都是额定值时，两者的理想空载转速n_0是相同的，而速降Δn却变大了，即特性变软。R_{ad}越大，特性越软，在不同的R_{ad}值时，可得到一簇由同一点（0，n_0）出发的人为特性曲线，如图6.44所示。

（2）改变电枢电压 U 时的人为机械特性。当$\phi=\phi_N$，R_{ad}=0，而改变电枢电压 U（即

$U \neq U_N$）时，此时理想空载转速 $n_0 = U_N / (K_e \phi_N)$ 要随 U 的变化而变化，但转速降 Δn 不变，所以，在不同的电枢电压 U 时，可得一簇平行于固有特性曲线的人为特性曲线，如图 6.45 所示。由于电动机绝缘耐压强度的限制，电枢电压只允许在其额定值以下调节，所以，不同 U 值时的人为机械特性曲线均在固有特性曲线之下。

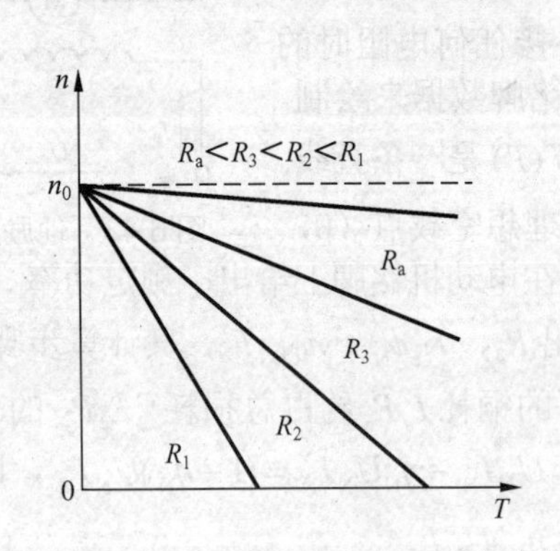

图 6.44 人为特性曲线电枢回路中串电阻

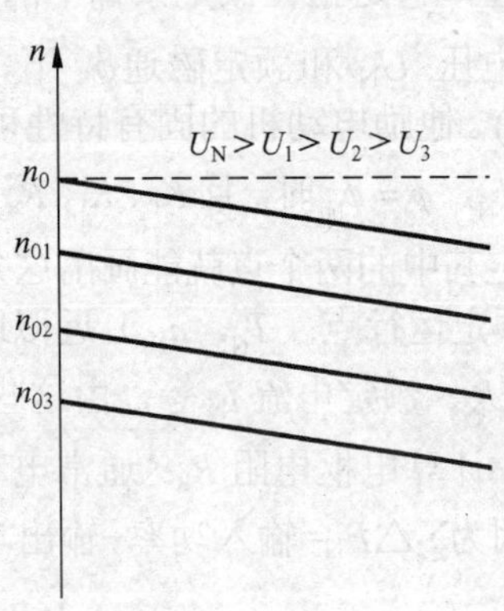

图 6.45 改变电枢电压 U 时的人为机械特性

（3）改变磁通 ϕ 的人为机械特性。当 $U = U_N$，$R_{ad} = 0$ 而改变磁通 ϕ 时，理想空载转速 $n_0 = U_N / (K_e \phi_N)$ 和转速降 $\Delta n = R_a T / (K_e K_t \phi^2)$ 都要随磁通 ϕ 的改变而变化，由于励磁线圈发热和电动机磁饱和的限制，电动机的励磁电流和它对应的磁通 ϕ 只能在低于其额定值的范围内调节，所以，随着磁通 ϕ 的降低，理想空载转速 n_0 和速降 Δn 都要增大，又因为在 n=0 时，由电压平衡方程 $U = E + I_a R_a$ 和 $E = K_e \phi_n$ 可知，此时 $I_{st} = U / R_a$ =常数，与其对应的电磁转矩 $T_{st} = K_t \phi I_{st}$ 随 ϕ 的降低而减小。根据以上所述，可得不同磁通 ϕ 值下的人为特性曲线，如图 6.46 所示。图中每条人为特性曲线均与固有特性曲线相交，交点左边的一段在固有特性曲线之上，右边的一段在固有特性曲线之下。而在额定条件下（额定电压、额定电流、额定功率）运转时，电动机总是工作在交点的左边区域内。

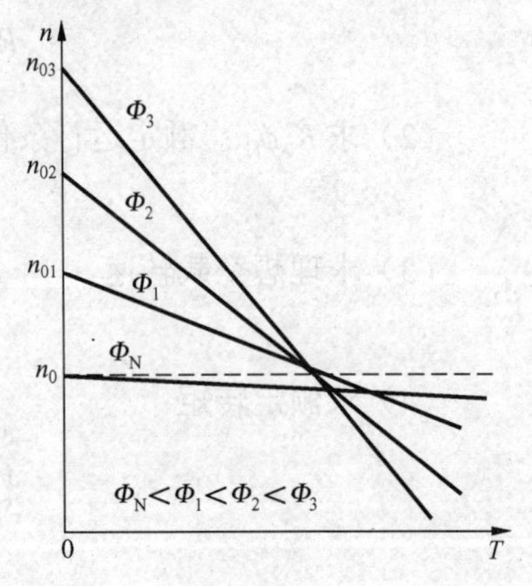

图 6.46 改变磁通 ϕ 的人为机械特性

削弱磁通时，必须注意的是：当磁通过分削弱后，如果负载转矩不变，将使电动机电流大大增加而严重过载。另外，当磁通为零时，从理论上说，电动机转速趋于无穷大，实际上励磁电流为零时，电动机尚有剩磁，这时转速虽不趋于无穷大，但会升到机械强度不允许的数值，通常称为“飞车”。因此，他励电动机启动前必须先加励磁电流，在运动过程中，决不允许励磁电路断开或励磁电流为零。为此，他励电动机在使用中，一般都设有“失磁”保护。

6.3.3 并励电动机

如图 6.47 所示，并励电动机的励磁绕组与电枢绕组并联，其励磁回路上所加的电压就是电枢电路两端的电压。

并励电动机运行时，励磁回路不可断路。若发生断路电动机可能会发生两种情况：（1）电动机将减速甚至停转；（2）电动机将升速，甚至达到危险的高速。两种情况中电枢电流过大，使电枢绕组过热而烧毁。所以在接线时，励磁回路中不允许串有熔丝或者刀开关。

由于电枢电路没有串接附加电阻，因此称之为“自然机械特性”。

$$n=\frac{U}{C_e\phi}-\frac{R_a}{C_eC_T\phi^2}T_e \tag{6.46}$$

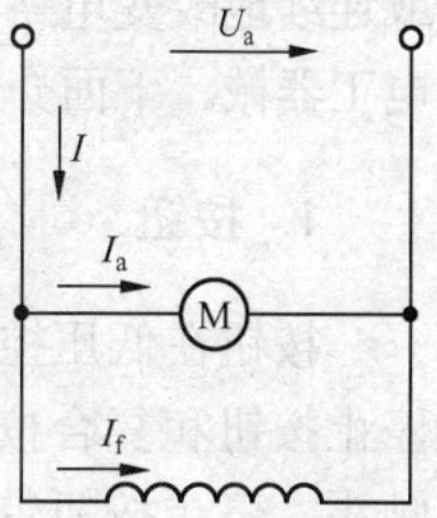

式（6.46）表明了并励电动机的机械特性，正常运行时，并励电动机施加的电压恒定，如果保持励磁电阻不变，则励磁电流也保持不变，不考虑电枢反应的附加去磁作用的影响，可认为ϕ不变化，所以转速下降的主要原因是由于电枢电阻下降和转矩增加引起的。理想条件下忽略电磁反应的去磁效应，则理想空载转速n_0'为

图 6.47　并励电动机

$$n_0'=\frac{U}{C_e\phi} \tag{6.47}$$

由于并励电动机空载运行时存在空载转矩，理想空载转速n_0'会略高于实际空载转速n_0。

6.3.4　串励电动机

如图 6.48 所示，串励电动机是将励磁绕组和电枢绕组串起来。其特点是励磁电流就是电枢电流，串励电动机主磁场随负载而变化。

串励电动机的机械特性为

$$n=\frac{U}{C_e''\sqrt{T_e}}-\frac{R_a+R_f}{C_e'} \tag{6.48}$$

式中，$C_e''=C_e'/\sqrt{KC_{T^0}}$，$C_e'=KC_{e^0}$

串励电动机有较大的启动转矩，串励电动机轻载时转速很高，工程上称串励直流电动机空载时要“飞转”，转速过高会造成机械损伤。当负载转矩增加时，串励电动机转速会自然减小，从而使功率变化不大，串励电动机不会因负载转矩增大而过载太多，过载能力较强，因此串励电动机常用于电力机车等负载。

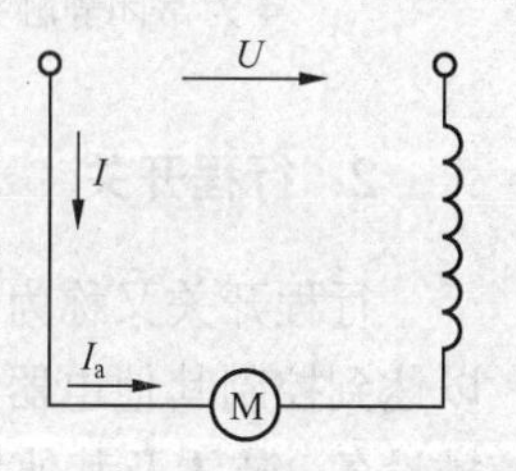

图 6.48　串励电动机

6.3.5　复励电动机

如图 6.49 所示，复励电动机的主极上装有两个励磁绕组，一个励磁绕组与电枢并联，另一个励磁绕组与电枢串联。如果串联绕组产生的磁通势与并联绕组产生的磁通势方向相同，则称为积复励；若这两个磁通势方向相反，则称为差复励。

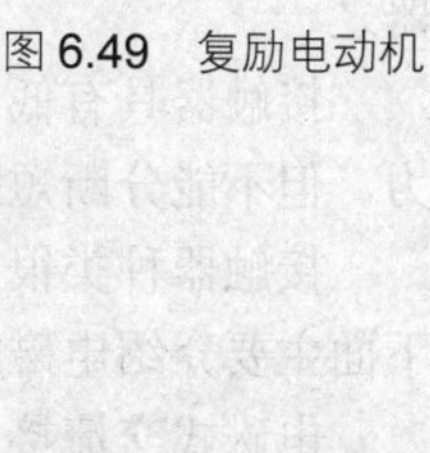

通常用的复励电动机都是积复励，它的工作特性介于并励和串励之间。适当选择并励和串励的磁动势的相对强弱，可以使复励电动机具有负载所需要的机械特性。

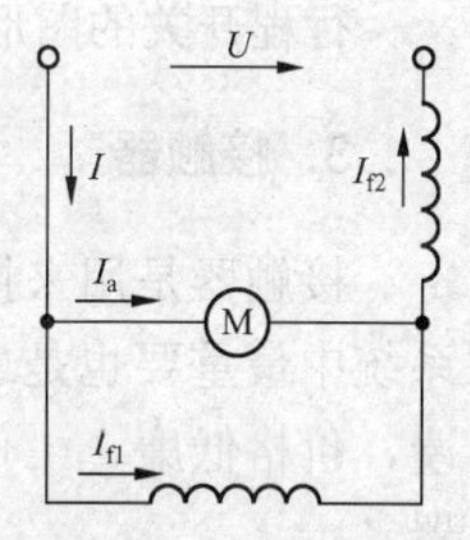

图 6.49　复励电动机

6.4　低压电器和基本控制电路

6.4.1　常用低压电器

电器就是一种根据外界施加的信号和技术要求，能自动或手动地断开或接通电路，断续

或连续地改变电路参数，以实现对电或非电对象的切换、控制、检测、保护、变换和调节的电工器械。下面介绍几种常用的低压电器。

1．按钮

按钮在低压控制电路中用于手动发出控制信号。按用途和结构的不同，分为起动按钮，停止按钮和复合按钮等。通常起动按钮帽为绿色，停止按钮帽为红色。起动按钮带有常开触头，停止按钮带有常闭触头，复合按钮带有常开触头和常闭触头。按下按钮帽常开触头闭合，常闭触头断开。按钮的结构如图 6.50 所示，图形符号如图 6.51 所示，文字符号用 SB 表示。

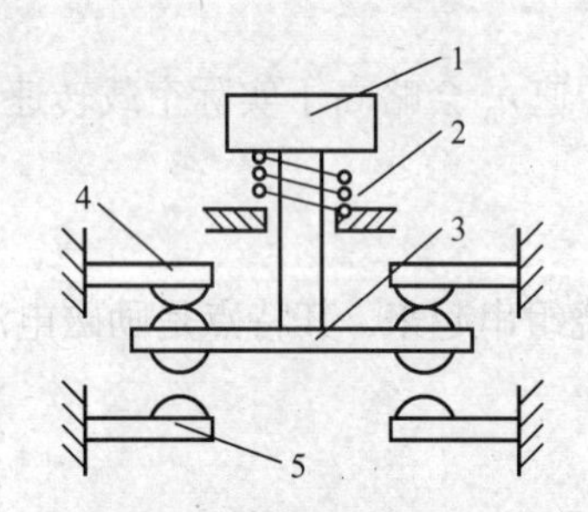

图 6.50　按钮结构示意图

1 为按钮帽，2 为复位弹簧，3 为动触头，4 为常闭静触头，5 为常开静触头。

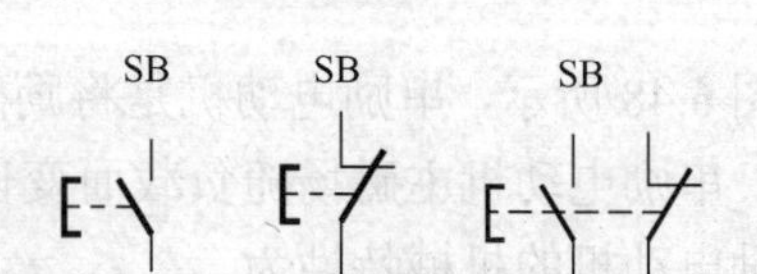

图 6.51　按钮图形符号和文字符号

2．行程开关

行程开关又称为限位开关，在电路中依照生产机械的行程发出命令，用于切换控制线路，以达到控制其他电器动作，从而控制其运动方向或行程长短的一种自动控制器件。在各种机械设备、装置及其他控制场合，行程开关得到广泛应用。当成产机械运动到某一预定位置时，行程开关动作，将机械信号转化为电信号，以实现对机械运动部件的控制，限制它们的动作、行程和位置，并以此对机械设备实现保护。

行程开关的图形符号如图 6.52 所示，文字符号用 SQ 表示。

3．接触器

接触器是用来接通或分断电动机主电路或其他负载电路的控制电器，是电力拖动控制系统中最重要也是最常用的控制电器之一。用它可以实现远距离自动控制。由于其结构紧凑，价格低廉，工作可靠，维护方便，因而用途十分广泛，是用量最大、应用面最宽的电器之一。

接触器具有低电压释放保护功能。它具有比工作电流大数倍乃至十几倍的接通和分断能力，但不能分断短路电流。

接触器种类很多，按驱动力不同可分为电磁式、气动式和液压式，以电磁式应用最广泛。下面主要介绍电磁式交流接触器。

电磁式交流接触器由电磁机构、主触点和灭弧系统、辅助触点、反力装置、支架和底座组成。接触器的图形符号如图 6.53 所示，文字符号用 KM 表示。

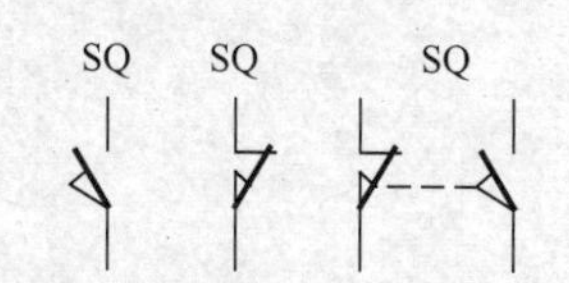

图 6.52 行程开关图形符号和文字符号

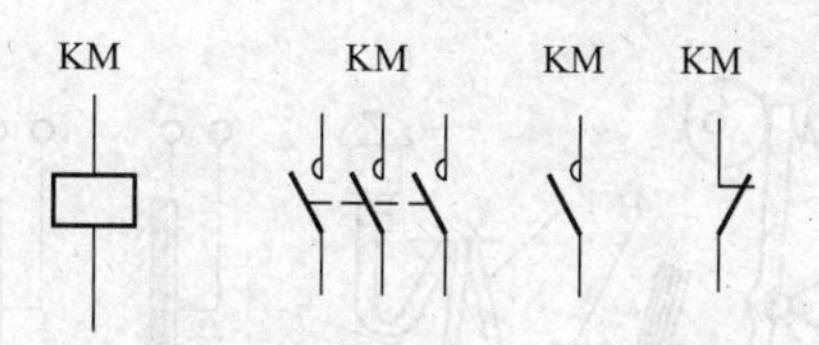

图 6.53 接触器的图形符号

（1）电磁机构。电磁机构由电磁线圈、动铁芯（衔铁）和静铁芯组成。静铁芯一般都为双 E 形，衔铁采用直动式电磁结构。作用是将电磁能转化为机械能。目前，常用的交流接触器型号有 CJ20、CJX1 等系列。

（2）触头系统。触头是执行元件，用来接通或断开被控电路。按照所控制的电路来分可分为主触头和辅助触头，主触头用于控制大电流的主回路，辅助触头用于控制小电流的控制回路。按原始状态来分可分为常开触头和常闭触头。

（3）灭弧装置。主触头断开瞬间会产生电弧。电弧的产生妨碍了触头正常的工作，并使触头受到腐蚀，所以需要灭弧装置进行灭弧。常用的灭弧装置有灭弧罩、灭弧栅、磁吹灭弧装置和多缝灭弧装置。辅助触头由于工作在小容量、小电流的电路中，所以不需要灭弧装置。

当接触器线圈通电后，在铁芯中产生磁通。在衔铁气隙处产生吸力，主触点在衔铁的带动下闭合，辅助常开触点同时闭合，辅助常闭触点断开。当线圈断电或电压降低至极限时，吸力消失或减弱，主、辅触点又恢复到初始状态。这就是接触器的工作原理。

4．熔断器

熔断器是一种利用电流热效应原理和热效应导体热熔断来保护电路的电器，具有一定的瞬动特性，广泛应用于各种控制系统中起保护电路的作用。当电路发生短路或严重过载时，熔体被瞬时熔断而分断电路，起到保护作用。由于它结构紧凑，价格低廉、工作可靠、使用、维护方便，因而应用十分广泛。

熔断器的文字符号用 FU 表示。熔断器结构简单、价廉、但动作准确性较差，熔体断了以后需重新更换，而且若只断了一相还会造成电动机的缺相运行，所以它只适用于自动化程度和其动作准确性要求不高的系统中。

5．热继电器

热继电器是利用电流的热效应原理工作的电器。为了充分发挥电动机的过载能力，电动机短时过载是允许的。但长期过载电动机就要发热，会降低电动机的寿命，所以电动机是不能长时间过载的。熔断器和过电流继电器只能保护电动机不超过允许最大电流，不能反映电动机的发热情况，不能起到恰当的保护作用。因此，必须采用一种其工作原理与电动机过载发热温升特性相吻合的保护电器来有效保护电动机，这种电器就是热继电器。

图 6.54 所示为热继电器的原理结构示意图。当电动机过载运行时，热元件产生的热量来不及与周围环境进行热交换，使双金属片弯曲，推动导板 8 向左移动，并推动补偿双金属片 1 绕轴 2 顺时针转动，推杆 4 向右推动片簧 5 到一定位置时，弹簧片作用力方向发生改变，使簧片 7 向左运动，触点 9 闭合，触点 10 断开。用此触点断开电动机的控制电路，从而使电动机得到保护。热继电器动作以后，经过一段时间的冷却即能自动或手动复位。

热继电器的图形符号如图 6.55 所示，其文字符号用 FR 表示。

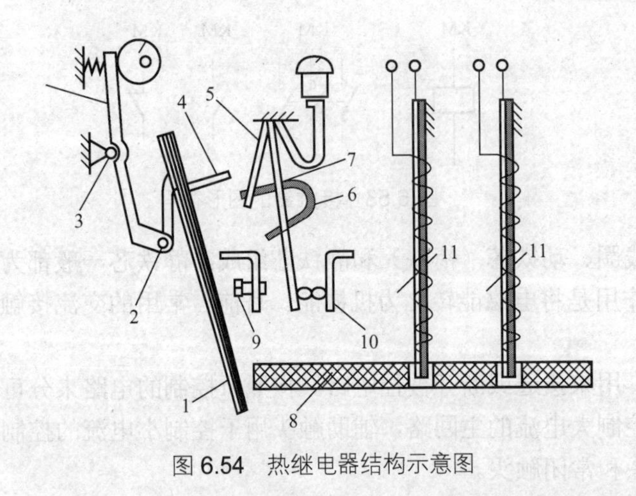

图 6.54　热继电器结构示意图

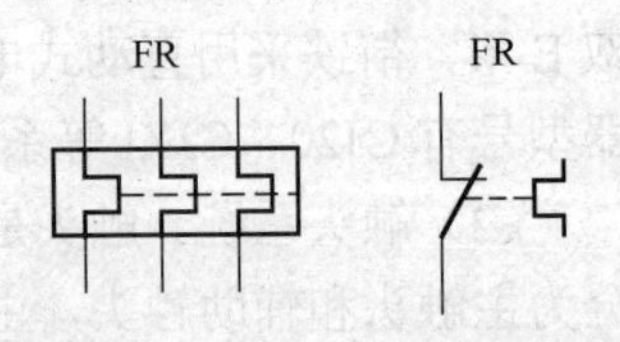

图 6.55　热继电器的图形符号

缺相运行是三相交流电机烧坏的主要原因之一。如果发现三相电源严重不平衡、电动机绕组内部短路或绝缘不良等故障，必须采用三相结构的热继电器。对于△形接法，电动机的相电流小于线电流，热继电器是按线电流来整定的，当电路发生缺相运行时，另两相电流明显增大，但不至于超过线电流或超过有限，这时热继电器就不会动作，也就起不到保护作用。因此，对于△形接法的电路必须采用带缺相保护装置具有 3 个热元件的热继电器。

6．低压断路器

低压断路器又称自动空气断路器，简称为自动空气开关或自动开关，它相当于把手动开关、热继电器、电流继电器、电压继电器等组合在一起构成的一种电器元件。低压断路器多用于不频繁的转换及起动电动机，对线路、电器设备及电动机实行保护。其文字符号用 QF 表示。

低压断路器的主要参数有额定电压、额定电流、通断能力和分断时间。在实际使用中低压断路器的额定电压应大于电路的额定电压，额定电流应大于电路的额定电流，并考虑安装环境和负载性质的影响。

7．继电器

继电器实质上是一种传递信号的电器，它是一种根据特定形式的输入信号转变为其触点开合状态的电器元件。当输入量变化到某一定值时，继电器动作。

继电器主要起到信号转换和传递作用，其触点容量较小，所以，通常接在控制电路中用于反映控制信号，而不能像接触器那样直接接到有一定负载的主回路中。这也是继电器与接触器的根本区别。

继电器的种类很多，按它反映信号的种类可分为电流、电压、速度、压力、温度等。

（1）中间继电器。中间继电器是用来转换和传递控制信号的元件。其文字符号用 KA 表示。

（2）电压继电器。电压继电器是根据电压信号工作的。对于过电压继电器，当线圈电压为额定值时，衔铁不产生吸合动作。只有当线圈电压高出额定电压某一值时衔铁才产生吸合动作，所以称为过电压继电器。交流过电压继电器在电路中起过压保护作用。而直流电路中一般不会出现波动较大的过电压现象，因此，在产品中没有直流过电压继电器。

对于欠电压继电器，当线圈电压达到或大于线圈额定值时，衔铁吸合动作。当线圈电压低于线圈额定电压时衔铁立即释放，所以称为欠电压继电器。欠电压继电器有交流欠电压继电器和直流欠电压继电器之分。在电路中起欠压保护作用。电压继电器其文字符号用KV表示。

（3）电流继电器。电流继电器是根据电流信号工作的，根据线圈电流的大小来决定触点动作。

对于过电流继电器，工作时负载电流流过线圈，一般选取线圈额定电流（整定电流）等于最大负载电流。当负载电流不超过整定值时，衔铁不产生吸合动作。当负载电流高出整定电流时衔铁产生吸合动作，所以称为过电流继电器。过电流继电器在电路中起过流保护作用特别是对于冲击性过流具有很好的保护效果。

对于欠电流继电器，当线圈电流达到或大于动作电流值时，衔铁吸合动作。当线圈电流低于动作电流值时衔铁立即释放，所以称为欠电流继电器。正常工作时。由于负载电流大于线圈动作电流，衔铁处于吸合状态。当电路的负载电流降至线圈释放电流值以下时，衔铁释放。欠电流继电器在电路中起欠电流保护作用。在交流电路中需要欠电流保护的情况比较少见，所以产品中没有交流欠电流继电器。而在某些直流电路中，欠电流会产生严重的不良后果，如运行中的直流他励电机的励磁电流。因此有直流欠电流继电器。电流继电器的文字符号用KI表示。

（4）时间继电器。时间继电器是一种从得到输入信号（线圈的通电或断电）开始，经过一个预先设定的时延后才输出信号（触点的闭合或断开）的继电器。根据延时方式的不同，可分为通电延时继电器和断电延时继电器。

通电延时继电器接受输入信号后，延迟一定的时间输出信号才发生变化。而当输入信号消失后，输出信号瞬时复位。

断电延时继电器接受输入信号后，瞬时产生输出信号。而当输入信号消失后，延迟一定的时间输出信号才复位。延时继电器的文字符号用KT表示。

6.4.2 三相异步电动机继电接触基本控制电路

电器控制电路可以实现对各种设备、装置的控制，实现特定的动作或功能，被控的执行电器或装置可能是各种各样的。在机电设备中，普遍采用交流异步电动机作为动力源，而其对控制的要求也相对较高，控制内容也比较复杂。鼠笼式三相异步电动机由于结构简单、价格便宜、坚固耐用等优点获得了广泛的应用，在实际生产中，它的应用占到了电动机使用80%以上。下面就以鼠笼式三相异步电动机为例，介绍些基本的控制方法和电路。

1. 启、保、停控制

图 6.56 所示为三相鼠笼式电动机的单向启、停控制线路，它由图 6.56（a）所示的主电路和图 6.56（b）所示的控制电路两部分组成。主电路由一个断路器 QF、

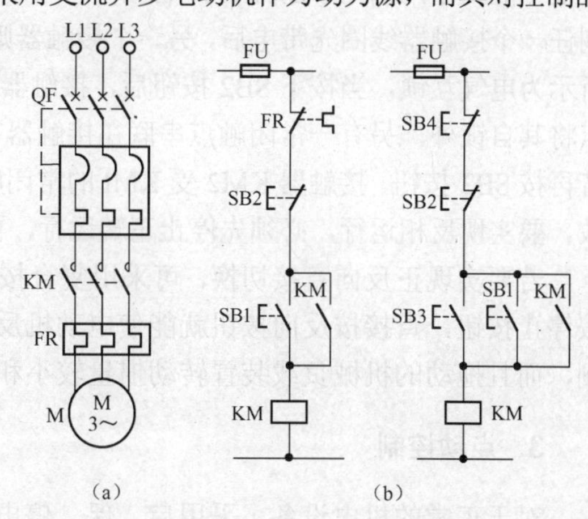

图 6.56 启、保、停控制电路

一个接触器 KM 的主触点、一个热继电器 FR 的热元件和一台三相交流电动机 M 组成。控制电路由一个停止按钮 SB2、一个启动按钮 SB1、接触器 KM 的吸引线圈及它的一个常开辅助触点和热继电器 FR 的常闭触点组成。

合上电源总开关 QF，按下起动按钮 SB1，接触器 KM 的吸引线圈接通得电，衔铁吸合，其主触点闭合，电动机便运转起来，同时，KM 的辅助触点也闭合，这时当按钮 SB1 抬起时接触器线圈仍然接通，这种利用电器自身的触点保持自己的线圈得电，从而保持线路继续工作的环节称为自锁（自保）环节。按下停止按钮 SB2，KM 的线圈断电，其主触点断开，电动机停转，同时 KM 辅助触点也断开。

该电路具有保护功能。QF 兼有短路保护和过载保护双重功能，热继电器 FR 的热元件串接在电动机回路中，能够为电动机的过载和缺相运行提供可靠的保护。

对于大型生产机械，为了操作的方便，常常要求在两个或两个以上的地点都能进行操作，即在各操作地点各安装一套按钮，如图中的 SB1 和 SB3 为异地的启动按钮，SB2 和 SB4 为另一地的停止按钮，从而实现两地控制。其接线的组成原则是各启动按钮的常开触点并联，而各停止按钮的常闭触点串联。

2．正、反转控制

许多负载机械的运动部件，根据工艺要求经常需进上下、左右、前后等相反方向的运动，如机床工作台的往复运动，就要求电动机能可逆运行。由异步电动机的工作原理可知，将异步电动机的供电电源的相序改变（任意交换两相），就可以控制异步电动机做反向运转。为了更换相序，需要使用两个接触器来完成。图 6.57 所示为三相异步电动机正反转的控制电路。图 6.57（a）所示为主电路，正转接触器 KMl 接通正向工作电路，异步电动机正转；反转接触器 KM2 接通反向工作电路，此时异步电动机定子端的相序恰与前者相反，异步电动机反转。

图 6.57（b）所示的控制线路具有下述缺点：若同时按下正向按钮 SB2 和反向按钮 SB3，可以使 KMl、KM2 接触器同时接通，这会造成电源短路事故。

为避免产生上述事故，必须采取互锁保护措施，使其中任一接触器工作时，另一接触器即失效不能工作，具体接线方式为：将其中一个接触器的常闭触点串入另一个接触器线圈电路中，则任一个接触器线圈先带电后，另一个接触器则无法带电，这种联锁通常称为互锁。图 6.57（c）所示为电气互锁，当按下 SB2 按钮后，接触器 KMl 动作，使电动机正转。KMl 除有一常开触点将其自锁外，另有一常闭触点串联在接触器 KM2 线圈的控制回路内，它此时断开。因此，若再按 SB3 按钮，接触器 KM2 受 KMl 的常闭触点互锁不能动作，这样就防止了电源短路的事故。要实现反相运行，必须先停止正转运行，再按反相启动按钮，反之亦然。

若要实现正反向直接切换，可采用复合按钮接成如图 6.57（d）所示的线路即可，实现不按停止按钮，直接按反向按钮就能使电动机反向工作。但这种电路仅适用于小容量电动机控制，而且拖动的机械负载装置转动惯量较小和允许有冲击的场合。

3．点动控制

对于正常的机电设备，采用启、保、停电路能满足正常使用要求。但在设备的安装调试或维护调试过程中，常常要对工作机构作微量调整或使其瞬间运动，这就要求电动机按照操作指令做短时或瞬间运转，就需要点动控制。实现这种要求的线路如图 6.58（a）所示。在图 6.58（b）所示电路中，按下按钮 SB，电动机运转，松开按钮电动机立即停转，所以这样的电路称为点动控制。图 6.58（c）所示电路把点动与长动控制结合在一起。通过转换开关 SA 实现点动与长动的切换，当需要正常运行时，只要把开关 SA 合上，将 KM 的自锁触点接入即可。图 6.58（d）所示电路是通过设置不同的按钮来实现点动（SB3）与长动（SB2）控制，具体工作过程请读者自己分析。

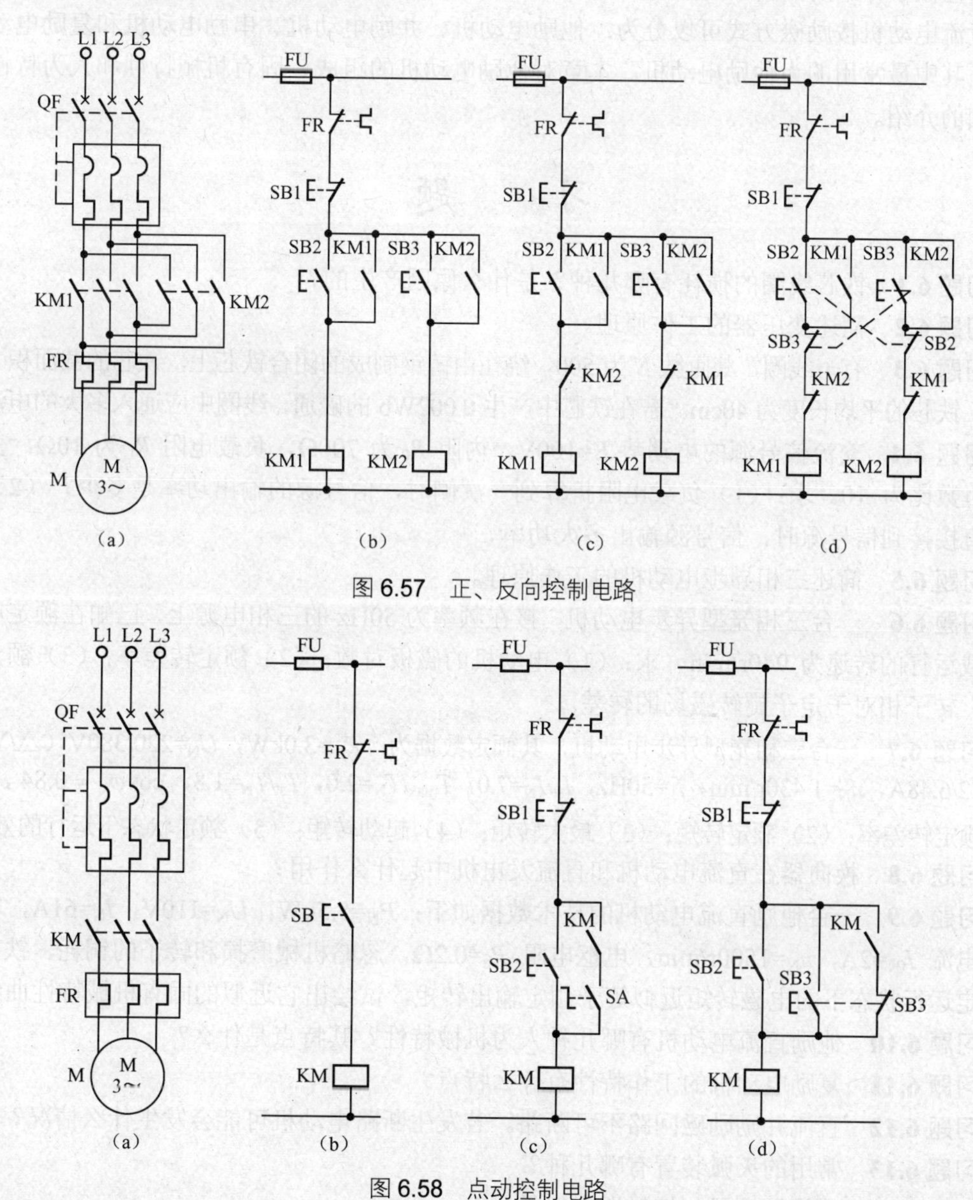

图 6.57　正、反向控制电路

图 6.58　点动控制电路

小　结

本章主要对磁路与变压器、交流电动机、直流电动机、低压电器和基本控制电路做了简单介绍。

变压器是一种静止的电器设备，由绕在共同铁芯上的两个或两个以上绕组构成。依据电磁感应原理，它将一种数值的交流电压、电流转换为同频率的另一种数值的电压、电流。它还可以用来做阻抗变换器以及作为电气测量的中介元件使用。在工业领域中应用较广泛。

本章以鼠笼式三相异步电动机为例，主要介绍了其构造和转动原理，并对其电磁转矩和机械特性做了详细的分析，对三相异步电动机的使用做了简单介绍。

直流电动机按励磁方式可以分为：他励电动机、并励电动机、串励电动机和复励电动机4 种，其中最常用的为他励电动机。本章对他励电动机的组成、固有机械特性和人为特性做了详细的介绍。

习 题

习题 6.1 铁芯线圈的损耗有哪几种？是什么原因产生的？

习题 6.2 简述变压器的工作原理。

习题 6.3 有一线圈，其匝数 N 为 500，绕在由铸钢制成的闭合铁芯上，铁芯的截面积 S 为 10cm，铁芯的平均长度为 40cm。若在铁芯中产生 0.002Wb 的磁通，线圈中应通入多大的电流？

习题 6.4 交流信号源的电动势 E=100V，内阻 R_0 为 700Ω，负载电阻 R_L 为 10Ω，变压器的匝数比为 10。求：（1）负载电阻折算到一次侧时，信号源的输出功率是多少？（2）将负载直接接到信号源时，信号源输出多大功率？

习题 6.5 简述三相异步电动机的工作原理。

习题 6.6 一台三相笼型异步电动机，接在频率为 50Hz 的三相电源上，已知在额定电压下满载运行的转速为 940r/min。求：（1）电动机的磁极对数；（2）额定转差率；（3）额定条件下，转子相对于定子旋转磁场的转差。

习题 6.7 一台三相笼型异步电动机，其额定数据为：P_N=3.0kW，U_N=220/380V（△/Y），I_N=11.2/6.48A，n_N=1 430r/min，f_1=50Hz，I_{st}/I_N=7.0，T_{max}/T_N=2.0，T_{st}/T_N=1.8，$\cos\varphi_N = 0.84$，求：（1）额定转差率；（2）额定转矩；（3）最大转矩；（4）起动转矩；（5）额定状态下运行的效率。

习题 6.8 换向器在直流电动机和直流发电机中起什么作用？

习题 6.9 一台他励直流电动机的技术数据如下：P_N=5.5kW，U_N=110V，I_N=61A，额定励磁电流 I_{fN}=2A，n_N=1500r/min，电枢电阻 R_a=0.2Ω，忽略机械磨损和转子的铜耗、铁损，设额定运行状态下的电磁转矩近似等于额定输出转矩，试绘出它近似的固有机械特性曲线。

习题 6.10 他励直流电动机有哪几种人为机械特性？其特点是什么？

习题 6.11 复励电动机的工作特性有什么特点？

习题 6.12 直流并励励磁回路不可断路。若发生断路电动机可能会发生什么情况？

习题 6.13 常用的灭弧装置有哪几种？

习题 6.14 中间继电器与接触器有何异同？

习题 6.15 当出现通风不良或环境温度过高而使电动机过热时，能否采用热继电器保护？为什么？

习题 6.16 什么是电器控制的自锁和互锁，有什么作用？

第7章 可编程控制器

可编程控制器（Programmable Controller）简称为PC，为了与个人计算机（PC）相区别，用PLC表示。

PLC一直在发展中，所以至今尚未对其下最后的定义。国际电工学会（International Electro Technical Commission，IEC）曾先后于1982年11月、1985年1月和1987年2月发布了可编程控制器标准草案的第一、二、三稿。在第三稿中，对PLC做了如下定义：可编程控制器是一种数字运算操作电子系统，专为在工业环境下应用而设计。它采用了可编程的存储器，用来在其内部存储执行逻辑运算、顺序控制、定时、计数、算术运算等操作的指令，并通过数字的、模拟的输入和输出，控制各种类型的机械或生产过程。可编程控制器及其有关的外围设备，都应按易于与工业控制系统形成一个整体、易于扩充其功能的原则设计。

PLC具有通用性强、使用方便、适应面广、可靠性高、抗干扰能力强、编程简单等特点。可以预见，在工业控制领域中，PLC的应用必将形成世界潮流。本章主要介绍了PLC结构、工作原理、基本指令、基本编程及应用。

7.1 PLC的结构和工作原理

7.1.1 PLC的基本结构

PLC是以微处理器为核心的一种特殊的工业用计算机，其结构与一般的计算机相类似，由中央处理单元（CPU）、存储器（RAM、ROM、EPROM、EEPROM等）、输入接口、输出接口、I/O扩展接口、外部设备接口、电源等组成。

PLC通常分为模块式和整体式两种结构。以日本OMRON（欧姆龙）公司的PLC为例，其C200Hα系列为模块式PLC，所谓模块，就是按照功能将电路进行分类，每一种功能制成一块电路板，通常称为模板，每块模板置于工程塑料外壳内，成为独立的单元，如CPU单元、输入单元、输出单元、特殊I/O单元、通信单元、电源单元等。各单元插在带有总线的CPU底板上，构成CPU机架。如果CPU机架（或称主机架）的I/O点数不够用，或者需要增加新的特殊单元，可以增加扩展I/O机架。扩展I/O机架由扩展I/O底板、电源单元、I/O单元以及特殊I/O单元组成。模块式PLC的特点是组态灵活、扩展方便以及维护简单。模块式PLC结构示意图如图7.1所示。

CP1H 系列为整体式 PLC，其 CPU 单元中装配了 20～40 点的输入输出电路。它将模块式的各个单元集成为一体，不如模块式灵活但是使用方便。如果 I/O 点数不够用可用 CPM1A 系列扩展单元进行扩展，但最多不能超过 7 台。另外，CP1H CPU 单元的侧面连接有 CJ 单元适配器 CP1W-EXT01，故可以连接 CJ 系列特殊 I/O 单元或 CPU 总线单元最多两个单元。与模块式一样，它也可以增加扩展 I/O 机架。该整体式 PLC 的结构原理图如图 7.2 所示。

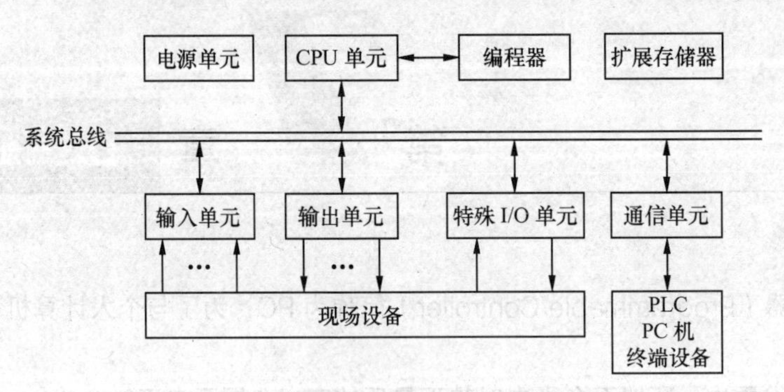

图 7.1　模块式 PLC 结构示意图

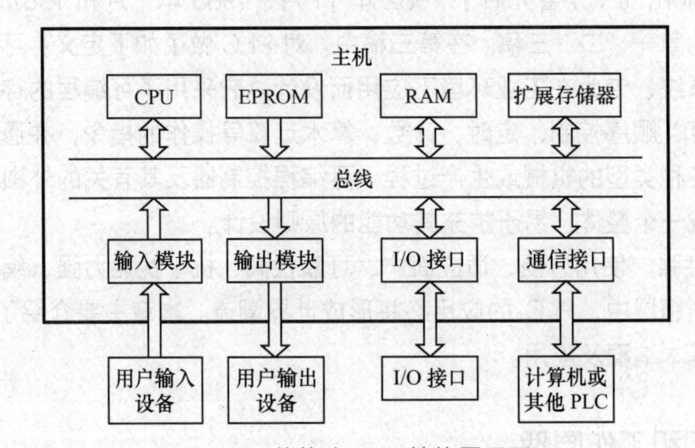

图 7.2　整体式 PLC 结构原理图

7.1.2　各部分电路介绍

无论是整体式 PLC 还是模块式 PLC，基本电路都由以下几个部分组成。

1. CPU 芯片

CPU 在 PLC 中的作用类似于人体的神经中枢，是 PLC 的运算和控制核心，所有 PLC 的动作（程序输入、执行、通信、自检等）都需要 CPU 的参与。常用的 CPU 芯片主要有通用微处理器，如 Intel 8080、Motorola 6800、Z80、Intel 8086；单片机，如 Intel 8051；位片式微处理器，如 AMD 2901、2903 系列等。一般来说，对于小型机 PLC，大多采用 8 位通用微处理器或单片机作为 CPU，如 Z80、8085、8031 等；对于中型机 PLC，大多采用 16 位通用微处理器或单片机作为 CPU，如 8086 系列单片机等；对于大型机 PLC，大多采用 32 位或 64 位高速位片式微处理器作为 CPU，如 AMD 2901 系列等。但随着计算机技术的普及，小型机的 CPU 芯片完全有可能用到 32 位或 64 位的微处理器。

2．存储器

PLC 的存储器是采用具有记忆功能的半导体器件，它是由寄存器构成的，1 位寄存器仅能存放 1 位二进制数字（0 或 1）。因此，需要存放 N 位二进制数字信号就需要 N 个寄存器。位（bit）是二进制数字系统中最小的信息单位，为此，通常把能够存储 8 位二进制数字的信息长度称为 1 个字节（Byte）；2 个字节称为 1 个字（Word）。根据存放信息的不同，PLC 的存储器可分为以下 3 种类别。

（1）系统程序存储器。和各种计算机一样，PLC 也有系统程序。由于有了系统程序，单片机组成的系统就变成了 PLC。系统程序存储器用来存放生产厂家赋予的 PLC 功能程序，用户不能更改。因此，所使用的存储器一般为只读存储器 PROM 或 EPROM。

（2）用户程序存储器。用户根据控制要求所编制的应用程序称为用户程序，它存放在用户程序存储器中。由于用户程序需要经常改动、调试，故用户程序的存储器多为可随时读写的 RAM。由于 RAM 掉电时会丢失数据，因此使用 RAM 作为用户程序存储器的 PLC，有备用电池（锂电池）保护 RAM 数据，以免电源掉电时丢失用户程序。当用户程序调试修改完毕，不希望被随意改动时，可将用户程序写入 EPROM 或 EEPROM 存储器。目前，不少厂家的 PLC（如 OMRON 公司的 CPM2A 等 PLC）采用了快闪存储器作为用户程序存储器，不仅可随时读写，掉电时数据也不会丢失，还可省略后备电池。

用户程序存储器的容量一般代表着 PLC 的标称容量。通常，小型机小于 8KB，中型机不大于 50KB，大型机超过 50KB。随着超大规模集成电路的应用，不同机型 PLC 的存储器容量会有不同程度的增加。

（3）数据存储器。工作数据是 PLC 经常变化、经常存取的一些数据，如 I/O、定时、计数、保持、模拟量、各种标志等。这部分数据一般不需要长久保存，因此多采用随机存储器 RAM，以适应随机存取的要求。在 PLC 的工作数据存储区，开辟有元件映像寄存器和数据表。

元件映像寄存器用来存储 PLC 的开关量输入/输出和定时器、计数器、辅助继电器等内部继电器的 ON/OFF 状态。数据表用来存放各种数据，它的标准格式是每一个数据占一个字，用于存储用户程序执行时的某些可变数据值，如定时器和计数器的当前值和设定值；它还用来存放 A/D 转换得到的数字和数学运算结果等。

对于模块式 PLC，CPU 和存储器一般是放在同一个模块的，称为 CPU 单元（模块）。

3．基本 I/O 电路

基本输入/输出电路也称为基本 I/O 单元。PLC 就是通过基本 I/O 单元与工业生产现场相连接的。其中，输入单元接收操作指令和现场的状态信息，如控制按钮、操作开关和限位开关、光电管、继电器触点、行程开关、接近开关等信号，并通过输入电路的滤波、光电隔离、电平转换等，将这些信号转换成 CPU 能够接收和处理的信号；输出单元将 CPU 送出的弱电控制信号通过输出电路的光电隔离和功率放大等，转换成现场需要的强电信号输出，以驱动接触器、电磁阀、电磁铁等执行机构工作。

除了基本 I/O 模块之外，各生产厂家还开发了其他 I/O 模块，对于 I/O 单元的类型有：数字量 I/O 模块，开关量 I/O 模块，模拟量 I/O 模块，交流信号 I/O 模块，220V 交流 I/O 模块等。虽然 I/O 模块的类型多，但各种 I/O 模块都是多点输入/输出电路。在同一个 PLC 中，各输入点/输出点所对应的输入/输出电路大多相同。

4．电源电路

PLC 电源的输入电压有直流 12V、24V、48V 和交流 110V、220V，使用时可根据需要选择。现代 PLC 通常采用开关式稳压电源，其输入电压范围宽，体积小，重量轻，效率高，抗干扰性能好，且提供稳定的工作电压。有的 PLC 开关电源还可向外部提供 DC24V，给与开关量输入模块连接的现场无源开关使用，或给外部传感器供电。

在模块式 PLC 中，电源单独作为一个独立模块。

5．接口电路

PLC 接口电路通常包括通信端口、I/O 扩展端口和外围端口 3 个部分。

一般 PLC 的 CPU 模块上至少有一个 RS-232C 通信端口或者是 RS-485 通信端口（有的 PLC 还有 RS-422 异步通信端口）。PLC 可以通过 RS-232 通信端口直接与上位计算机连接通信。若是采用 RS-485 端口通信，则 PLC 和上位计算机之间需要连接一个适配器。无论是 RS-232 端口或是 RS-485 端口，都可以与 PLC 编程器进行通信，这些通信端口还可以使 PLC 之间实现通信。

I/O 扩展端口主要用于连接 I/O 扩展模块。当用户所需的 I / O 点数（或类型）超出主机上的点数（或类型）时，可通过该端口连接 I/O 扩展模块来增加 I/O 点数。另外，通过该端口还可以连接各种智能模块，以扩展 PLC 的功能。

外围端口也称为外设端口，PLC 可通过外围端口与外部设备相连接。例如，该端口连接编程器时，用于输入、修改或监控（用户）程序；连接打印机时，可以打印用户程序、PLC 的运行状态或报警信息（种类和时间等）；连接 EPROM 时，可将用户调试好的程序写入 EPROM 芯片中，以免被误改动；连接外存储器时，可用于存储用户程序；还有的 PLC 可以通过这个端口与其他 PLC、计算机或触摸屏（PT）等进行通信。

6．专用功能单元

为了适合 PLC 功能不断增强的需求，就需要有各种类型的专用单元模块。有的专用单元本身就是一个独立的计算机系统，有自己的 CPU、存储器和系统程序，以及与外界控制过程相连接的端口。专用单元可通过系统总线与 CPU 单元相连接，进行数据交换。有的专用单元在 CPU 的协调管理下，可以独立进行工作，提高 CPU 的处理速度，便于用户编制和调试程序。这里说的独立是指专用模块的工作不参加循环扫描过程，而是按照它自己的规律参与 CPU 系统工作。

目前已开发的常用专用模块有：高密度 I/O 模块、模拟量 I/O 模块、A/D 模块、D/A 模块、温度传感器模块、温度控制模块、PID 控制模块、高速计数模块、位置控制模块、速度控制模块、视觉传感模块和各种通信模块。专用模块的类型越多，说明 PLC 的功能越强。

7．编程工具

PLC 的一个重要特点是用户程序可以方便地更改。为此，PLC 配上专用的程序写入装置，称为编程器。编程器不仅可用来对 PLC 进行编辑程序、调试程序和监控程序的运行，还可以在线测试PLC的内部状态和参数，与PLC进行人机对话。因此编程工具是开发、监控运行和检查维护PLC不可缺少的设备。目前市场上的编程工具种类很多，性能、价格相差悬殊。按照编程工具的结构来划分，可以分为如下3种类型。

（1）简易编程器。简易编程器可以直接与PLC上的专用插座相连，或通过电缆与PLC相连。一般只能直接输入助记符对PLC进行编程。它的特点是携带方便，价格便宜，多用于小型PLC；但只能连机（PLC）用助记符语言编程，不能直接输入和编辑梯形图程序，对PLC的控制功能较少。

（2）图形编程器。图形编程器可直接输入梯形图程序。它的显示屏有两种，一种是手持式液晶（LCD）显示编程器，另一种是台式阴极射线管（CRT）显示编程器。显示屏可以用来显示编程的情况，还可以显示I/O及各种继电器的工作占用情况、信号状态和出错信息等。工作方式既可以连机编程，又可以脱机编程，可以用助记符编程，也可以用梯形图编程。它的特点是对PLC的控制功能较强，显示功能也多，还可以与打印机、绘图仪等设备相连；但价格相对高些，通常用在中型、大型的PLC上。

（3）计算机辅助编程。计算机辅助编程是近几年PLC厂家提供在个人计算机上运行的辅助编程软件，如欧姆龙公司的CX-P编程软件等，它的功能很强，可以输入、编辑、修改用户程序，监控系统运行，打印文件，采集和分析数据，在显示器屏幕上显示系统运行状况，可对工业现场和系统进行仿真，将程序存储在磁盘上，实现计算机和PLC之间的程序相互传送等。目前，人们多数采用计算机辅助编程。

7.1.3 PLC的主要性能指标

1. I/O点数

I/O点数是PLC可以接受的输入开关信号和输出开关信号的总和，即I/O映射区的位数。这是PLC的一项重要指标。I/O点数越多，PLC可外接的输入开关器件和输出控制器件就越多，控制规模就越大。

2. 内存配置和容量

在编制PLC程序时，需要大量的内部寄存器（简称内存）来存放变量、中间结果、保持数据、定时计数、模块设置和各种标志等信息。内存种类越多，容量越大，越便于PLC进行各种逻辑控制及模拟控制。用户内存的容量决定着PLC可以容纳用户程序的长短，一般以字为单位来计算。每16位二进制数为一个W（字），每1024个字为1kW。一般中、小型PLC的用户内存在几kW到几百kW，大型PLC的存储容量可达到几百kW以上。

3. 扫描速度

扫描速度是指PLC执行1kW（千字）用户程序所需的速度，以ms/kW为单位表示，例如20ms/kW，表示扫描1kW的用户程序所需的时间为20ms。现在PLC的扫描速度是用执行一步指令所需的时间来衡量。扫描速度越快，执行指令的时间就越短。

4．指令功能及数量

用户编制程序所完成的控制任务，取决于PLC指令的功能及条数。指令的条数越多，支持的功能相对越强；指令功能越强，PLC的处理能力和控制能力也就越强。

5．支持软件

为了编制PLC程序，多数厂家都开发了计算机支持软件。从本质上讲，PLC所能识别的只是机器语言。它之所以能使用助记符语言、梯形图语言、逻辑功能图语言以及高级语言，全靠这些语言所开发的各种支持软件。支持软件不仅可编制程序，还具有监控PLC工作的功能。

6．专用功能单元的种类

专用功能单元的种类越多，PLC所能完成的功能相对越多。因此，专用功能单元的种类及其功能的强弱，是衡量现代PLC产品水平高低的一个重要指标，PLC生产厂家都非常重视专用功能单元的开发，这也是衡量PLC厂家实力的重要指标。

7．可扩展性

在选择PLC时，需要考虑PLC的可扩展性，它主要包括输入/输出点数的扩展、存储容量的扩展、通信联网功能的扩展以及可扩展的模块数量。

8．可靠性措施

PLC除了在硬件和软件方面采取了很多可靠性措施之外，通常还根据PLC的特殊要求采取相应的特殊措施，如热备份、冗余等，目的是增加PLC平均故障间隔时间 *MTBF*（Mean Time Between Failure）及减少PLC的平均修复时间 *MTTR*（Mean Time To Repair），以提高PLC的工作效率 A（Availability），即

$$A = \frac{MTBF}{MTBF + MTTR}$$

A 值越大则PLC系统的工作效率越高。

7.1.4 PLC的基本工作原理

1．PLC的循环扫描方式

PLC的工作方式与微型计算机的中断处理方式相比，有很大的不同。因为PLC运行时，需要对大量的信息进行处理，使得PLC中的CPU只能分时操作，即按一定的顺序，每一时刻执行一个操作。CPU的这种分时操作方式，称为扫描工作方式。PLC经过初始化后，即进入扫描工作方式，且周而复始地重复进行，因此PLC以循环扫描方式进行工作。也就是说PLC对用户程序采用循环扫描方式，根据输入信号的状态，按照控制要求进行处理判断，产生控制输出。其工作过程如图7.3所示。这个过程分为数据输入及处理、程序执行、

输出及处理 3 个阶段。整个过程进行一次所需要的时间称为扫描周期。例如一个输出线圈或逻辑线圈被接通或断开，该线圈的触点不会像电气中的实际继电器那样立即动作，而是必须等待扫描到该触点时，才会动作。由于 PLC 扫描用户程序的时间一般只有几十毫秒，远高于实际继电器的（动作时间在 100ms 以上）响应速度。因此，可以满足大多数工业控制的需要。

数据输入/输出处理，称为 I/O 刷新，它包括两种操作：一是采样输入信号，即刷新输入映像区的内容；二是送出处理结果，即按输出映像区的内容刷新输出电路。

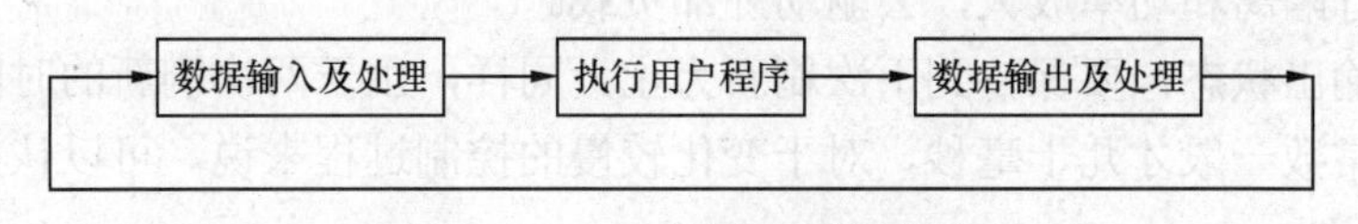

图 7.3 PLC 的循环扫描过程

2. PLC 的循环扫描过程

PLC 的扫描过程需要完成 3 个阶段的操作，如图 7.4 所示。

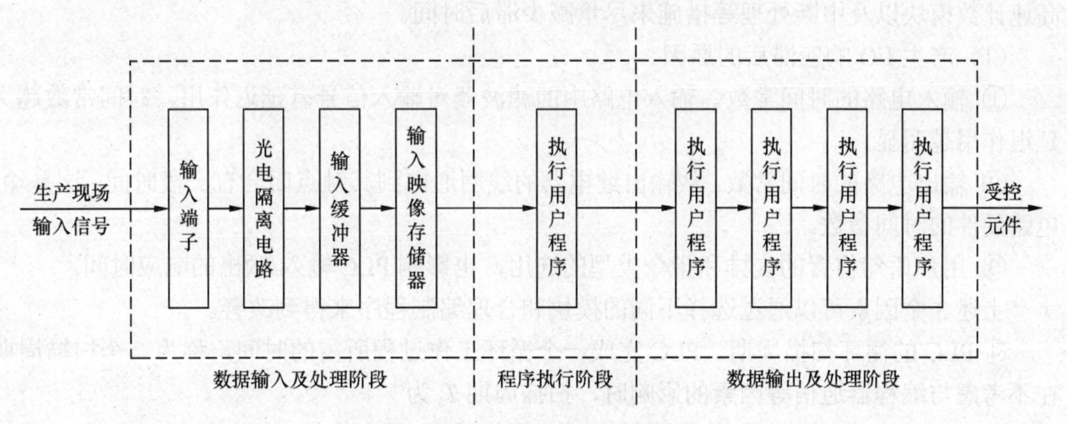

图 7.4 PLC 3 个阶段的工作过程

（1）数据输入及处理阶段。PLC 在读输入阶段，以扫描方式依次读入所有输入信号的通/断状态，并将它们存入到输入映像存储器中。在读输入结束后，PLC 转入用户程序执行阶段。

在输入刷新阶段，CPU（采样）从输入电路的缓冲区读出各路状态进入到输入映像区，使输入映像区的内容与当前输入信号（即缓冲区状态）一致；在其他非采样时间，输入信号的变化不会影响输入映像区的内容。由于 PLC 扫描周期一般只有几十毫秒，两次采样之间的间隔时间很短，对一般开关量来说，可以认为不会因间隔采样引起误差。

（2）用户程序执行阶段。用户程序放在用户程序存储器中。在程序执行阶段，CPU 按（梯形图）先左后右，先上后下的顺序对逐条指令进行解释、执行，直到执行 END 指令才结束对该用户程序的扫描。

在程序执行阶段，CPU 从输入映像寄存器（每个输入继电器对应一个输入映像寄存器，其通/断状态对应1/0）和元件映像寄存器（即与各种内部继电器、输出继电器对应的寄存器）中读出各继电器的状态，并根据用户程序给出的逻辑关系进行逻辑运算，运算结果再写入元件映像寄存器中。

（3）数据输出及处理阶段。对应于存放PLC处理结果的数据区，称为输出映像寄存器，又称输出映像区。PLC的CPU不能直接驱动负载。因此，PLC执行用户程序的处理结果是存放在输出映像寄存器中的。当程序执行结束后（或下次扫描用户程序前），紧接着下一个输出刷新阶段，才将输出映像寄存器的状态写入输出锁存电路，由锁存电路的输出状态经输出驱动电路，进行隔离和功率放大，去驱动外部负载。

刷新后的输出状态，要保持到下次刷新为止。同样，由于两次刷新的时间间隔和输出电路的惯性时间常数一般才几十毫秒，对于变化较慢的控制过程来说，可以认为输出信号是及时的。

3. PLC的I/O响应时间

PLC最显著的不足是PLC的输入/输出有响应滞后现象。对一般工业控制设备来说，滞后现象是允许的。但对某些需要输出对输入作出快速响应的设备，则应采用快速响应模块、高速计数模块以及中断处理等措施来尽量减少滞后时间。

（1）产生I/O响应滞后的原因。

① 输入电路的时间常数。输入电路中的滤波器对输入信号有延迟作用，时间常数越大，延迟作用越明显。

② 输出电路的时间常数。从输出继电器的线圈通电到其触点闭合有一段时间，这是输出电路硬件的时间参数。

③ 用户语句位置的安排和指令类型的选用，也影响PLC输入/输出的响应时间。

上述3个因素可以通过选择不同的模块和合理编制程序来得到改善。

④ PLC的循环扫描周期。PLC完成一个循环工作过程所需的时间，称为一个扫描周期。在不考虑与编程器通信等因素的影响时，扫描周期T_s为

$$T_s=\text{公共处理时间}+\text{I/O刷新时间}+\text{程序执行时间}$$

其中，公共处理时间与I/O刷新时间之和，通常为几个毫秒，而程序执行时间主要取决于程序的长短。

由于PLC采用循环扫描工作方式，因此响应时间与收到信号的时刻有关。故下面给出了最短和最长响应时间。

（2）最短响应时间。在图7.5（a）所示的梯形图中，从输入触点闭合到输出触点闭合有一段延迟时间，称为I/O响应时间。图7.5（b）所示为最短I/O响应时间，若在第1个周期的I/O刷新阶段，已经在输入电路的输出端被反映出来，则CPU将输入信号写进输入映像寄存器，经过程序执行后，结果在第2个I/O刷新阶段被输出电路输出。这种情况下，I/O响应时间最短，等于输入延迟时间、一个扫描周期T_s和输出延迟时间之和。

（3）最长响应时间。图7.5（c）所示为最长响应时间，若在第1个周期的I/O刷新阶段刚结束，输入信号恰好在输入电路的输出端才反映出来，由于错过了I/O刷新阶段，则CPU不能立即读取，而要等到第2个扫描周期的I/O刷新阶段，才能被CPU写进输

入映像寄存器，经过程序执行后，结果在第 3 个扫描周期的 I/O 刷新阶段才被输出。在此情况下，I/O 响应时间最长，等于输入延迟时间、两个扫描周期（$2T_s$）和输出时间延迟之和。

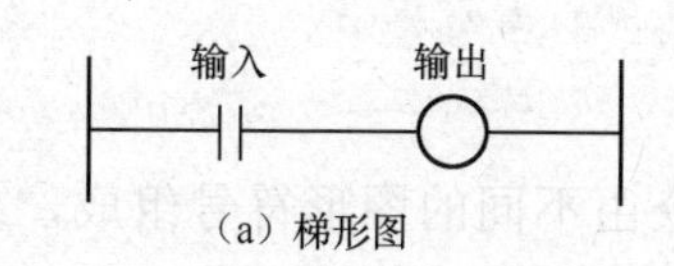

（a）梯形图

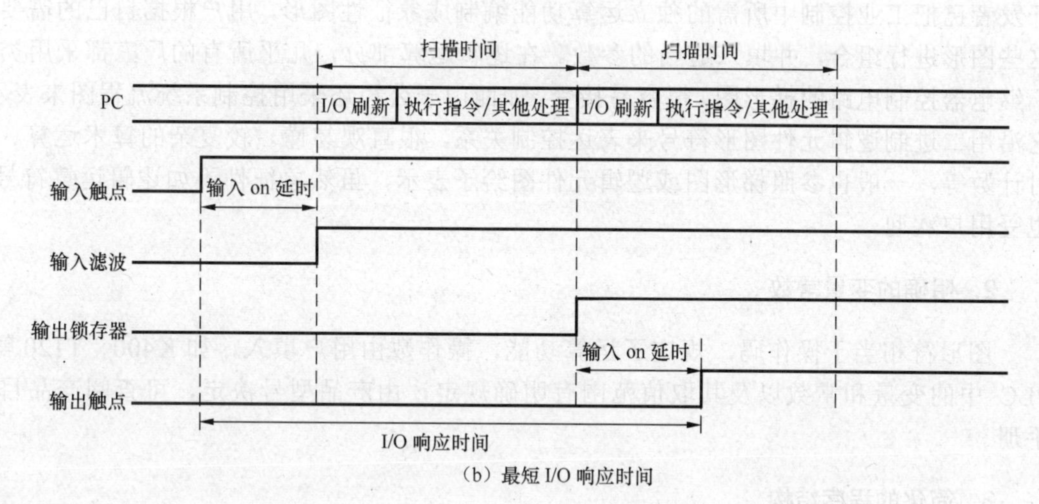

（b）最短 I/O 响应时间

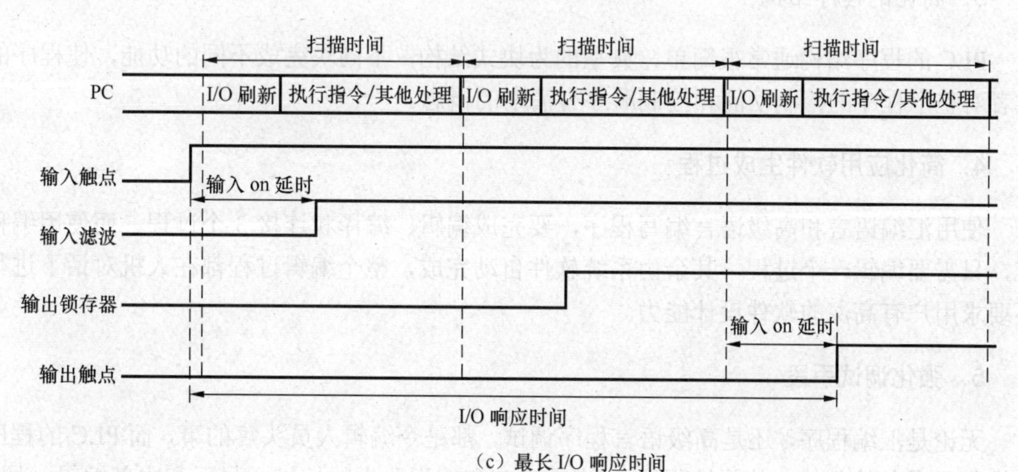

（c）最长 I/O 响应时间

图 7.5 I/O 响应时间

7.2 PLC 的基本指令和编程

7.2.1 基本指令系统特点

PLC 的编程语言与一般计算机语言相比，具有明显的特点，它既不同于高级语言，也不同于一般的汇编语言，它既要满足易于编写，又要满足易于调试的要求。目前，还没有一种对各厂家产品都能兼容的编程语言，如三菱公司的产品有它自己的编程语言，OMRON 公司的产品也有它自己的语言。但不管什么型号的 PLC，其编程语言都具有以下特点。

1．图形式指令结构

程序由图形方式表达，指令由不同的图形符号组成，易于理解和记忆。系统的软件开发者已把工业控制中所需的独立运算功能编制成象征性图形，用户根据自己的需要把这些图形进行组合，并填入适当的参数。在逻辑运算部分，几乎所有的厂家都采用类似于继电器控制电路的梯形图，很容易接受。如西门子公司还采用控制系统流程图来表示，它沿用二进制逻辑元件图形符号来表达控制关系，很直观易懂。较复杂的算术运算、定时计数等，一般也参照梯形图或逻辑元件图给予表示，虽然象征性不如逻辑运算符号，也受用户欢迎。

2．明确的变量常数

图形符相当于操作码，规定了运算功能，操作数由用户填入，如 K400、T120 等。PLC 中的变量和常数以及其取值范围有明确规定，由产品型号决定，可查阅产品目录手册。

3．简化的程序结构

PLC 的程序结构通常很简单，典型的为块式结构，不同块完成不同的功能，使程序的调试者对整个程序的控制功能和控制顺序有清晰的概念。

4．简化应用软件生成过程

使用汇编语言和高级语言编写程序，要完成编辑、编译和连接 3 个过程，而使用编程语言，只需要编辑一个过程，其余由系统软件自动完成，整个编辑过程都在人机对话下进行，不要求用户有高深的软件设计能力。

5．强化调试手段

无论是汇编程序，还是高级语言程序调试，都是令编辑人员头疼的事，而 PLC 的程序调试提供了完备的条件，使用编程器，利用 PLC 和编程器上的按键、显示和内部编辑、调试、监控等，在软件支持下，诊断和调试操作都很简单。

总之，PLC 的编程语言是面向用户的，对使用者不要求具备高深的知识，不需要长时间的专门训练。

7.2.2 编程语言的形式

PLC 一般不采用计算机的编程语言，而常常采用面向控制过程、面向问题的“自然语言”编程，这些编程语言有多种，其中最常使用的是梯形图和助记符两种。除此之外，还有逻辑功能图、逻辑方程式、SFC 流程图等。采用梯形图编程，因为它直观易懂，但需要一台个人计算机及相应的编程软件；采用助记符形式便于实验，因为它只需要一台简易编程器，而不必用昂贵的图形编程器或计算机来编程。

虽然一些高档的PLC还具有与计算机兼容的C语言、BASIC语言、专用的高级语言（如西门子公司的GRAPH5、三菱公司的MELSAP），还有用布尔逻辑语言、通用计算机兼容的汇编语言等。不管怎么样，各厂家的编程语言都只能适用于本厂的产品。

编程指令：指令是PLC被告知要做什么以及怎样去做的代码或符号。从本质上讲，指令只是一些二进制代码，这点PLC与普通的计算机是完全相同的。同时PLC也有编译系统，它可以把一些文字符号或图形符号编译成机器码，所以用户看到的PLC指令一般不是机器码而是文字代码或图形符号。常用的助记符语句用英义义字（可用多国文字）的缩写及数字代表各个相应指令。常用的图形符号即梯形图，它类似于电气原理图示符号，易被电气工作人员所接受。

指令系统：一个PLC所具有的指令的全体称为该PLC的指令系统。它包含着指令的多少，各指令都能干什么事，代表着PLC的功能和性能。一般讲，功能强、性能好的PLC，其指令系统必然丰富，所能干的事也就多。在编程之前必须了解PLC的指令系统。

程序：PLC指令的有序集合，PLC运行它，可进行相应的工作，当然，这里的程序是指PLC的用户程序。用户程序一般由用户设计，PLC的厂家或代销商不提供。用语句表达的程序不大直观，可读性差，特别是较复杂的程序，所以多数程序用梯形图表达。

梯形图：梯形图是通过连线把PLC指令的梯形图符号连接在一起的连通图，用以表达所使用的PLC指令及其前后顺序，它与电气原理图很相似。它的连线有两种：一为母线，另一为内部横竖线。内部横竖线把一个个梯形图符号指令连成一个指令组，这个指令组一般总是从装载（LD）指令开始，必要时再继以若干个输入指令（含LD指令），以建立逻辑条件。最后为输出类指令，实现输出控制，或为数据控制、流程控制、通信处理、监控工作等指令，以进行相应的工作。母线是用来连接指令组的。

7.2.3 编程基本元件

由于PLC是从继电器的控制逻辑发展而来的，因此PLC的最基本功能是顺序控制或逻辑控制，它能模拟继电器控制中的继电器、定时器、计数器等功能，另外还引入了更多的其他功能，如加、减、乘、除等算术运算，与、或、非等逻辑运算，还有PID功能等。为了方便PLC电气控制工程技术人员的使用，PLC中许多术语、名称、编程方法等，一直沿用了继电器控制的概念。下面介绍PLC编程中常用的几个基本元件。

1．继电器

PLC中的继电器也称为编程元件，它包括线圈、常开触点和常闭触点。在PLC内部的继电器并不是实际的硬继电器，而是一位存储器，因此称为“软继电器”。当存储器的位状态为1时，相当于对应的继电器线圈得电或常开触点闭合（或常闭触点断开）；当该位状态为0时，相当于该继电器线圈断电或常开触点断开（或常闭触点闭合）。PLC梯形图是由这些“软继电器”组成的控制线路，它们并不是真正的物理连接，而是逻辑关系上的连接，故称为“软接线”。

常开触点的符号用 ⊣⊢ 表示，受PLC输入开关量或PLC内部相应线圈的控制，当PLC输入接通或相应的线圈通过电流时，此触点闭合。

常闭触点的符号用—|/|—表示，受控方式与常开触点相同，只是当 PLC 输入接通或相应线圈通电时，此触点断开。

PLC 的线圈也称为逻辑线圈，常用符号—○—表示。在 PLC 中它可用作输出元件，以控制外部设备（如电磁阀、指示灯、继电器等）；它还可以用来控制 PLC 内部的其他触点，以构成复杂的逻辑控制。

2．定时器

PLC 中定时器的作用与继电器控制中的延时继电器或时间继电器相同。常见的定时单位有 0.01s、0.1s、1s 等几种，其符号因 PLC 的型号不同各异。OMRON 公司 PLC 系列的普通定时器常用符号及示例如图 7.6 所示。

其中 *N* 为定时器的编号，而 *SV* 表示定时器的设定值。当 *SV* 为常数时，需要加前缀#号，这时的定时时间=定时单位×*SV*。图 7.6（b）中的定时器编号为 001 号，定时常数为 100，若取定时单位为 0.1s，则定时时间=100×0.1s=10s。不同类型的定时器，最大的差异是定时单位不同。

当定时器的输入条件满足时，则它开始定时，直到定时时间到，定时器所控制的相应触点动作，可用其触点来控制其他元件。

3．计数器

PLC 中计数器的作用与数字电路中的计数器相同。OMRON 公司 PLC 系列的普通计数器常用符号如图 7.7 所示。图中 *N* 为计数器编号，*SV* 为设置值。每当 *CNT* 的计数输入端 *CP* 由 OFF 变 ON 时，计一个数，即计数器记录的是输入由断到通的次数。如果计数值等于 *SV* 时，计数器所控制的触点动作，可用这些触点来控制其他元件。

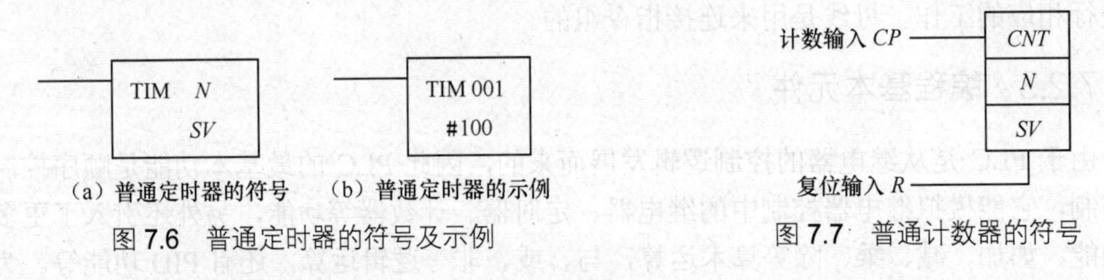

（a）普通定时器的符号　（b）普通定时器的示例

图 7.6　普通定时器的符号及示例

图 7.7　普通计数器的符号

在 PLC 中通常还有高速定时器、可逆计数器等。

4．其他元件

除了上述的基本元件外，PLC 中还会使用到其他元件，如时序器、加法器、减法器、编码器、译码器等。所有这些元件在 PLC 内部都是由软件来实现的，并非是实际的物理元件，故称为“软元件”。将这些“软元件”相互连接构成的控制过程，从外部看来是一个梯形图，而放在 PLC 内部则是一段程序。

7.2.4　梯形图编程

为了介绍梯形图的概念，下面以交流电动机的单向起停控制为例进行说明。

用继电器对交流电动机的单向起停控制线路，如图 7.8 所示。

图中KM是交流接触器，它控制三相异步电动机M的起动或停止，SB1是起动按钮，SB2是停止按钮。当按下起动按钮SB1时，KM得电，使得KM二对常开触点闭合，一对触点闭合使KM形成自锁；另一对触点闭合使M得电而起动运转；当按下SB2时，KM线圈失电，即KM不工作而释放所有的常开触点，使电动机M停止运转。

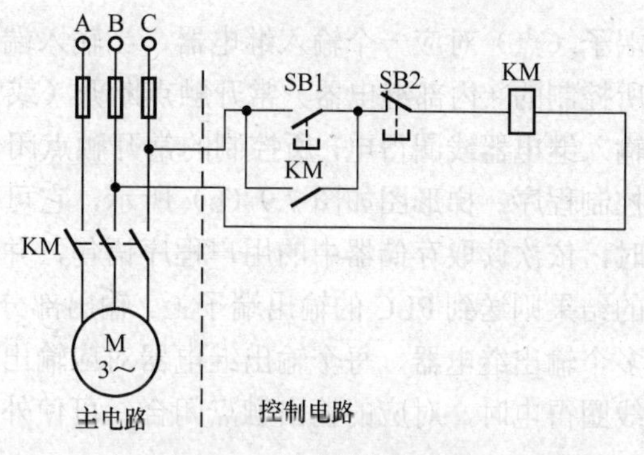

图7.8 继电器控制线路

图7.9（b）所示为以OMRON的CPM2*机型为例，用PLC梯形图代替图7.8所示右边的控制电路。从图7.9所示的继电器控制图与梯形图比较看出，两者图形十分相似，故梯形图具有直观易懂的特点，很适合于电气工程技术人员使用。

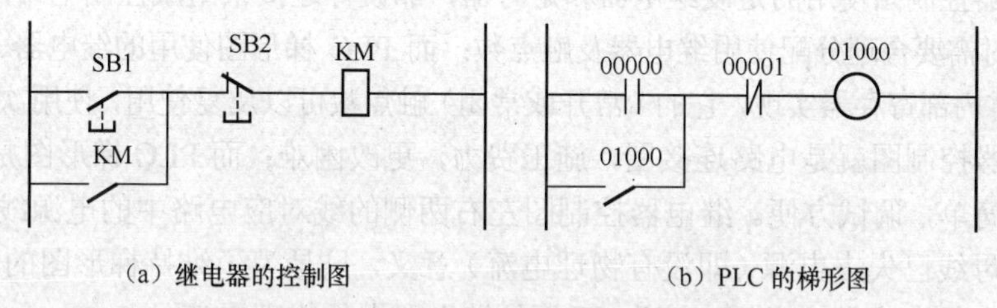

图7.9 继电器控制图与PLC梯形图的比较

当输入触点00000的条件满足时，电流从梯形图左侧、经过00000触点（已闭合）、00001（常闭）和线圈01000，使01000得电而工作，并使01000触点闭合形成自锁，控制电动机起动。可见，使用PLC梯形图与使用继电器的控制过程大致相同，这里不再重复叙述。

对应于梯形图的PLC外部接线，如图7.10所示。图中，SB2必须是断开的，以保证SB1接通时，电动机M正常起动。

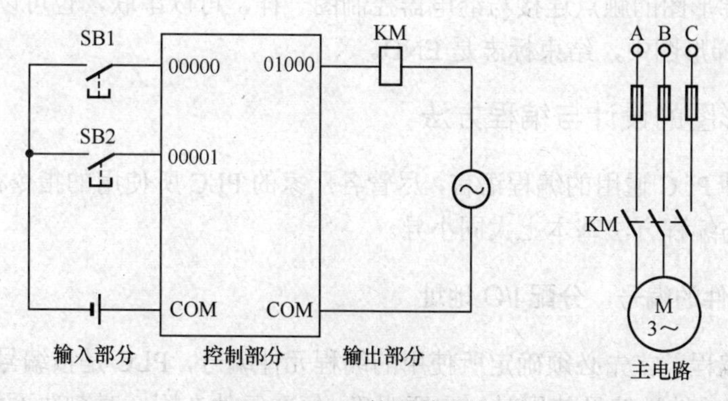

图7.10 PLC控制的接线图

如图7.10所示，输入部分用于接收操作指令或接收被控对像的各种状态信息。输入端子的编号依次为00000、00001、……分别接起动按钮SB1和停止按钮SB2等。每一个输入端子（点）对应一个输入继电器，当输入端与 COM 端断开时，其输入继电器线圈断电，则所控制的（内部继电器）常开触点断开（或常闭触点闭合）；当输入端与 COM 端接通时，其输入继电器线圈得电，所控制的常开触点闭合（或常闭触点断开）。控制部分是由用户编制的控制程序，梯形图如图 7.9（b）所示，它可等效为内部的继电器线圈和控制触点。PLC 运行时，依次读取存储器中的用户程序语句，并对它们的内容进行解释后加以执行，遇到有输出的结果则送到 PLC 的输出端子上。输出部分是根据程序执行结果去驱动负载的。PLC 可以有多个输出继电器，每个输出继电器对应输出端的一个触点。当程序执行的结果使输出继电器线圈得电时，对应的输出触点闭合，可使外部负载动作。

7.2.5 梯形图与继电器控制图的区别

梯形图和继电器控制图十分相似，相同电路的输入和输出信号也基本相同，但是它们所控制的实现方式却是不同的。

（1）继电器控制图使用的是硬继电器和定时器，靠硬件连接来组成控制电路，其触点的数量有限，设计时需要合理分配使用继电器及触点数；而 PLC 梯形图使用的继电器、定时器（或计数器）等是靠内部寄存器实现，它的（常开或常闭）触点数可以反复使用，使用次数不加限制。

（2）继电器控制图就是电路连接图，施工费力，更改困难；而 PLC 梯形图是利用计算机制作的，更改简单，调试方便。继电器控制图左右两侧的线对应电路中的电源线，而 PLC 梯形图的左右侧母线已失去电源（即没有物理电流）意义，只是为了维持梯形图的形状而存在。因此，梯形图中的电流是“虚拟电流”，而不是继电器中的物理电流。

（3）继电器控制图中的动作顺序与图形的编写顺序无关，而 PLC 梯形图的执行顺序与梯形图的编写顺序一致。因此，梯形图要按行从上至下编写，每行从左到右顺序编写，PLC 执行时，视梯形图为程序。

（4）继电器控制图中的最右侧一般是各种继电器的线圈，而 PLC 的梯形图中最右侧必须连接输出元素，可以是表示线圈的存储器地址，例如图 7.9（b）中的 01000 线圈，还可以是计数器、定时器、译码器等指令。

（5）继电器控制图中的线圈可以串联使用，而在 PLC 的梯形图中，输出元素只允许并联，不能串联。PLC 梯形图的触点连接与继电器控制图一样，可以串联，也可以并联。

（6）在 PLC 梯形图中，结束标志是 END。

7.2.6 梯形图的设计与编程方法

梯形图是各种 PLC 通用的编程语言，尽管各厂家的 PLC 所使用的指令符号等不太一致，但梯形图的设计与编程方法基本上大同小异。

1．确定各元件的编号，分配 I/O 地址

利用梯形图编程，首先必须确定所使用的编程元件编号，PLC 是按编号来区别操作元件的。PLC 内部元件的地址编号使用时一定要明确，每个元件在同一时刻决不能担任几个角色。一般讲，配置好的 PLC，其输入点数与控制对象的输入信号数总是相对应的，输出点数与输出的控制回路数也是相对应的（如果有模拟量，则模拟量的路数与实际的也要相当），故 I/O 的分配实际上是把 PLC 的入、出点号分给实际的 I/O 电路，编程时按点号建立逻辑或控制关

系，接线时按点号“对号入坐”进行接线。

2．梯形图的编程规则

（1）每个继电器的线圈和它的触点均用同一编号，每个元件的触点使用时没有数量限制。

（2）梯形图每一行都是从左边开始，线圈接在最右边（线圈右边不允许再有接触点），图7.11（a）所示为错，图7.11（b）所示为正确。

（3）线圈不能直接接在左边母线上。

（4）在一个程序中，同一编号的线圈如果使用两次，称为双线圈输出，它很容易引起误操作，应尽量避免。

（5）在梯形图中没有真实的电流流动，为了便于分析PLC的周期扫描原理和逻辑上的因果关系，假定在梯形图中有“电流”流动，这个“电流”只能在梯形图中单方向流动——即从左向右流动，层次的改变只能从上向下。

图7.12所示为一个错误的桥式电路梯形图。

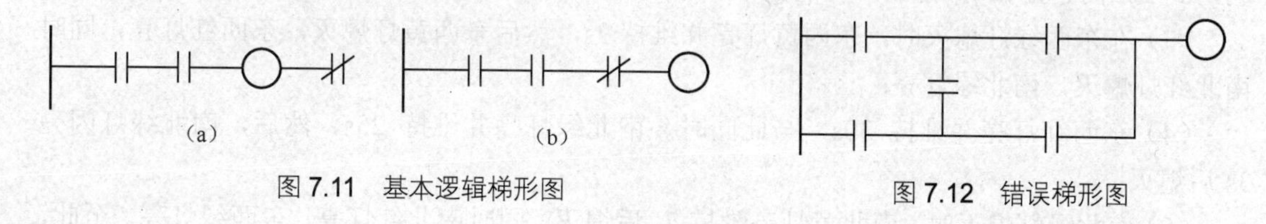

图7.11 基本逻辑梯形图　　图7.12 错误梯形图

7.3 PLC的应用举例

7.3.1 PLC在交通信号灯自动控制中的应用

PLC在城市交通指挥系统中的应用越来越多，交通信号灯的自动控制就是一个典型应用的例子。交通指挥信号灯，主要用于维持城市交通道路十字路口的交通秩序，在每个方向都有红、黄、绿3种指挥信号灯，这些信号受一个起动开关控制，当按下起动按钮，信号灯系统开始工作，直至按下停止按钮开关，系统才停止工作。交通灯控制的示意图如图7.13所示。

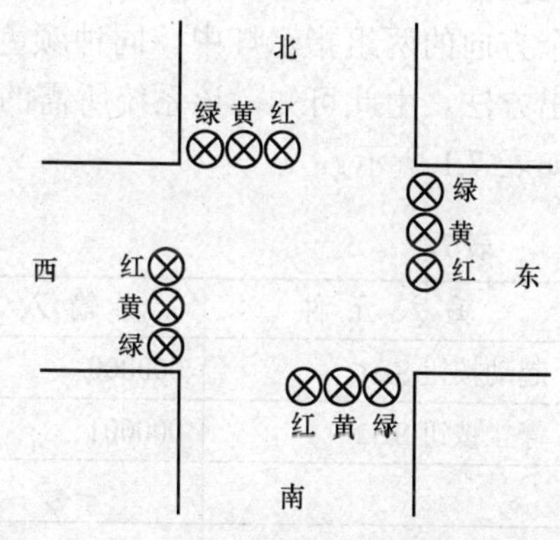

图7.13 交通指挥灯示意图

1．控制要求

根据现场控制需要，交通指挥信号灯控制系统工作时，对指挥灯的控制要求按一定时序进行，如图7.14所示。

由图7.14可知：

（1）南北方向绿灯和东西方向的绿灯不能同时亮；如果同时亮，则应自动立即关闭信号灯系统，并立即发出报警信号；

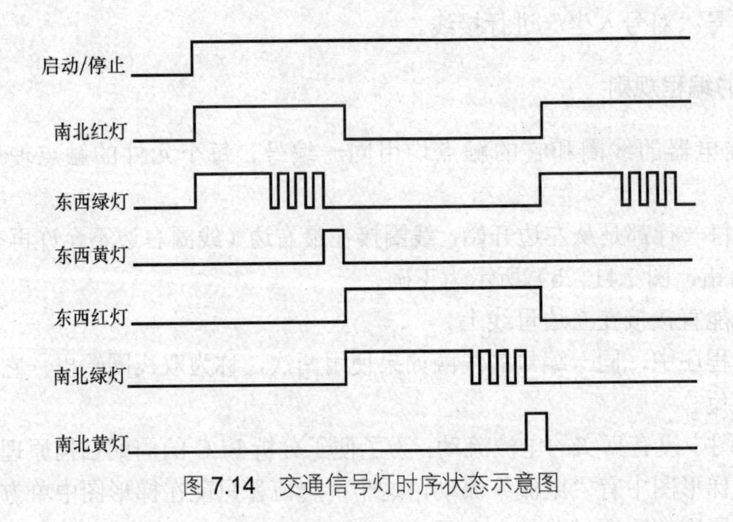

图7.14　交通信号灯时序状态示意图

（2）系统工作后，首先南北红灯亮并维持25s；与此同时，东西绿灯亮，并维持20s时间，到20s时，东西绿灯闪亮，闪亮3s后熄灭；

（3）在东西绿灯熄灭时，东西黄灯亮并维持2s，然后东西黄灯熄灭，东西红灯亮，同时南北红灯熄灭，南北绿灯亮；

（4）东西红灯亮并维持30s，与此同时，南北绿灯亮并维持25s，然后，南北绿灯闪亮3s后熄灭；

（5）南北绿灯熄灭时，南北黄灯亮维持2s后熄灭，同时南北红灯亮，东西绿灯亮。至此，结束一个工作循环。

2．I/O分配表

根据对交通指挥信号灯系统控制要求分析，系统采用自动控制方式，输入有起动与停止按钮信号；输出有东西方向、南北方向各两组指示信号和故障指示驱动信号。由于每一个方向的两组指示灯中，同种颜色的指示灯同时工作，为了节省输出点数，可采用并联输出方法。由此可知，该系统所需的输入点数为2，输出点数为7，全部是开关量，I/O分配如表7.1所示。

表7.1　交通指挥灯的I/O分配表

输入元件	输入地址	输出元件	输出地址
起动按钮SB1	000000	南北绿灯F0	002000
停止按钮SB2	000001	南北黄灯F1	002001
		南北红灯F2	002002
		警灯（故障指示）F3	002003
		东西绿灯F4	002004
		东西黄灯F5	002005
		东西红灯F6	002006

根据上述I/O表可知，I/O所需点数只有9点，故选用CPM2AH微型PLC即可。但本书

还是以 CS1 为例，则 PLC 外部输入输出的信号接线如图 7.15 所示。其中，每一方向的两组指示灯中，同种颜色的指示灯并联，用 PLC 的同一个输出点。

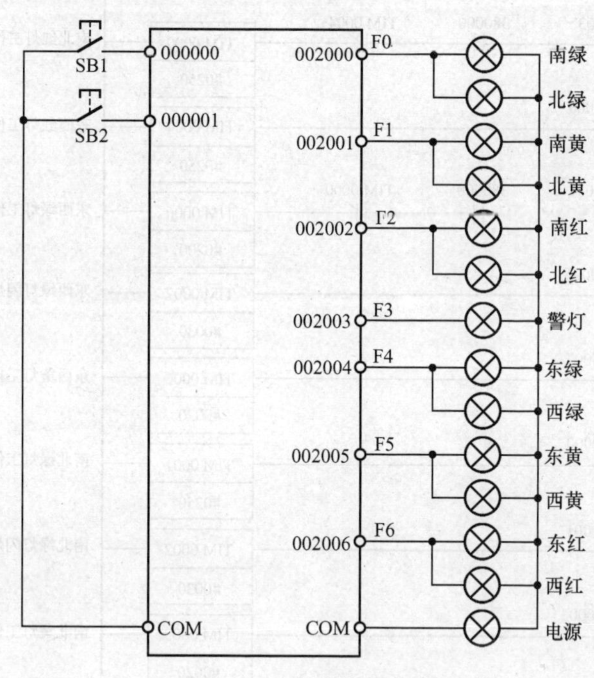

图 7.15　系统的 I/O 接线图

3．用 PLC 控制的梯形图设计

根据对交通信号灯的控制要求及 PLC 控制系统的 I/O 分配的定义，可对 PLC 进行控制程序的设计，其梯形图如图 7.16 所示。

下面对所设计的梯形图作几点说明。

（1）当按下起动按钮，00000 接通，中间继电器 380000 接通，002002 线圈得电，南北红灯亮，与此同时，002002 的常开触点闭合，002004 线圈得电，东西绿灯亮。

（2）延时 20s 后，TIM 0006 的常闭触点接通，与该接点串联的 TIM 0008 的常开接点共同控制产生 0.5s 的钟脉冲信号，使东西绿灯闪烁 3s（闪烁 6 次）。

（3）经过 3s 后，TIM 0007 的常闭接点断开，002004 线圈失电，东西绿灯熄灭。此时 TIM 0007 的常开接点闭合，002005 线圈接通，东西黄灯亮 2s。

（4）经过 2s 后，TIM 0005 的常闭接点断开，002005 线圈失电，东西黄灯灭，这是起动 TIM 0000 进入延时。

（5）延时 25s 后，TIM 0000 的常闭接点断开，002002 线圈失电，南北红灯灭；同时，TIM 0000 的常开接点闭合，002006 接通，东西红灯亮；由于 002006 的常开接点闭合，002000 线圈得电，南北绿灯亮。

南北绿灯工作 25s 后，系统的工作情况与上述类同。

如果发生南北、东西绿灯同时亮，则系统出现故障，应立即报警处理。当系统需要停止工作时，只要按下停止按钮即可。

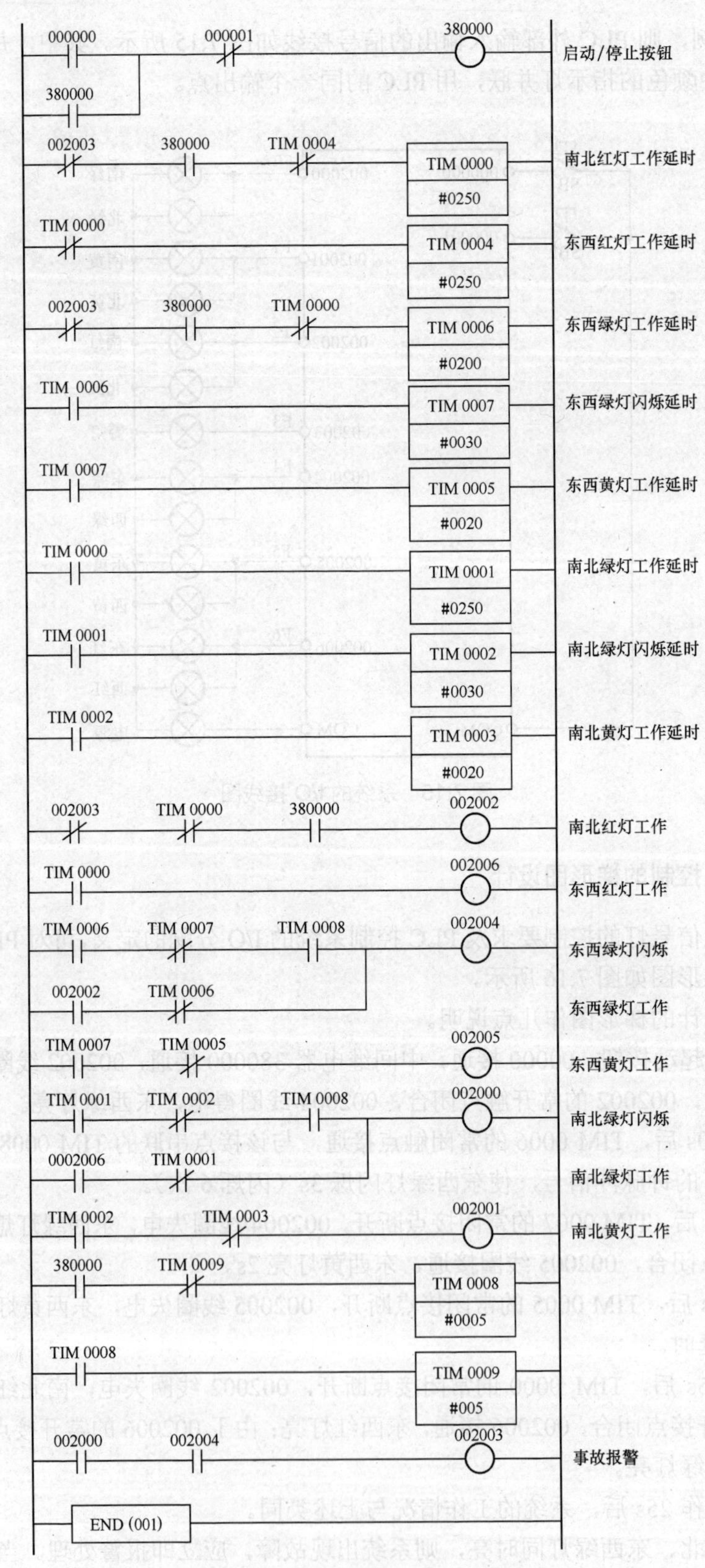

图 7.16　交通灯控制的 PLC 梯形图

7.3.2 PLC在液体混合装置控制中的应用

1. 工艺流程

物料的混合操作是一些工厂的关键或不可缺少的工序。对物料混合装置要求设备对物料的混合质量高、生产效率和自动化程度高、适应范围广、抗恶劣工作环境等。采用PLC对物料混合装置进行控制，能够满足这些要求，因此多种物料混合的PLC控制具有广泛的应用。

图7.17所示为一个液体混合装置的工作示意图，用于将两种液体按一定的比例进行充分混合的装置。图中 H、I、L 为液面传感器，当液面达到相应传感器位置时，该传感器送出ON信号，低于传感器位置时为OFF状态。YV1～YV3为3个电磁阀，分别送入液体A与液体B，进行混合后放出搅拌好的混合液。M为搅拌电动机。液体混合装置的工作工程如下。

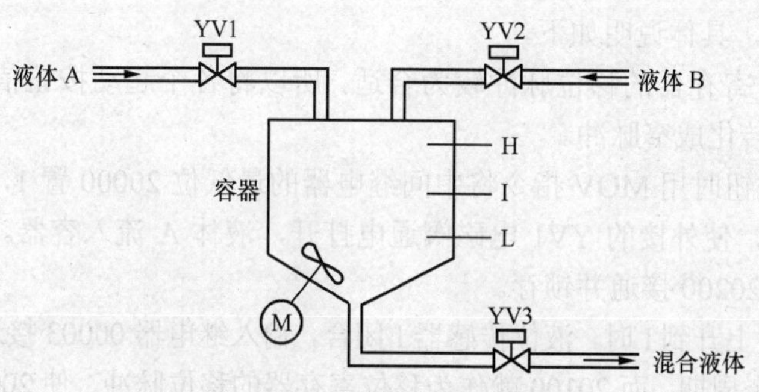

图7.17　液体混合装置示意图

（1）在按下起动按钮SB1之前，容器是空的，各电磁阀（YV1～YV3）和传感器（H、I、L）均为关闭状态（OFF），搅拌电动机停止。按下SB1时，电磁阀YV1通电打开，液体A流入容器。

（2）当液体A的液位高度到达I时，液位传感器I接通（ON），此时电磁阀YV1断电关闭而停送液体A，电磁阀YV2通电打开，液体B流入容器。

（3）当液位高度到达H时，液位传感器H接通，这时电磁阀YV2断电关闭，同时起动KM来控制电动机M进行搅拌。

（4）当电动机搅拌1min后，可认为A、B液体搅拌均匀了，即电动机停止转动。这时电磁阀YV3通电打开，放出混合后的液体到下一道工序。

（5）当液位高度下降到L时，再延时2s，则电磁阀YV3断电关闭，并自动重复下一个操作循环。

此外，该液体混合装置在按下停止按钮SB2时，要求不要立即停止工作，而是将停机信号记忆下来，直到完成一个工作循环时才停止工作。

通过上述工作过程的分析可知，这是一个单体控制的小系统，没有特殊的控制要求，开关量输入触点只有5个（起动、停止和传感器H、I、L），开关量输出触点有4个（YV1～YV3和M）。可见，输入输出点数共有9个，估算内存容量约为90个地址单元（9×10=90）即可。因此，可选用CPM2A的PLC来设计。

2. PLC控制系统设计

（1）I/O分配表。根据上述分析，可得到液体混合装置的I/O分配表，如表7.2所示。

表7.2　液体混合装置的I/O分配表

输入元件	输入地址	输出元件	输出地址
起动按钮SB1	00000	接触器KM（电动机）	01000
停止按钮SB2	00001	电磁阀YV1	01001
液位传感器H	00002	电磁阀YV2	01002
液位传感器I	00003	电磁阀YV3	01003
液位传感器L	00004		

（2）液体混合装置的PLC梯形图设计

根据该液体混合装置的控制要求，并考虑到各个执行机构执行动作的转步条件，可以看出，这是一种典型的步进控制，可以用移位寄存器指令（SFT）很方便地实现步进控制，梯形图如图7.18所示，具体说明如下。

① 考虑到移位寄存器的移位脉冲较为合适，所以将各个起动按钮信号和各液位传感器信号均用微分指令转化成窄脉冲。

② 按下启动按钮时用MOV指令将中间继电器的最低位20000置1，并由该位控制输出继电器01001接通，使外接的YV1电磁阀通电打开，液体A流入容器。在按下起动按钮的同时，中间继电器20200接通并锁存。

③ 当液位高度上升到I时，液位传感器I闭合，输入继电器00003接通，其上升沿经微分后使20100接通一个周期，而20100就作为移位寄存器的移位脉冲，使200通道中的各位依次移一位，即20001为1。由于移位寄存器的输入逻辑为25314，这是始终保持OFF的专用寄存器，从而保证每次移位时均是0移入200通道的最低位。这时使输出继电器01001断开，而20001为1控制输出继电器01002接通，使外接的YV2电磁阀通电打开，液体B流入容器。

④ 当液位高度达H时，输入继电器00003接通，其上升沿经微分后使20100接通一个扫描周期，使200通道中的各位再移一位，即20002为1，此时输出继电器01002断开使YV2电磁阀断电，而输出继电器01000接通，使外接的接触器KM线圈通电，电动机运转，同时内部定时器TIM000开始定时。

⑤ 当定时器TIM000定时到60s时，其常开触点闭合使20100接通，200通道中的各位再移一位，即20003为1，此时输出继电器01000断开使KM接触器线圈断电，电动机停转，而输出继电器01003接通，使外接的YV3电磁阀通电，混合后的液体排放到下一道工序去。

⑥ 当液位下降到传感器L以下时，液位传感器L断开，输入继电器00004断开，经下降沿微分后使20100接通一个扫描周期，寄存器200中的各位再移动一位，即20004为1，它一方面控制YV3电磁阀继续通电，同时使内部定时器TIM001开始定时。

⑦ 当定时器TIM001定时到2s时，其常开触点闭合使20100接通，200通道中的各位再移一位，即20005为1，此时输出继电器01003断开使YV3电磁阀断电，完成一个循环的工作。同时20005接点闭合使MOV指令被执行，将200通道的最低为20000置1，开始新的循环。

⑧ 当按下停止按钮SB2时，输入继电器00001接通，使保持继电器20200复位，20200的常开触点断开。因此，在液体放完和定时器TIM001的延时时间到时，不再接通内部继电器20100，而是执行MOV指令，将200通道全部清0，使整机停止工作。

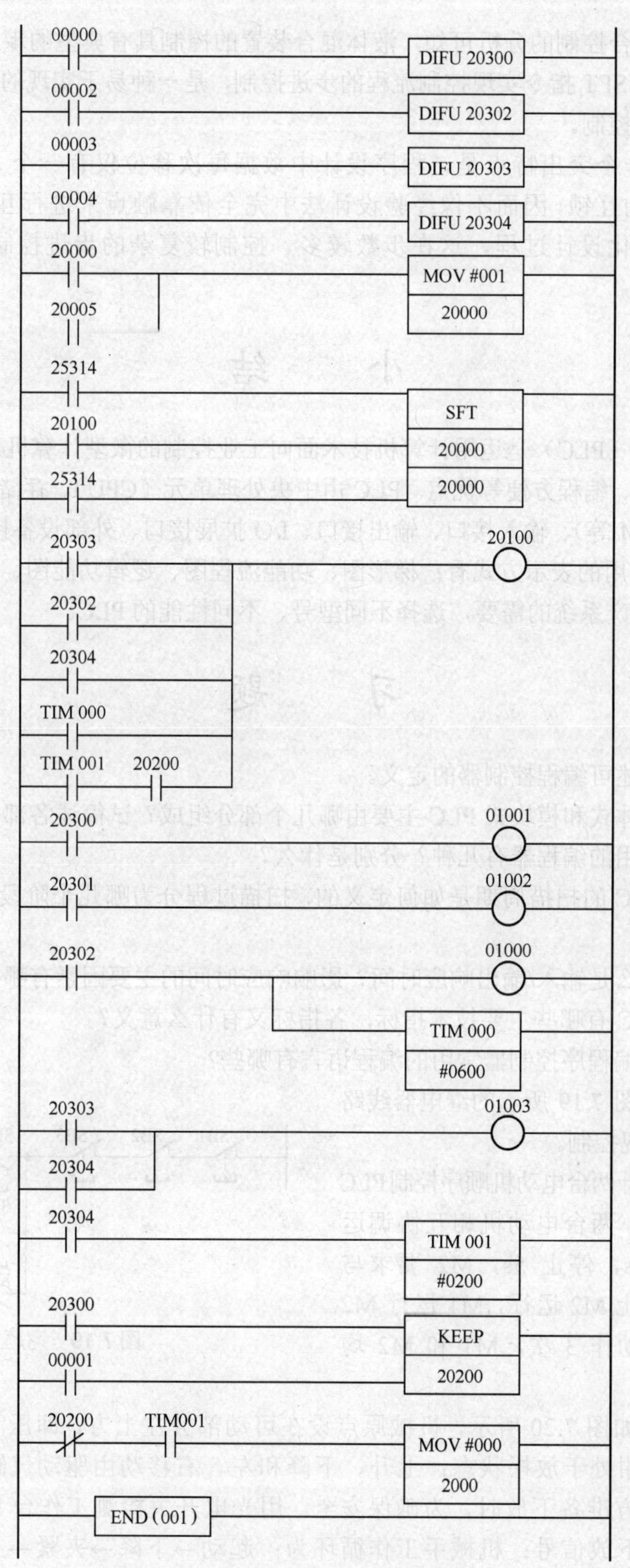

图 7.18　液体混合装置的控制梯形图

通过对液体混合控制的分析可知，液体混合装置的控制具有典型的步进控制的特点。本例利用移位寄存器SFT指令实现控制流程的步进控制，是一种易于实现的方法，适用于对各类物料混合装置的控制。

这种方法的一个突出特点是，程序设计中数据每次移位仅有一个1在通道中移动，保证了各步之间的互锁，因而不像经验设计法中完全依靠触点来进行互锁，经常出现“顾此失彼”，从而简化设计过程，这在步数较多、控制较复杂的步进控制中可显示出它的优越性。

小　结

可编程控制器（PLC）是运用计算机技术面向工业控制的微型计算机系统。PLC具有功能齐全、可靠性高、编程方便等优点。PLC由中央处理单元（CPU）、存储器（RAM、ROM、EPROM、EEPROM等）、输入接口、输出接口、I/O扩展接口、外部设备接口、电源等组成。PLC的编程语言常用的表示方式有：梯形图、功能流程图、逻辑功能图、指令语句等。在实际应用中可根据生产系统的需要，选择不同型号、不同性能的PLC。

习　题

习题7.1　简述可编程控制器的定义。

习题7.2　整体式和模块式PLC主要由哪几个部分组成？试简述各部分的作用？

习题7.3　常用的编程器有几种？分别是什么？

习题7.4　PLC的扫描周期是如何定义的，扫描过程分为哪几个阶段，各阶段完成哪些任务？

习题7.5　什么是输入/输出响应时间？影响响应时间的主要因素有哪些？

习题7.6　PLC有哪些主要技术指标，各指标又有什么意义？

习题7.7　可编程序控制器常用的编程语言有哪些?

习题7.8　将图7.19所示的继电器线路图改为用PLC实现控制。

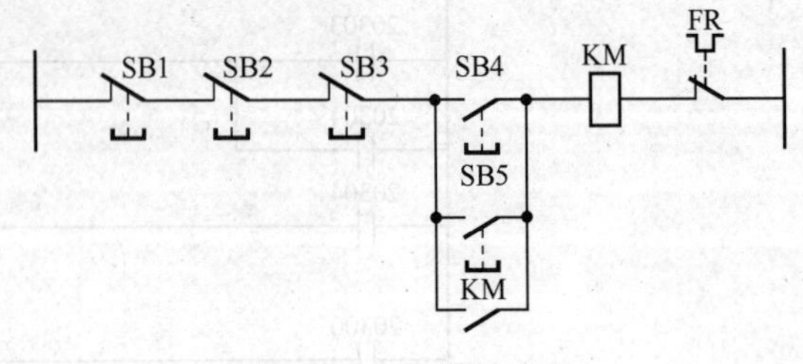

图7.19　习题7.8图

习题7.9　设计两台电动机顺序控制PLC系统。控制要求：两台电动机相互协调运转，M1运转10s，停止5s，M2要求与M1相反，M1停止M2运行，M1运行M2停止，如此反复动作3次，M1和M2均停止。

习题7.10　如图7.20所示，机械原点设在可动部分左上方，即压下左限开关和上限开关，并且工作钳处于放松状态；上升、下降和左、右移动由驱动气缸来实现；当工件处于工作台B上方准备下放时，为确保安全，用光电开关检测工作台B有无工件，只在无工件时才发出下放信号；机械手工作循环为：起动→下降→夹紧→上升→右行→下降→放松→上升→左行→原点（电磁阀用输出继电器控制）。试按照以下要求进行PLC系统设计。

（1）工作方式设置为自动循环；

（2）有必要的电气保护和联锁；

（3）自动循环时应按上述顺序动作。

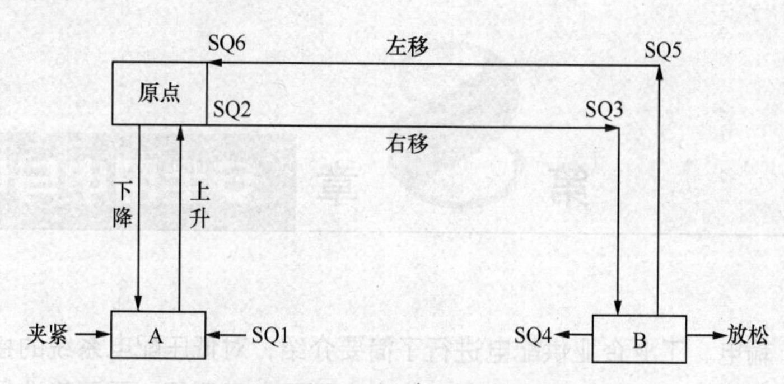

图 7.20 机械手运动示意图

第8章 安全用电与电工测量

本章对发电、输电、工业企业供配电进行了简要介绍，对低压配电系统的接地和接零保护等安全用电常识进行简要介绍。在电工实验和工作中离不开电工测量，要正确选择和使用仪表，掌握正确的测量方法，获得最佳的测量效果。介绍电工测量的基本知识，包括电工测量的测量方法，电工仪表的准确度等级，测量误差和测量准确度的评定，消除测量误差的方法，电工仪表的分类、标记和型号，对电工仪表的一般要求等。

8.1 发电、输电和企业配电

8.1.1 发电、输电概述

电能是现代化的优质能源，电能可以从煤炭、石油、天然气、水位能、风力、原子能（这些统称为一次能源）等转换而来，因此，电能又称为二次能源。发电厂就是一次能源转换二次能源的工厂，其产品就是电能。根据一次能源的不同，发电厂分为火力发电厂、水力发电厂、原子能发电厂、风力发电厂、太阳能发电厂、地热发电厂等多种类型。目前我国电力主要由火力发电厂和水力发电厂提供。

各种发电厂中的发电机几乎都是三相同步发电机，它分为定子和转子两个基本部分。定子由机座、铁芯和三相绕组等组成，与三相异步电动机或三相同步电动机的定子基本一样。同步发电机的定子常称为电枢。同步发电机的转子是磁极，有显极和隐极两种。显极式同步发电机的结构较为简单，但是机械强度较低，宜用于低速（通常 $n=1000\text{r/min}$ 以下）。水轮发电机（原动机为水轮机）和柴油发电机（原动机为柴油机）皆为显极式发电机。隐极式同步发电机的制造工艺较为复杂，但是机械强度高，宜用于高速（$n=3000$ 或 $n=1500\text{r/min}$）。汽轮发电机（原动机为汽轮机）多半为隐极式发电机。

由于火力发电厂多建在燃料产地，水利发电厂必须建在水资源丰富的地方，而大规模使用电能的负载又多在大城市或工业集中区，两者距离通常又比较远。所以发电厂产生的电能要用高压输电线输送到用电地区，然后再降压分配给各用户。电能从发电厂传输给用户要通过导线系统，这系统称为电力网。

送电距离越远，要求输电线的电压越高，我国国家标准中规定输电线的额定电压为35kV、110kV、220kV、330kV、500kV、750kV等。

现在常常将同一地区的各种发电厂联系起来而组成一个强大的电力系统。这样可以提高各发电厂的设备利用率，合理调配发电厂的负载，以提高供电的可靠性和经济性。

除交流输电外，还有直流输电。高压直流输电线路建设费用比三相交流电输电线路建设费用低，但直流输电换流站（用于将交流电变成直流电和直流电再变成交流电）的建设费用高于变电所，只有输电距离超过一定长度后，直流输电线路建设节电的费用可抵偿换流站费用时，直流输电才变得经济、可行。

8.1.2 工业企业配电

从输电线末端的变电所将电能分配给个工业企业和城市。工业企业设有中央变电所和车间变电所（小规模的企业往往只有一个变电所）。中央变电所接受送来的电能，然后分配到各车间，再由各车间变电所或配电箱将电能分配给各用电设备。高压配电线的额定电压有 3kV、6kV 和 10kV 三种。低压配电线的额定电压是 380/220V。用电设备的额定电压多半是 220V 和 380V，大功率电动机的电压是 3 000V 和 6 000V，机床局部照明的电压是 36V。

从车间变电所或配电箱到用电设备的线路属于低压配电线路。低压配电线路的连接方式主要是放射式和树干式两种。

放射式供电线路如图 8.1 所示。它的特点是从配电变压器低压侧引出若干条线路，分别向各用电点直接供电。这种供电方式不会因其中某一支线发生故障而影响其他支线的供电，供电的可靠性高，而且也便于操作和维护。但配电导线用量大，投资费用高。在用电点比较分散、每个用电点的用电量较大、变电所又居于各用电点的中央时，采用这种供电方式比较有利。

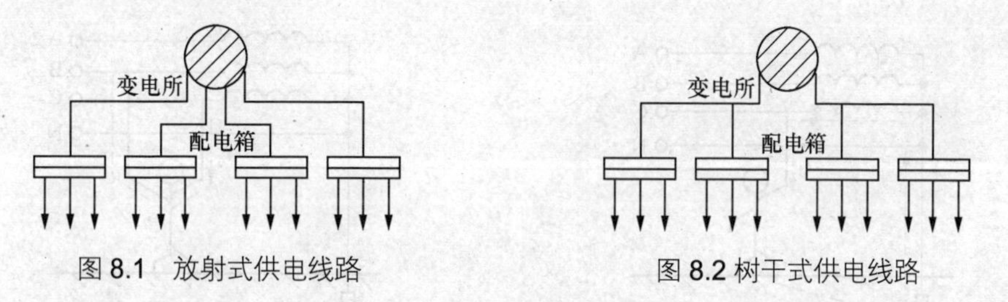

图 8.1 放射式供电线路　　图 8.2 树干式供电线路

树干式供电线路如图 8.2 所示。它的特点是从配电变压器低压侧引出若干条支线，沿干线再引出若干条支线供电给用电点。这种供电方式一旦某一干线出现故障或需要检修时，停电的面积大，供电的可靠性差。但配电导线的用量小，投资费用低，接线灵活性大。在用电点比较集中，各用电点居于变电所同一侧时，采用这种供电方式比较灵活。

8.2 安全用电常识

8.2.1 触电

触电是指人体接触带电体时，电流流过人体造成的伤害。根据伤害性质可分为电击和电伤两种。电击是指电流通过人体，使内部器官组织受到损伤。如果受害者不能迅速摆脱带电体，则最后会造成死亡事故。电伤是指在电弧作用下或熔断丝熔断时，对人体外部的伤害，如烧伤、金属溅伤等。绝大部分触电事故都是电击造成的，通常所说的触电事故基本上都是指电击。电击伤害的程度取决于通过人体电流的大小、电流通过人体的持续时间、电流通过人体的途径、电流的频率以及人体的健康状况等。实验表明 25Hz～300Hz 的交流电对人体伤害最严重。在工频电流作用下，一般成年男子身上通过的电流超过 1.1mA 就可能有感觉，成年女子对 0.7mA 电流可能有感觉。通过人体电流超过 30mA，通电时间超过数秒到数分钟，心脏跳动就会不规则，血压升高并伴有强烈痉挛或昏迷，时间再长会引起心室颤动；电流若超过 100mA，心脏将停止跳动导致死亡。

安全电压是制定安全措施的依据。安全电压决定于人体允许的电流和人体电阻值。人体允许电流一般为 30mA。人体电阻变化较大，在干燥环境下约在 $10^4\Omega$ 以上；但是在潮湿的情况下则会降低到只有几百欧。一般情况下人体电阻为 1 000Ω～2 000Ω。这样作用在人体上允许的电压值约为几十伏。

我国的安全电压采用 36V 和 12V 两种。凡手提照明灯，危险环境的局部照明和携带式电动工具等，如无特殊安全结构和安全措施，应采取 36V 安全电压。凡工作地点狭窄、行动困难，如金属容器内、隧道内及矿井内的手提照明灯等应采用 12V 安全电压。

触电事故可分为直接触电事故和间接触电事故两类。直接触电事故是指人体直接接触到电气设备正常带电部分引起的触电事故，直接触电可分为单相触电和两相触电。间接触电事故是指人体接触到电气设备正常不带电部分引起的触电事故。

当人体直接接触三相电源中的一根相线时，电流通过人体流入大地，这种触电方式称为单相触电。单相触电的危险程度与电源中性点是否接地有关。如图 8.3 所示，此时作用于人体的电压为相电压 220V，事故电流 I_d。

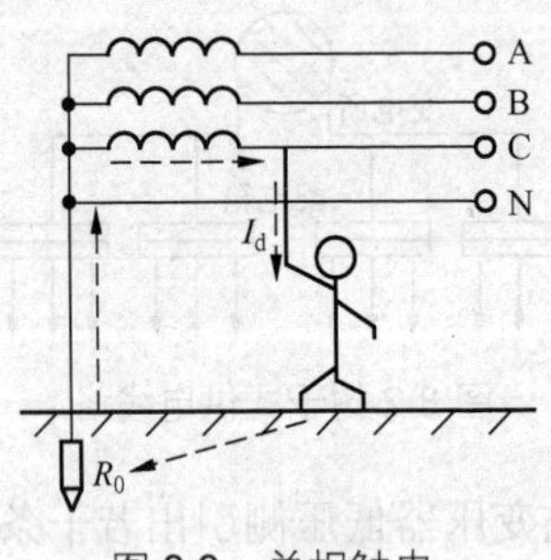

图 8.3　单相触电

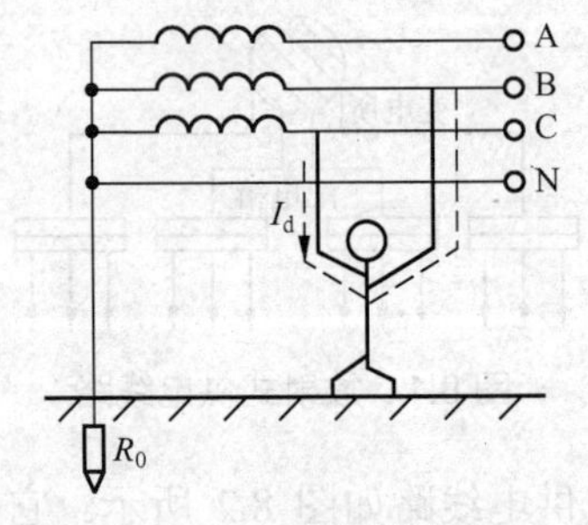

图 8.4　两相触电

由相线通过人体到大地从而引起触电。如果人体同时接触到两根裸露的相线，则称为两相触电，如图 8.4 所示，此时作用于人体的电压为线电压 380V，通过人体的事故电流 I_d 比单相触电时大，触电更危险。

8.2.2　低压配电系统的接地形式

按一定技术要求埋入地下接触的金属导体，称为接地体。电气设备与接地体连接用的金属导体，称为接地线。接地体和接地线的总和称为接地装置。接地就是将电气设备的某一部分通过接地装置同大地连接起来。

电气设备的接地，可分为工作接地和保护接地两种。为了保证电气设备在正常及事故情况下可靠地工作而进行的接地称为工作接地，例如，三相四线制电源中性点接地。保护接地是为了当电气设备不带电的金属外壳或框架出现漏电时，人体触摸这些部分后，能起到保护作用。

低压配电系统电源与负载侧（电气设备）接地情况可分为“TT”、“TN”和“IT”3 种类型。三组文字符号中的第一字母表示电源侧接地情况，T 表示电源中性点接地，I 表示不接地。第二个字母表示负载侧接地情况，T 表示负载（外壳）接地；N 表示负载（外壳）接中线（零线）。因此，TT 方式即表示电源侧及负载侧均接地（两接地装置彼此无联系）。不同类型的接地情况如图 8.5 所示。

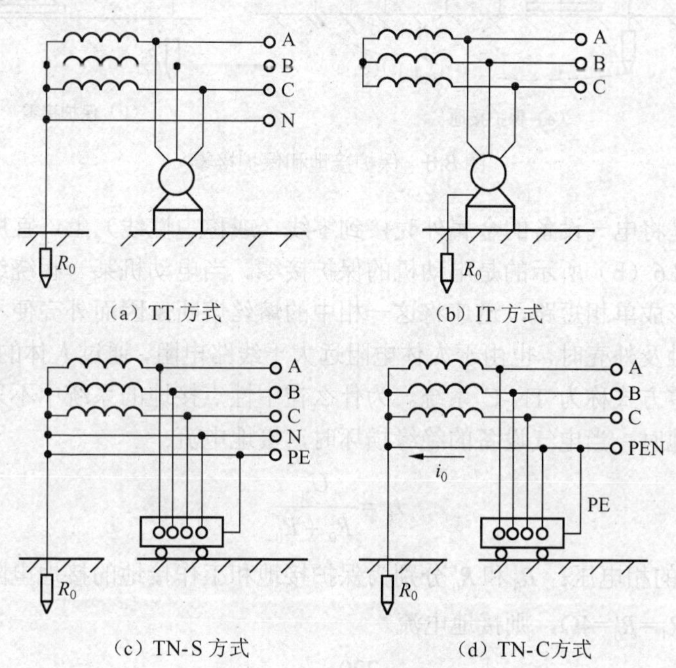

图 8.5　不同类型接地系统

图 8.5（c）所示的 PE 线在负载不出现漏电时，线中没有电流，只有发生漏电事故时才有电流，称它为保护线。这个系统工作时有五条电线，称为三相五线制。而如图 8.5（d）所示，中性线（N）与 PE 线合为一体，正常工作时，PEN 线中有电流（中性线电流），若电流较大，中性线有电阻，则负载外壳将会出现电压，因而不安全。

8.2.3　保护接地和保护接零

保护接地就是将电气设备的金属外壳（正常情况下是不带电的）接地，宜用于中性点不接地的低压系统中。

图 8.6（a）所示的是电动机的保护接地，可分为两种情况来分析。

（1）当电动机某一相绕组的绝缘损坏使外壳未接地的情况下，人体触及外壳，相当于单相触电。这时接地电流 I_e（经过故障点流入地中的电流）的大小决定于人体电阻 R_b 和绝缘电阻 R'。当系统的绝缘性能下降时，就有触电的危险。

（2）当电动机某一相绕组的绝缘损坏使外壳带电而外壳带电接地的情况下，人体触及外壳时，由于人体的电阻 R_b 与接地电阻 R_0（接地电阻是指接地体或自然接地体的对地电阻和接地线电阻的总和）并联，而通常 $R_b \gg R_0$，所以通过人体的电流很小，不会有危险。这就是保护接地能保证人身安全的原因。

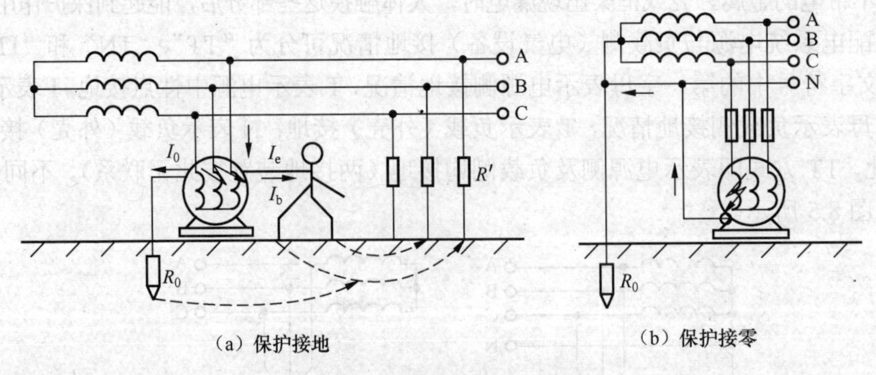

（a）保护接地　（b）保护接零

图 8.6　保护接地和保护接零

保护接零就是将电气设备的金属外壳接到零线（或称中性线）上，宜用于中性点接地的低压系统中。图 8.6（b）所示的是电动机的保护接零。当电动机某一相绕组的绝缘损坏而与外壳相接时，就形成单相短路，迅速将这一相中的熔丝熔断，因而外壳便不再带电。即使在熔丝熔断前人体触及外壳时，也由于人体电阻远大于线路电阻，通过人体的电流也是微小的。

这种保护接零方式称为 TN-C 系统。为什么在中性点接地的系统中不采用保护接地呢？因为采用保护接地时，当电气设备的绝缘损坏时，接地电流

$$I_e = \frac{U_p}{R_0 + R_0'}$$

式中，U_p 为系统的相电压；R_0 和 R_0' 分别为保护接地和工作接地的接地电阻。如果系统电压为 380V/220V，$R_0 = R_0' = 4\Omega$，则接地电流

$$I_e = \frac{220}{4+4} = 27.5\text{A}$$

为了保证保护装置能可靠的动作，接地电流不应小于继电保护装置动作电流的 1.5 倍或熔丝电流的 3 倍。因此 27.5A 的接地电流只能保证断开动作电流不超过 $\frac{27.5\text{A}}{1.5} = 18.3\text{A}$ 的继电保护装置或额定电流不超过 $\frac{27.5\text{A}}{3} = 9.2\text{A}$ 的熔丝。如果电气设备容量较大，人就得不到保护，接地电流长期存在，外壳也将长期带电，其对地电压为

$$U_e = \frac{U_P}{R_0 + R_0'} R_0$$

如果 $U_P = 220\text{V}$，$R_0 = R_0' = 4\Omega$，则 $U_e = 110\text{ V}$。此电压值对人体是不安全的。

8.3　电工测量概述

为了确定一个测量，必须将被测量和作为测量单位的同类量进行比较，这种比较的过程叫做测量。将被测的电量或磁量，与作为测量单位的同类电量或磁量进行比较，以确定其量的过程叫做电工测量。

任何电气设备都有额定值等一些技术指标要求。如果电机和电器中的电流超过其额定电

流，其使用期限就会缩短，甚至被烧坏。如果载流导线间绝缘材料的漏电阻小于其额定值，则会发生漏电现象，甚至造成短路故障。可见，使用电气设备时，不能不注意其电量或电参数的量值。电工测量的应用是非常广泛的，确定电磁现象中各种量的关系，了解电气设备的特性和运行情况，以及在电气设备的制造和维修过程中，都离不开电工测量。由此可见，正确掌握电工测量的基本知识和技能是十分重要的。

学习电工测量的基本方法是理论联系实际。一方面要认真学习教材，掌握各种常用仪表（电压表、电流表、瓦特表、万用表、兆欧表和电桥等）的基本工作原理；另一方面要重视实际操作，在实践过程中掌握各种常用电工仪表的使用方法。

8.3.1 电工仪表的分类

电工仪表就是测量各种电气参数的仪表，如电压、电流、功率、电能、电阻和频率等。电工仪表不仅可以直接测量电量，而且通过转换，还可以间接测量许多非电量，如磁通、温度、应力、振动等。

（1）按照所采用的测量方法，电工仪表可分为直读仪表和比较仪器。比较仪器是将被测量与标准度量器加以比较而确定被测量大小的仪器。直读仪表直接显示被测量的大小，它又分为模拟式和数字式两类。模拟式仪表的使用十分广泛，它对被测量进行连续测量，用指针在刻度盘上的位置表示被测量的大小；数字式仪表则是以离散的数字来显示被测量。一般来说，数字仪表比模拟仪表有更高的精度，价格亦较高。虽然数字仪表的应用范围正在不断扩大，模拟仪表作为基本的测量仪表，仍是电工仪表中最常见、应用最广泛的一类仪表。模拟式电工仪表大多是机电式的，它是利用电流流过导体产生磁场，从而使指针偏转的原理制成的。

（2）按照被测量的性质不同，电工仪表可分为电压表、电流表、功率表、欧姆表、电度表、相位表、频率表等。

（3）按照工作原理的不同，电工仪表可分为磁电式、电磁式、电动式、感应式、整流式、静电式等。

（4）按照所测电量种类的不同，电工仪表可分为直流表、交流表和交直流两用仪表。

（5）按照装置方法的不同，电工仪表又可分为配电盘式仪表（又称开关板式仪表或板式表）和携带仪表。

（6）按照仪表的准确度等级，电工仪表又可分为0.05、0.1、0.2、0.5、1.0、1.5、2.5、5.0几个等级。

8.3.2 电工仪表的准确度

测量是指通过试验的方法确定一个未知量的大小，这个未知量叫做“被测量”。一个被测量的实际值是客观存在的。但由于人们在测量中对客观认识的局限性、测量仪器的误差、手段不完善、测量条件发生变化及测量工作中的疏忽等原因，测量结果与实际值会存在差别，这个差别就是测量误差。

不同的测量，对测量误差大小的要求往往是不同的。随着科学技术的进步，对减小测量误差提出了越来越高的要求。我们学习和掌握一定的误差理论和数据处理知识，目的是能进一步合理设计和组织实验，正确选用测量仪器，减小测量误差，得到接近被测量实际值的结果。

1. 仪表的误差

对于各种电工指示仪表，不论其质量多高，其测量结果与被测量的实际值之间总是存在一定的差值，这种差值称为仪表误差。仪表误差值的大小反映了仪表本身的准确程度。实际仪表的技术参数中，仪表的准确度被用来表示仪表的基本误差。

（1）仪表误差的分类

根据误差产生的原因，仪表误差可分为两类。

① 基本误差：仪表在正常工作条件下（指规定温度、放置方式、没有外电场和外磁场干扰等），因仪表结构、工艺等方面的不完善而产生的误差叫做基本误差。如仪表活动部分的摩擦、标尺分度不准、零件装配不当等原因造成的误差都是仪表的基本误差，基本误差是仪表的固有误差。

② 附加误差：仪表离开了规定的工作条件（指温度、放置方式、频率、外电场和外磁场等）而产生的误差，叫做附加误差。附加误差实际上是一种因工作条件改变而造成的额外误差。

（2）误差的表示

仪表误差的表示方式有绝对误差、相对误差和引用误差3种。

① 绝对误差：仪表的指示值A_X与被测量的实际值A_0之间的差值，叫绝对误差，用“Δ”表示，即

$$\Delta = A_X - A_0$$

显然，绝对误差有正、负之分。正误差说明指示值比实际值偏大，负误差说明指示值比实际值偏小。

② 相对误差：绝对误差Δ与被测量的实际值A_0比值的百分数，叫做相对误差γ，即

$$\gamma = \frac{\Delta}{A_0} \times 100\%$$

由于测量大小不同的被测量时，不能简单地用绝对误差来判断其准确程度，因此在实际测量中，通常采用相对误差来比较测量结果的准确程度。

③ 引用误差：相对误差能表示测量结果的准确程度，但不能全面反映仪表本身的准确程度。同一块仪表，在测量不同的被测量时，其绝对误差虽然变化不大，但随着被测量的变化，仪表的指示值可在仪表的整个分度范围内变化。因此，对应于不同大小的被测量，其相对误差也是变化的。换句话说，每只仪表在全量程范围内各点的相对误差是不同的。为此，工程上采用引用误差来反映仪表的准确程度。

把绝对误差与仪表测量上限（满刻度值A_m）比值的百分数，称为引用误差γ_m，即

$$\gamma_m = \frac{\Delta}{A_m} \times 100\%$$（引用误差实际上是测量上限的相对误差）

2. 测量误差分类及产生的原因

测量误差是指测量结果与被测量的实际值之间的差异。测量误差产生的原因，除了仪表的基本误差和附加误差的影响外，还有测量方法的不完善，测试人员操作技能和经验的不足，以及人的感官差异等因素造成。

根据误差的性质，测量误差一般分为系统误差、偶然误差和疏忽误差3类。

（1）系统误差

造成系统误差的原因一般有两个。一是由于测量标准度量器或仪表本身具有误差，如分

度不准、仪表的零位偏移等造成的系统误差；二是由于测量方法的不完善，测量仪表安装或装配不当，外界环境变化以及测量人员操作技能和经验不足等造成的系统误差。如引用近似公式或接触电阻的影响所造成的误差。

（2）偶然误差

偶然误差是一种大小和符号都不固定的误差。这种误差主要是由外界环境的偶发性变化引起的。在重复进行同一个量的测量过程中其结果往往不完全相同。

（3）疏忽误差

这是一种严重歪曲测量结果的误差。它是因测量时的粗心和疏忽造成的，如读数错误、记录错误等原因。

3．减小测量误差的方法

（1）对测量仪器、仪表进行校正，在测量中引用修正值，采用特殊方法测量，这些手段均能减小系统误差。

（2）对同一被测量，重复多次测，取其平均值作为被测量的值，可减少偶然误差。

（3）以严肃认真的态度进行实验，细心记录实验数据，并及时分析实验结果的合理性，是可以摒弃疏忽误差的。

4．仪表的准确度

指示仪表在测量值不同时，其绝对误差多少有些变化，为了使引用误差能包括整个仪表的基本误差，工程上规定以最大引用误差来表示仪表的准确度。

仪表的最大绝对误差Δ_m与仪表的量程A_m比值的百分数，叫做仪表的准确度K，即

$$\pm K\% = \frac{\Delta_m}{A_m} \times 100\%$$

一般情况下，测量结果的准确度就等于仪表的准确度。选择适当的仪表量程，才能保证测量结果的准确性。

8.4 电工仪表的型式

8.4.1 磁电式仪表

磁电式仪表是最早的电工仪表之一。主要应用在直流电流、电压的测量，配合整流元件，还可以进行交流电流、电压的测量，配合变换电路，就能用于功率、频率、相位等其他电量的测量，还可以用来测量多种非电量，例如温度，压力等，因此在电气测量指示仪表中占有极为重要的地位。

磁电式仪表是利用永久磁铁的磁场和载流线圈相互作用的原理而制成，它的结构特点是具有固定的永久磁铁和活动的线圈。磁电式仪表根据磁路形式的不同，可分为外磁式、内磁式和内外结合式 3 种结构，下面主要以外磁式仪表为例介绍磁电式仪表。

外磁式仪表测量机构如图 8.7 所示。由于永久磁铁是放在可动线圈之外，所以称之为外磁式。整个结构分为两大部分，即固定部分和可动部分。由永久磁铁 1 、极掌 2 和固定在支

架上的圆柱形铁芯3构成固定部分。磁铁由硬磁材料做成，而极掌与铁芯则用导磁很高的软磁材料做成。铁芯放在极掌之间，并与极掌形成一个磁场均匀的环形气隙。可动部分由绕在铝框架上的可动线圈4、线圈两端的两个半轴8、与转轴相连的指针7、平衡锤6以及游丝5所组成。整个可动部分支承在轴承上，线圈位于环形气隙中。当可动线圈4通入电流时，在磁场的作用下便产生转动力矩，使指针随着线圈一起转动。线圈中通过的电流越大，产生的转动力矩也越大，因此指针转动的角度也大。

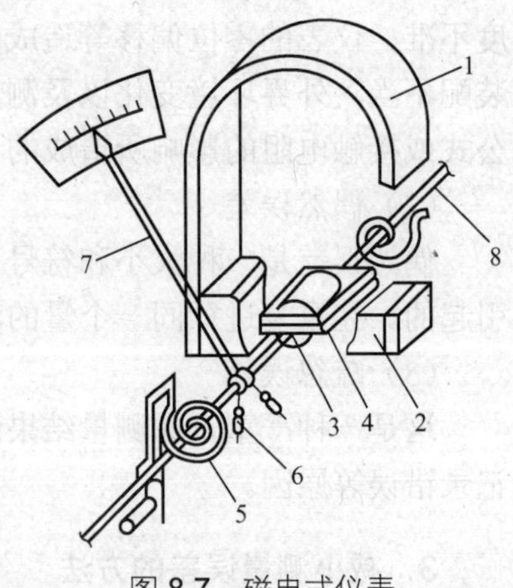

图8.7　磁电式仪表

磁电式仪表的优点是：准确度高和灵敏度高；刻度准确，功耗比较小；由于本身的强磁场作用，所以外接磁场对其影响较小。

其缺点是：只能测量直流；过载能力差。

一般磁电式仪表用来测量直流电流、电压及电阻值等。

8.4.2　电磁式仪表

电磁式仪表是一种交直流两用的电测量仪表，主要用于交流电流与电压的测量。电磁式仪表与磁电式仪表是两种不同类型的仪表。它们有很多不同之处，突出表现在性能、结构和表盘上。

从表盘上就可区分开这两种仪表。除它们的图形符号不同外，磁电式电流表和电压表的刻度基本上是均匀的，而电磁式仪表的刻度则由密变疏。

从性能上看，磁电式仪表反映的是通过它的电流的平均值，因此它的直接被测量只能是直流电流或电压；而电磁式仪表反映的是通过它的电流的有效值，因此，不加任何转换，电磁式仪表就可用于直流、交流，以至非正弦电流、电压的测量。但其测量灵敏度和精度都不及磁电式仪表高，而功耗却大于磁电式仪表。

结构和工作原理的不同是两种仪表的根本区别。虽然它们都分为固定和可动两大部分，但其具体组成内容不同。磁电式仪表的固定部分是永久磁铁，用来产生均匀、恒定的磁场；可动部分的核心是一线圈，被测电流流经线圈时，利用通电导线在磁场中受力的原理（即电动机原理），实现可动部分的转动。电磁式仪表的固定部分是被测电流流经的线圈，有电流通过即可形成较强的磁场；可动部分的核心是一片可被及时磁化的软磁性材料（如铁片、坡莫合金等），利用被磁化的动铁片与通电线圈（或被磁化的静铁片）磁极之间的作用力，实现可动部分的偏转。由于电磁式仪表构造简单、成本低廉，在电工测量中获得了广泛的应用，尤其是开关板式交流电流、电压表，基本上都采用这种仪表。

电磁式仪表的测量机构主要有吸引式和排斥式两种类型，扁线圈吸引型电磁式仪表的结构如图8.8所示。

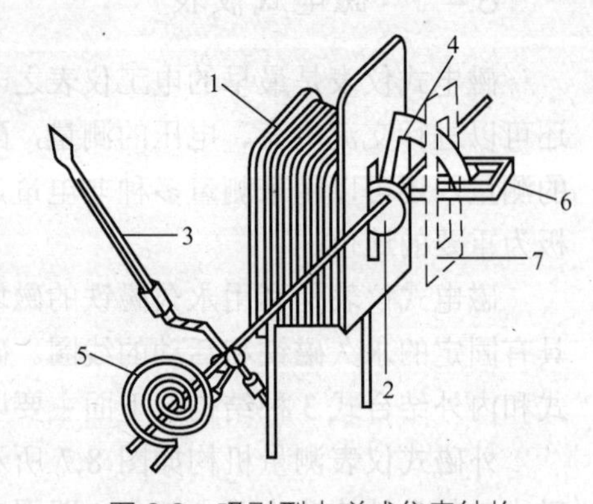

图8.8　吸引型电磁式仪表结构

吸引型电磁式仪表是由1（固定线圈）和2（偏心装在转轴上的可动铁片）构成的一个电磁系统。转轴上还装有3（指针）、4（阻尼片）和5（游丝）。游丝的作用和在磁电式测量机构中不同，它只产生反作用力矩。

当电流通过1固定线圈时，在线圈的附近产生磁场（磁场的方向可由右手螺旋定则确定），使可动2铁片被磁化，使线圈对动铁片产生吸引，从而产生转动力矩，引起3指针发生偏转。当这转动力矩与5游丝产生的反抗力矩相平衡时，指针便稳定在某一位置，从而指示出被测电流（或电压）的数值来。由此可见，吸引型电磁式仪表是利用通有电流的线圈和铁片之间的吸引力来产生转动力矩的。当线圈中的电流方向改变时，线圈所产生的磁场的极性和被磁化的铁片的极性也随着改变。因此它们之间的作用力仍保持原来的方向，所以指针偏转的方向也不会改变。可见这种吸引型的电磁系仪表可以应用于交流电路中。

其优点是：结构简单、过载能力强、造价低廉以及可交直流两用等，因此电磁式仪表在电力工程，尤其是固定安装的测量中得到了广泛的应用。

其缺点是：刻度不均匀；由于本身磁场较弱易受外磁场影响；准确度不高等。

8.4.3 电动式仪表

电磁式仪表的测量准确度一般不高，其主要原因是由于电磁式仪表铁磁材料的磁滞和涡流效应等造成的。用于交流精密测量大多采用电动式仪表，基本上消除了磁滞和涡流的影响。磁电式仪表的磁场是由永久磁铁建立的，当利用通有电流的固定线圈来代替永久磁铁时，便构成了“电动式仪表”。

电动式仪表的结构有其独特的特点。与磁电式仪表相比，共同之处在于都设有活动线圈，而最大不同之点是电动式仪表的磁场由通有电流的固定线圈建立，而磁电式仪表的磁场则由永久磁铁产生。若与电磁式仪表相比，相同的地方，都是利用通电线圈建立所需的磁场，区别在于电动式仪表用活动线圈代替了电磁式仪表中的可动铁片。

由于电动式仪表这种结构的特点，使它可以制成准确度等级为0.5级以上的仪表，其准确度为1%，功率损耗小于1W，交流使用的额定频率可达15Hz～5 000Hz，扩展频率范围则达10 000Hz，这样就更扩大了电动式仪表的应用范围。电动式仪表在各类指示仪表中，有着明显的优势。

电动式仪表的测量机构主要由建立磁场的1固定线圈和在此磁场中偏转的2可动线圈组成，其结构如图8.9所示，电动式仪表有两个线圈，即固定线圈（简称定圈）和活动线圈（简称动圈）。

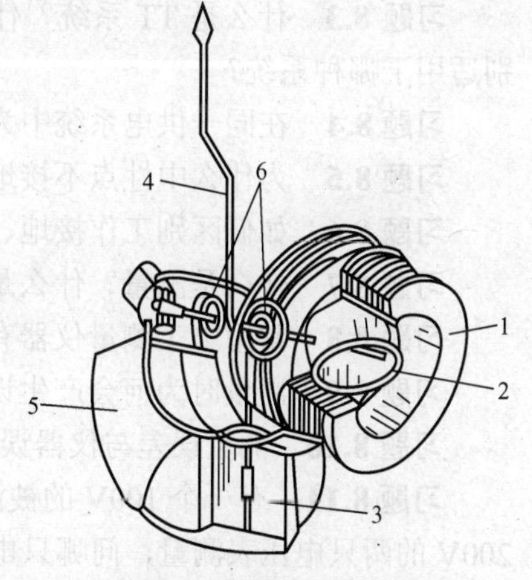

图8.9 电动式仪表结构

1固定线圈分为平行排列，互相对称的两部分，中间留有空隙，以便穿过转轴。这种结构的特点是能获得均匀的工作磁场，并可借助改变两个固定线圈之间的串、并联关系而得到不同的电流量程。可动线圈与转轴固接在一起，转轴上装有4指针和3阻尼片。6游丝用来产生反作用力矩，并起引导电流的作用。可动线圈比固定线圈小些、轻些，常见的线圈形状有圆形、椭圆形及矩形等。由于线圈工作磁场很弱，通常只有磁电式仪表磁场的1%～5%，故易受外磁场影响。为此电动式仪表的测量机构应置于磁屏蔽罩内，以减少对测量机构的干扰。2可动线圈置于固定线圈之内，装在转轴上，当固定线圈通过和可动线圈通过电流时，固定线圈产生磁场，可动线圈和该磁场相互作用产生转动力矩，带动指针偏转指示出被测量值的大小。反作用力矩也由游丝产生，阻尼力矩由阻尼片在空气阻尼盒内的运动产生。

电动式仪表的优点是：可交直流两用、准确度较高、交流使用的额定频率高等。

其缺点是：易受外磁场的影响、过载能力小、功耗大、造价高等。

由于电动式仪表的结构复杂，过载能力较差，本身消耗的功率较大，且易受外磁场的影响，造价高。所以目前，电动式测量机构除制成可携式交直流两用的电流表、电压表外，更多的是用来制成各种功率表、频率表和相位表。

小　结

本章首先介绍发电和配电和安全用电的基本知识。发电分为火力发电、水力发电、原子能发电、风力发电、太阳能发电、地热发电等类型。工业企业配电中的低压配电线路的连接方式主要是放射式和树干式两种。触电是指人体接触带电体时，电流流过人体造成的伤害。根据伤害性质可分为电击和电伤两种。我国的安全电压采用 36V 和 12V 两种。为预防触电事故的发生，在电路中采用保护接地和保护接零。针对电工测量的一些基本概念和电工测量的基本方法、手段进行了讲解和介绍，其次介绍了电工测量中常用的几种测量仪表，介绍了几种常见仪表的基本结构、工作原理、使用方法及其优缺点，以及电工仪表的选用和基本的测量方法。

习　题

习题 8.1　为什么远距离输电要采用高电压？

习题 8.2　电能是一次能源还是二次能源？

习题 8.3　什么是 TT 系统？什么是 IT 系统？什么是 TN 系统？保护接地和保护接零分别适用于哪种系统？

习题 8.4　在同一供电系统中为什么不能同时采用保护接地和保护接零？

习题 8.5　为什么中性点不接地的系统中不采用保护接零？

习题 8.6　如何区别工作接地、保护接地和保护接零？

习题 8.7　什么是测量？什么是电子测量？

习题 8.8　常用电工测量仪器有哪些？

习题 8.9　测量时为何会产生误差？研究误差理论的目的是什么？

习题 8.10　测量误差与仪器误差是不是一回事？

习题 8.11　有一个 100V 的被测电压，若用 0.5 级、量程为 0～500V 和 1.0 级、量程为 0～200V 的两只电压表测量，问哪只电压表测得更准些？为什么？

习题 8.12　电工仪表按照所测电量种类的不同，可以分为几类？

习题 8.13　磁电式仪表根据磁路形式的不同，可分为哪 3 种结构？

习题 8.14　简述磁电式仪表的优、缺点。

习题 8.15　简述磁电式与电磁式仪表的区别。

习题 8.16　电动式仪表的结构有哪些特点？

部分习题参考答案

第 1 章

习题 1.4　（3）（−140−135+150+80+45）=0W

习题 1.5　（1）U_{ab}=20V，P=20W　（2）V_b=−30V，P=40W

习题 1.6　（1）V_o=0V，V_A=11V，V_B=−11V，V_C=22V　（2）V_o=−11V，V_A=0V，V_B=−22V，V_C=11V

习题 1.7　（a）V_A=20V，V_B=12V，V_C=0V　（b）V_A=8V，V_B=0V，V_C=−12V

习题 1.8　（1）U_{ab}=6V，U_{cd}=0V；（2）U_{ab}=0V，U_{cd}=5V

习题 1.9　90.9V，0.91A；100V，0；0，10A

习题 1.10　U=10V，I=5A；U=50V，I=5A

习题 1.11　−20V，24W，−104W

习题 1.12　U=0V；U=−2V

习题 1.13　（a）I=1A；(b)I=16A

习题 1.14　I=1A；U_S=90V；R=1.5Ω

习题 1.15　U_{ab}=6V，U_{bd}=−15V，U_{ad}=−9V

习题 1.16　R=4Ω，I=0.6A

习题 1.17　U_{ab}=9V

第 2 章

习题 2.5　$R_{ab}=10\Omega$

习题 2.6　$R_{ab}=100\Omega$

习题 2.7　R=15Ω，4\7Ω

习题 2.8　I=2A （I 的参考方向向下）

习题 2.9　I=24\66A

习题 2.10　I_S=1A（参考方向向下）与 R_0=1.2Ω 并联

习题 2.11　流过 R_1 的电流 I_1=0.5A（参考方向向上）；流过 R_2 的电流 I_2=1A（参考方向向上）；流过 R_3 的电流 I_3=1.5A（参考方向向下）

习题 2.12　3 条支路，两个结点，U_{ab} 和 I 都等于 0

习题 2.13　流过 R_1 的电流 I_1=3A（参考方向向上）；流过 R_2 的电流 I_2=−1A（参考方向向上）；流过 R_3 的电流 I_3=2A （参考方向向下）

习题 2.14　I_3≈8.16A

习题 2.15　−0.5A、1A、−0.5A

习题 2.17　U=6V

习题 2.18　I_3=6A（参考方向向下）

习题 2.19　I_3=2A

习题 2.20　I=1A

习题 2.21　U=22.5V

习题 2.22　(1)R=10Ω，P=2.025W；(2)8.3%

第3章

习题 3.1　（1）$f=1000\,\text{Hz}$，$T=0.001\text{s}$，$\omega=6280\text{rad/s}$，$I_{\text{m}}=100\,\text{mA}$，$I=50\sqrt{2}\,\text{mA}$，$\theta=-\dfrac{\pi}{4}\text{rad}$

（3）$f=1000\,\text{Hz}$，$T=0.001\text{s}$，$\omega=6280\text{rad/s}$，$\theta=\dfrac{2\pi}{3}\text{rad}$

习题 3.3　（1）$\varphi=15^{\circ}$

习题 3.4　$u=440\sin\left(314t+30^{\circ}\right)\text{V}$

习题 3.9　（1）$\dot{U}=10e^{\text{j}0^{\circ}}$，（2）$\dot{U}=10e^{\text{j}90^{\circ}}$，（3）$\dot{I}=10e^{-\text{j}90^{\circ}}$　（4）$\dot{I}=10\text{e}^{\text{j}135^{\circ}}$

习题 3.10　（1）$u=100\sqrt{2}\sin\left(314t+0^{\circ}\right)\text{V}$，$i=100\sqrt{2}\sin 314t\ \text{A}$

（2）$u=220\sqrt{2}\sin(314t-30^{\circ})\,\text{V}$，$i=3\sqrt{2}\sin(314t+60^{\circ})\,\text{A}$

（3）$u=89.4\sqrt{2}\sin\left(314t+63.4^{\circ}\right)\text{V}$，$i=3.16\sin(314t-18.4^{\circ})\,\text{A}$

习题 3.11　$I_1=10\,\text{A}$，$I_2=15\,\text{A}$，$I=24.2\text{A}$

习题 3.14　$i=1.44\sin\left(6280t-90^{\circ}\right)\text{A}$，P=20.75W

习题 3.15　（1）$u=21.98\sqrt{2}\sin(\omega t+90^{\circ})\,\text{V}$，（2）$\dot{I}=40.45\angle{-120^{\circ}}\ \text{A}$

习题 3.16　$\dot{I}=0.1\angle{-60^{\circ}}\,\text{A}$，$Q_{\text{L}}=1\text{var}$

习题 3.17　（1）$i=0.28\sqrt{2}\sin\left(\omega t+90^{\circ}\right)\text{A}$，（2）$\dot{U}=79.62\angle{-150^{\circ}}\ \text{A}$

习题 3.18　$i=0.1\sqrt{2}\sin(10^{3}t+30^{\circ})\,\text{A}$，$Q_{\text{C}}=1\text{var}$

习题 3.21　$u_{\text{R}}=40\sin 2t\text{V}$，$u_{\text{L}}=40\sin(2t+90^{\circ})\text{V}$，$u=56.56\sin(2t+45^{\circ})\text{V}$

习题 3.22　$u_{\text{c}}=0.71\sin(t-45^{\circ})\,\text{V}$

习题 3.23　$C=\dfrac{1}{3}\times10^{-5}\text{F}$

习题 3.24　（1）$Z=10-10\text{j}$；（2）$\dot{I}=10\ \angle{75^{\circ}}\ \text{A}$，$\dot{U}_{\text{R}}=100\ \angle{75^{\circ}}\ \text{V}$，

$\dot{U}_{\text{L}}=50\ \angle{165^{\circ}}\ \text{V}$，$\dot{U}_{\text{C}}=150\ \angle{-15^{\circ}}\ \text{V}$

习题 3.25　R=30Ω，X_{L}=40Ω，$\cos\varphi=0.6$，$P=580\,\text{W}$，$Q=774.4\,\text{var}$

习题 3.26　（a）$Z_{\text{ab}}=\sqrt{2}\ \angle{-45^{\circ}}$，（b）$Z_{\text{ab}}=\dfrac{8}{5}+\dfrac{1}{5}\text{j}$

习题 3.27　（a）$Z_{\text{ab}}=100-31.8\text{j}$

习题 3.28　（a）$5\sqrt{2}\,\text{A}$；（b）8V；（c）7A；（d）100V

习题 3.29　524Ω；1.7H；$\cos\varphi=0.5$；C=2.58μF

习题 3.30　C=373μF

习题 3.31　31.4Ω，1mH

习题 3.32　（1）R=166.67Ω，L=0.105H，C=0.24μF；（2）U_C=39.56V；（3）3.8×10^{-4} j

第 4 章

习题 4.3　$U_P = 220\text{V}$，$I_P = I_1 = 22\text{A}$

习题 4.4　U 相负载短路，发电机 U 相熔丝熔断。

习题 4.5　$\dot{U}_{BC}=380\angle -120^\circ$ V

习题 4.8　$I_P = 1.23$ A

习题 4.10　A-C-B

习题 4.11　$\dot{I}_A = 12.7\angle -36.8^\circ$ A，相电流有效值 12.7A，P=3 871W

习题 4.12　$\dot{I}_{AB} = 6.93\angle 70^\circ$ A

习题 4.13　$\dot{I}_{AB} = 30.43\angle 22.98^\circ$ A，$\dot{I}_{BC} = 30.43\angle -97.02^\circ$ A，$\dot{I}_{CA} = 30.43\angle 142.98^\circ$ A

$\dot{I}_A = 52.70\angle -7.02^\circ$ A，$\dot{I}_B = 52.70\angle -127.02^\circ$ A，$\dot{I}_C = 52.70\angle 112.98^\circ$ A

习题 4.15　$U_P = 220\text{V}$，$I_P = I_1 = 7.33$ A，$P = 3.86$ kW，$Q = 2.9$ kvar，S=4.83kV·A

习题 4.16　3.593A，1 162W

习题 4.17　$\dot{I}_A = 22\angle -53.1^\circ$ A；$\dot{I}_B = 22\angle -173.1^\circ$ A；$\dot{I}_C = 22\angle 66.9^\circ$ A；$P = 8\,712$ W

习题 4.18　P=91.5kW，Q=56.6kvar，S=107.6kvar

习题 4.3　$U_P = 220\text{V}$，$I_P = I_1 = 22\text{A}$

习题 4.4　U 相负载短路，发电机 U 相熔丝熔断。

习题 4.5　$\dot{U}_{BC}=380\angle -120^\circ$ V

习题 4.8　$I_P = 1.23$ A

习题 4.10　A-C-B

习题 4.11　$\dot{I}_A = 12.7\angle -36.8^\circ$ A，相电流有效值 12.7A，P=3 871W

习题 4.12　$\dot{I}_{AB} = 6.93\angle 70^\circ$ A

习题 4.13　$\dot{I}_{AB} = 30.43\angle 22.98^\circ$ A，$\dot{I}_{BC} = 30.43\angle -97.02^\circ$ A，$\dot{I}_{CA} = 30.43\angle 142.98^\circ$ A

$\dot{I}_A = 52.70\angle -7.02^\circ$ A，$\dot{I}_B = 52.70\angle -127.02^\circ$ A，$\dot{I}_C = 52.70\angle 112.98^\circ$ A

习题 4.15　$U_P = 220\text{V}$，$I_P - I_1 - 7.33$ A，$P = 3.86$ kW，$Q = 2.9$ kvar，$S - 4.83$ kV·A

习题 4.16　3.593A，1 162W

习题 4.17　$\dot{I}_A = 22\angle -53.1^\circ$ A；$\dot{I}_B = 22\angle -173.1^\circ$ A；$\dot{I}_C = 22\angle 66.9^\circ$ A；$P = 8\,712$ W

习题 4.18　P=91.5kW，Q=56.6kvar，S=107.6kvar

第 5 章

习题 5.1　（a）$u_c(0_+) = 15$ V，$i_c(0_+) = 2$ A；（b）$i_L(0_+) = 1$A，$u_L(0_+) = -5$V

习题 5.2　（a）$i\,(0_+)=2$ A；（b）$i\,(0_+)=0$；（c）$i\,(0_+)=2$ A

习题 5.3　$u_c = 10e^{-100t}$ V，$i = e^{-100t}$ mA

习题 5.4　$i_L = 1e^{-50t}$ A，$i = 0.5e^{-50t}$ A

习题 5.5　$i_4 = \frac{R_1}{R_1+R}\frac{R_3}{R_3+R_4}I_S(1-e^{-\frac{t}{\tau}})$，式中 $R = R_2 + (R_3 // R_4)$

习题 5.6　$u_c = 30e^{-\frac{100}{3}t}$ V

习题 5.7　$t = 2.51$s

习题 5.8　（1）40V　（2）9.05mA　（3）2.24μF

习题 5.9　2.843A

习题 5.10　$u_C = \frac{1}{2}U_S + \frac{1}{2}U_S e^{-\frac{t}{\tau}}$，$\tau = \frac{3}{2}RC$

习题 5.11　$u_C = (\frac{10}{3} - \frac{4}{3}e^{-\frac{t}{2}})$V，$i = (\frac{5}{3} + \frac{4}{3}e^{-\frac{1}{2}t})$A

习题 5.12　$R_C = 1.31\times10^9\,\Omega$

习题 5.13　$i_c = 0.3e^{-2.5t}$ mA

第 6 章

6.3　I =1 273A

6.4　（1）P =3.5W　（2）P =0.2W

6.6　（1）p=3　（2）s_N=0.06　（3）$\Delta n = 60\text{r/min}$

第 8 章

习题 8.11　选用量程为 0～200V、±1.0 级电压表

参 考 文 献

[1] 秦曾煌．电工学（上册）（第 6 版）[M]．北京：高等教育出版社，2003.
[2] 王鸿明．电工与电子技术（上册）[M]．北京：高等教育出版社，2005.
[3] 李源生．电上电子技术 [M]．北京：清华人学出版社，北京交通大学山版社，2004.
[4] 姚海彬．电工技术（电工学Ⅰ）（第 2 版）[M]．北京：高等教育出版社，2004.
[5] 唐介．电工学（少学时）（第 2 版）[M]．北京：高等教育出版社，2005.
[6] 殷瑞祥．电工电子技术——基本教程 [M]．北京：机械工业出版社，2007.
[7] 孙骆生．电工学基本教程（上册）（第 3 版）[M]．北京：高等教育出版社，2003.
[8] 陈小虎．电工电子技术（多学时）（第 2 版）[M]．北京：高等教育出版社，2006.
[9] 易元屏．电工学 [M]．北京：高等教育出版社，1993.
[10] 周定文，付植桐．电工技术 [M]．北京：高等教育出版社，2004.
[11] 张虹．电路分析 [M]．北京：北京航空航天大学出版社，2007.
[12] 山炳强，王雪瑜，刘华波．电工技术 [M]．北京：北京航空航天大学出版社，2008.
[13] 王会来．电工基础 [M]．北京：兵器工业出版社，2006.
[14] 徐德淦．电机学 [M]．北京：机械工业出版社，2004.
[15] 杨林耀．电路基础 [M]．北京：高等教育出版社，2000.
[16] 朱承高，贾学堂，葛万来．电工学概论 [M]．北京：高等教育出版社，2004.
[17] 叶挺秀，张伯尧．电工电子学（第 2 版）[M]．北京：高等教育出版社，2004.
[18] 陈景谦．电工技术 [M]．北京：机械工业出版社，2001.
[19] 邱关源．电路（第 3 版）[M]．北京：高等教育出版社，1989.